“十四五”职业教育国家规划教材

HUAWEI
ICT
Academy

U0683840

网络系统
建设与运维 中级
微课版｜第2版

华为技术有限公司｜编著

黄君羡 简碧园｜主编　彭亚发 唐浩祥 欧阳绪彬｜副主编

**Construction, Operation and Maintenance
of Network System (Medium Level)**

人民邮电出版社
北　京

图书在版编目（CIP）数据

网络系统建设与运维：中级：微课版 / 华为技术有限公司编著；黄君羡，简碧园主编. -- 2版. -- 北京：人民邮电出版社，2024.4

华为"1+X"职业技能等级证书配套系列教材

ISBN 978-7-115-63321-7

Ⅰ．①网… Ⅱ．①华… ②黄… ③简… Ⅲ．①计算机网络—网络系统—教材 Ⅳ．①TP393.03

中国国家版本馆CIP数据核字(2023)第241951号

内 容 提 要

本书是网络系统建设与运维中级教材。全书共 11 章，包括 TCP/IP 基础、交换技术、路由技术、网络可靠性、广域网技术、网络安全技术、IPv6 基础、WLAN 技术、网络管理技术、企业网项目建设实践和网络自动化运维项目实践。

本书可作为"1+X"证书制度试点工作中网络系统建设与运维职业技能等级证书的教学和培训用书，也可作为应用型本科院校、职业院校、技师院校的教材，同时也可作为从事网络技术开发、网络管理和维护、网络系统集成的技术人员的参考用书。

- ◆ 编　　著　华为技术有限公司
  主　　编　黄君羡　简碧园
  副 主 编　彭亚发　唐浩祥　欧阳绪彬
  责任编辑　郭　雯
  责任印制　王　郁　焦志炜
- ◆ 人民邮电出版社出版发行　　北京市丰台区成寿寺路 11 号
  邮编　100164　　电子邮件　315@ptpress.com.cn
  网址　https://www.ptpress.com.cn
  三河市中晟雅豪印务有限公司印刷
- ◆ 开本：787×1092　1/16
  印张：16　　　　　　　　　2024 年 4 月第 2 版
  字数：448 千字　　　　　　2025 年 6 月河北第 5 次印刷

定价：59.80 元

读者服务热线：(010)81055256　印装质量热线：(010)81055316
反盗版热线：(010)81055315

华为"1+X"职业技能等级证书配套系列教材
编写委员会

前言 FOREWORD

"1+X"证书制度是《国家职业教育改革实施方案》确定的一项重要改革举措,是职业教育领域的一项重要制度设计创新。面向职业院校和应用型本科院校开展"1+X"证书制度试点工作是落实《国家职业教育改革实施方案》的重要内容之一,为了使网络系统建设与运维职业技能等级标准工作顺利推进,帮助读者通过网络系统建设与运维认证考试,华为技术有限公司组织编写了网络系统建设与运维(初级、中级和高级)教材。整套教材的编写遵循网络系统建设与运维的专业人才职业素养养成和专业技能积累规律,将职业能力、职业素养和工匠精神融入教材。

本书在编写过程中力求做到学科教育与党的二十大精神有机融合。华为技术有限公司无论是在核心技术领域,还是在整体市场营收能力方面,都位列全球科技公司前列,也助力我国建成了目前全球规模最大的5G网络。

作为全球领先的ICT(信息与通信技术)基础设施和智能终端提供商,华为技术有限公司的产品已经涉及数据通信、安全、无线、存储、云计算、智能计算和人工智能等诸多方面。本书以网络系统建设与运维职业技能等级标准(中级)为编写依据,以华为网络设备(路由器、交换机、无线接入控制器和无线接入点)为平台,以网络工程项目为依托,从行业的实际需求出发组织全部内容。本书的特色如下。

(1)在编写思路上,本书遵循网络技能人才的成长规律,将网络知识传授、网络技能积累和职业素养增强并重,通过从网络技术理论阐述到应用场景分析,再到项目案例设计和实施的完整过程,读者既能充分准备"1+X"证书考试,又能积累项目经验,最后达到学习知识和培养能力的目的,为适应未来的工作岗位奠定坚实的基础。

(2)在目标设计上,本书以"1+X"证书考试和企业网络实际需求为导向,以培养读者的网络设计能力、对网络设备的配置和调试能力、分析和解决问题的能力以及创新能力为目标,追求实用。

(3)在内容选取上,本书以网络系统建设与运维职业技能等级标准为编写依据,坚持集先进性、科学性和实用性于一体,尽可能覆盖新的和实用的网络技术。

(4)在内容表现形式上,本书用简单和精练的语言讲解网络技术理论知识,通过详尽的实验现象分析来分层、分步骤地讲解网络技术,巩固和深化读者所学的网络技术原理,并且对实验结果和现象加以汇总和注释。

(5)在内容编排上,本书充分融合课程思政理念,注重理论知识讲解的同时,结合真实工作场景和现场案例来助力读者形成积极的职业目标,养成良好的职业素养,树立正确的道德观和价值观,最终实现育人和育才并行的教学目标。

本书作为教学用书的参考学时为70~96学时,各章的参考学时如下。

课程内容	参考学时
第1章　TCP/IP基础	4~6
第2章　交换技术	6~8
第3章　路由技术	10~12
第4章　网络可靠性	8~10
第5章　广域网技术	4~6

续表

课程内容	参考学时
第6章 网络安全技术	10~12
第7章 IPv6基础	4~6
第8章 WLAN技术	8~10
第9章 网络管理技术	2~4
第10章 企业网项目建设实践	4~6
第11章 网络自动化运维项目实践	4~6
综合项目实训（见配套的电子实验手册）	4~6
课程考评	2~4
学时总计	70~96

本书由华为技术有限公司编著，由广东交通职业技术学院正月十六工作室的黄君羡、简碧园任主编，彭亚发、唐浩祥、欧阳绪彬任副主编，同时，陈艺、刘伟聪和刘勋参与编写了本书的具体内容，黄君羡、彭亚发负责统稿，华为技术有限公司的袁长龙、万倡利、张凛睿、朱志文为本书的编写提供了技术支持，并审校全书。

由于编者水平和经验有限，书中难免存在不妥及疏漏之处，恳请读者批评指正。读者可登录人邮教育社区（www.ryjiaoyu.com）下载本书相关资源。

编　者
2023年10月

目录 CONTENTS

第 7 章

第 8 章

第 9 章

第1章

TCP/IP基础

在计算机网络与信息通信领域里，TCP/IP 是最基本的协议。TCP/IP 是 Internet 与其他网络互联的引擎，基于 Internet 和万维网（World Wide Web，WWW）的 Web 访问等服务都离不开 TCP/IP。TCP/IP 是一组协议，这些协议组成了 TCP/IP 协议簇，主要包括 TCP、UDP 和 IP 等。

本章详细介绍通信与网络的基础知识、OSI 与 TCP/IP 参考模型的基本概念，以及数据链路层、网络层、传输层和应用层的基本原理与应用。

学习目标

① 了解通信的基本概念及其常见术语的含义。　③ 掌握 IPv4 地址分类及子网规划。
② 熟悉 OSI 与 TCP/IP 参考模型的基本概念。　④ 掌握 TCP/IP 参考模型各层的功能和应用。

素质目标

① 培养读者踏实的工作态度。　③ 培养读者良好的学习习惯。
② 帮助读者形成严谨踏实的工作作风。

1.1 通信与网络

通信的概念大家并不陌生，在人类社会的发展过程中，通信一直存在。一般认为，20 世纪 70～80 年代，人类社会已进入信息时代。对于生活在信息时代的我们，通信的必要性和重要性是不言而喻的。

计算机网络技术是计算机技术和数据通信技术的结合。数据通信是依照一定的通信协议，利用数据传输技术在两个终端之间传递数据信息的一种通信方式和通信业务，是继电报、电话业务之后的第 3 种通信业务。数据通信技术是网络技术发展的基础，数据通信技术的发展也将影响未来计算机网络的发展。

V1-1　通信与网络

1.1.1 通信的基本概念

在"通信"一词中，"通"的意思就是传递与交流，"信"的意思就是信息。所谓通信，就是指人与人、人与计算机、计算机与计算机之间通过某种介质和行为进行的信息交换。通信技术的最终目的是帮助人们更好地沟通和共享资源。

1. 信息、数据与信号

（1）信息

信息（Information）是对客观事物属性和特性的认识，反映了客观事物的属性、状态、结构及其与外部环境的关系。信息通常以文字、声音、图像、动画等形式表现出来。

（2）数据

数据（Data）是信息的载体，是对客观事物按一定规则进行描述的物理符号。在计算机网络的传输过程中，数据可以是声音、图像、图形、文字等，也可以是计算机代码。

（3）信号

信号（Signal）是数据在传输过程中的电磁波表示形式。通常，信号可分为数字信号和模拟信号。数字信号是指在时间和幅值上都是离散的、经过量化的信号，如计算机输出的脉冲信号。模拟信号是指在时间和幅值上都连续变化的信号，如电话输出的语音信号。

2. 通信系统的基本组成

通信系统通常由发送端（信源和发送设备）、信道、接收端（信宿和接收设备）及噪声源组成，如图1-1所示。

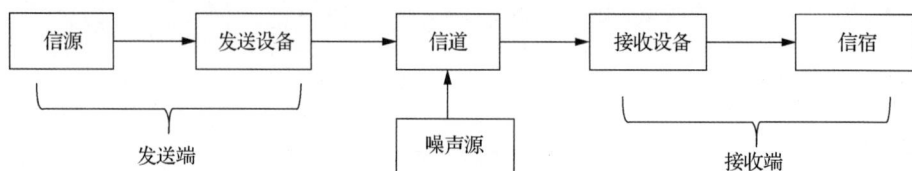

图1-1　通信系统的基本组成

（1）信源：又称信息源，是发出待传送信息的人或设备，是通信过程中产生和发送信号的设备或计算机，如话筒。信源可分为模拟信源和数字信源。

（2）发送设备：指用来匹配信源与信道的一种通信设备。

（3）信道：又称信息传输的通道，是连接发送端设备和接收端设备的物理介质。信道可分为有线信道和无线信道，也可分为模拟信道和数字信道。其中，模拟信道是传输模拟信号的物理信道，而数字信道是传输数字信号的物理信道。

（4）噪声源：指分布在通信系统中的各种噪声。

（5）接收设备：能从接收信号中恢复原始电信号的设备。

（6）信宿：又称信息宿，是接收所传送信息的人或设备，是通信过程中接收和处理信号的设备或计算机。

1.1.2　数据通信网络典型组网模型

数据通信网络常用的3种典型组网模型如下。

1. 两台计算机之间的通信

如图1-2所示，两台计算机通过一根网线相连，便组成了一个最简单的网络。如果PC1想从PC2中获得"B.mp4"歌曲文件，该怎么办呢？很简单，让两台计算机运行相应的文件传输软件并使用鼠标进行相关操作即可。

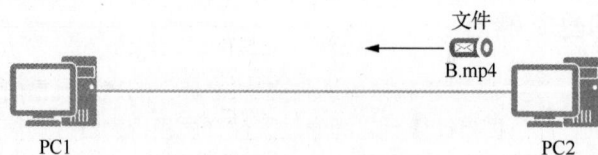

图1-2　两台计算机之间的通信

2. 多台计算机之间的通信

图1-3所示的网络模型稍微复杂一些，它由一台路由器和多台计算机组成。在这样的网络模

型中，通过路由器的转发，每两台计算机之间都可以自由地传递文件。

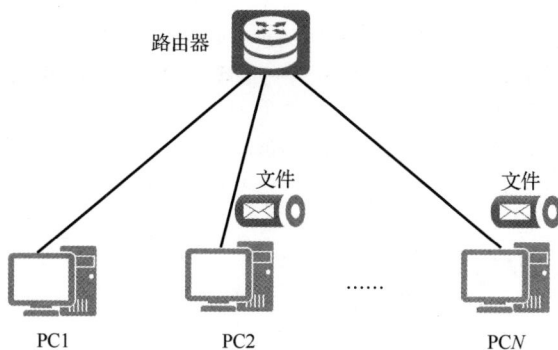

图 1-3　多台计算机之间的通信

3. 访问 Internet 的通信

如图 1-4 所示，当计算机希望从某个网址获取文件时，计算机必须先接入 Internet，才能下载所需的文件。

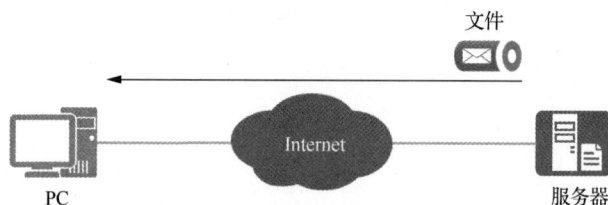

图 1-4　访问 Internet 的通信

因特网（Internet）是目前世界上规模最大的计算机网络，其前身是诞生于 1969 年的阿帕网（Advanced Research Project Agency Network，ARPANet）。Internet 的广泛普及和应用是信息时代的标志性内容之一。

1.1.3　网络通信常见术语

在网络通信中，除了包含前面提到的信号、数据、信息等常见术语外，还包含一些相对抽象的术语，表 1-1 所示为常见术语的说明。

表 1-1　常见术语的说明

术语	说明
数据载荷	数据载荷可以理解为最终想要传递的信息。而实际上，在具有层次化结构的网络通信过程中，上一层协议传递给下一层协议的数据单元（报文）都可以被称为下一层协议的数据载荷
报文	报文是网络中交换与传输的数据单元，它具有一定的内在格式，并通常具有"头部+数据载荷+尾部"的基本结构。在传输过程中，报文的格式和内容可能会发生改变
头部	为了更好地传递信息，在组装报文时，在数据载荷的前面添加的信息段统称为报文的头部
尾部	为了更好地传递信息，在组装报文时，在数据载荷的后面添加的信息段统称为报文的尾部。注意，很多报文是没有尾部的
封装	对数据载荷添加头部和尾部，从而形成新的报文的过程
解封装	解封装是封装的逆过程，即去掉报文的头部和尾部，获取数据载荷的过程

续表

术语	说明
网关	网关是在采用不同体系结构或协议的网络之间互通时，用于提供协议转换、路由选择、数据交换等功能的网络设备。网关是一种根据其部署位置和功能而命名的术语，而不是一种特定的设备类型
路由器	路由器是连接不同网络的主要节点设备，通过路由功能为报文选择传递路径，能够识别不同的网络协议，在网络中通常起网关的作用

1.2 OSI 与 TCP/IP 参考模型

开放系统互连（Open System Interconnection，OSI）与传输控制协议/互联网协议（Transmission Control Protocol/Internet Protocol，TCP/IP）参考模型是计算机网络通信领域中使用频率最高的两个参考模型，特别是 TCP/IP 参考模型，在计算机网络通信中的地位至关重要。熟悉 OSI 参考模型和 TCP/IP 参考模型的相关概念和简单应用，对具体而深入地学习各种网络通信知识具有非常重要的指导作用。

V1-2 OSI 与
TCP/IP 参考模型

1.2.1 网络通信协议和标准机构

网络通信协议是保证网络正常通信的基础。从网络通信的角度来看，各种各样的通信协议就相当于汉语、英语等各种自然语言。交流的双方需要懂得一种共同的语言才能真正明白对方的意思。

1. 网络通信协议的基本特性

经过 20 世纪 60~70 年代的发展，人们对计算机网络的认识和研究日趋成熟。为了促进网络产品的开发，使网络的系统软件、网络硬件具有通用性，网络中的计算机必须遵循一定的协议。有了网络协议，各种大小不同、结构不同、操作系统不同、处理能力不同、厂家不同的系统才能连接起来，实现相互通信及资源共享。

在网络通信中，所谓协议，就是指诸如计算机、交换机、路由器等为了实现通信而必须遵从的、事先定义好的一系列规则和约定。网络通信协议包含超文本传送协议（HyperText Transfer Protocol，HTTP）、文件传送协议（File Transfer Protocol，FTP）、TCP、IPv4、IEEE 802.3（以太网协议）等。网络通信协议对计算机网络来说是不可缺少的，一个功能完备的计算机网络必须具备一套复杂的协议集，用于为通信双方的通信过程做出约定。网络协议包含 3 个方面的内容：语义、语法和时序。

（1）语义：需要发出何种控制信息、完成何种动作及做出何种应答。

（2）语法：数据与控制信息的格式、数据编码等。

（3）时序：时间先后顺序和速度匹配。

下面以打电话为例来说明"语义""语法""时序"。假设甲要打电话给乙，首先，甲拨通乙的电话号码，双方电话振铃，乙拿起电话；其次，甲、乙开始通话，通话完毕后，双方挂断电话。在此过程中，双方都遵守了打电话的协议。其中，甲拨通乙的电话后，乙的电话振铃，振铃是一个信号，表示有电话打进来，乙选择接电话，双方讲话，这一系列动作包括控制信号、响应动作、讲内容等，即"语义"；电话号码就是"语法"；"时序"的概念更好理解，甲拨打了电话，乙的电话才会响，乙听到铃声后才会考虑要不要接电话，这一系列时间的因果关系十分明确，乙的电话不可能在没人拨电话的情况下响铃。

2. 协议标准机构

协议可以分为私有协议和公有协议。而专门整理、研究、制定和发布开放性标准协议的组织称为标准机构，网络通信领域中知名的标准机构如表 1-2 所示。

表 1-2　网络通信领域中知名的标准机构

标准机构	简要介绍
国际标准化组织（International Organization for Standardization，ISO）	ISO 是世界上最大的非政府性标准化专门机构，是国际标准化领域中一个十分重要的组织，ISO 的任务是促进全球范围内的标准化及相关活动，以利于国际产品与服务的交流，以及知识、科学技术和经济活动的相互合作
电气电子工程师学会（Institute of Electrical and Electronics Engineers，IEEE）	IEEE 是一个电子技术与信息科学工程师的学会，是世界上最大的专业技术组织之一，IEEE 成立的目的是为电气电子方面的科学家、工程师、制造商提供国际联络交流的场所，并为其提供专业教育，以提高专业服务能力，著名的以太网标准就来自 IEEE
因特网工程任务组（Internet Engineering Task Force，IETF）	IETF 是全球互联网最具权威的技术标准化组织之一，其主要任务是负责互联网相关技术规范的研发和制定，绝大多数的互联网技术标准都来自 IETF
电子工业联盟（Electronic Industries Alliance，EIA）	EIA 是美国电子行业标准的制定者之一，常见的 RS-232 标准便是由 EIA 制定的
国际电信联盟（International Telecommunications Union，ITU）	ITU 简称为"国际电联"，其主要分为电信标准化部门（ITU-T）、无线电通信部门（ITU-R）和电信发展部门（ITU-D），是主管信息通信技术事务的联合国机构
国际电工委员会（International Electrotechnical Commission，IEC）	IEC 是世界上成立最早的国际性电工标准化机构，负责有关电气工程和电子工程领域中的国际标准化工作，与 ISO 和 IEEE 等合作紧密

1.2.2　OSI 参考模型

1. 协议分层模型的优势

我们知道，计算机网络是一个复杂的综合性技术系统。因此，引入协议分层模型是必需的，建立层次化的协议模型能带来以下好处。

（1）实现协议标准化：每一层有特定的功能，各层自主管理，更容易制定出相应的协议或标准。

（2）降低关联性：某一层协议的增减或更新，都不会影响其他层协议的运行，实现了各层协议的独立性。

（3）边界清晰，易理解：协议分层模型让整个计算机网络的层次更加清晰，容易掌握。

2. OSI 参考模型的 7 层结构

20 世纪 70 年代末，ISO 提出了 OSI 参考模型，该模型将计算机网络通信协议分为 7 层。每一层完成通信中的一部分功能，并遵循一定的通信协议。该模型具有以下特点。

（1）网络中每个节点均有相同的层次。

（2）不同节点的同等层具有相同的功能。

（3）相同节点内相邻层之间通过接口通信。

（4）每一层可以使用下层提供的服务，并向其上层提供服务。

（5）仅在最低层直接进行数据传送。

OSI 参考模型的网络体系结构如图 1-5 所示。当发送方 PC1 的应用进程数据到达 OSI 参考模型的应用层时，网络中的数据将沿着垂直方向向下层传输，即由应用层向下经表示层、会话层等一直到达物理层。到达物理层后，再经传输介质传送到接收方 PC2，由接收方物理层接收，向上经数据链路层等到达应用层，再由接收方获取。数据在由发送进程交给应用层时，由应用层加上该层有关的控制和识别信息，再向下传送，这一过程一直重复到物理层。在接收方信息向上传递时，各层的有关控制和识别信息被逐层剥去，最后数据被送到接收进程。

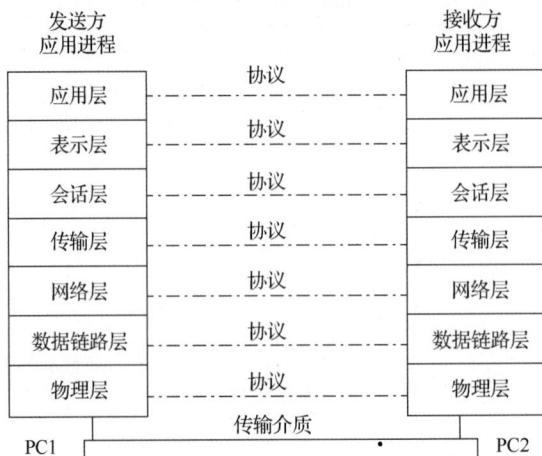

图 1-5　OSI 参考模型的网络体系结构

3. OSI 参考模型各层的功能及关系

OSI 参考模型的层次是相互独立的，每一层都有独立的功能。

（1）物理层

物理层（Physical Layer）提供建立、维护和拆除物理链路所需的机械、电气、功能和规程的特性，提供在传输介质上传输非结构化的比特流及物理链路故障的检测指示。在这一层，数据还没有被组织，仅作为原始的比特流或信号电压处理，单位是比特（bit）。

（2）数据链路层

数据链路层（Data Link Layer）负责在两个相邻节点间建立数据链路进行连接，实现无差错地传送以帧为单位的数据，并进行流量控制。数据链路层要负责建立、维持和释放数据链路的连接，在传送数据时，如果接收方检测到所传的数据中有差错，则会通知发送方重新发送。

（3）网络层

网络层（Network Layer）主要为数据在节点之间的传输创建逻辑链路，通过路由选择算法为数据包选择最佳路径，从而实现拥塞控制、网络互联等功能。

网络层提供的服务有面向连接和面向无连接的两种服务。面向连接的服务是可靠的连接服务，指数据在交换之前必须先建立连接，再传输数据，传输结束后终止之前建立的连接服务。网络层以虚电路服务的方式实现面向连接的服务。面向无连接的服务是一种不可靠的连接服务，不能防止报文的丢失、重发或失序。面向无连接的服务的优点在于其服务方式灵活、方便，并且非常迅速。网络层以数据报服务的方式实现面向无连接的服务。

（4）传输层

传输层（Transport Layer）主要为用户提供端到端服务，处理数据报错误、数据包次序等传输问题。传输层是计算机通信体系结构中的关键一层，它向高层屏蔽了下层数据的通信细节，使用户完全不用考虑物理层、数据链路层和网络层工作的详细情况。

（5）会话层

会话层（Session Layer）为表示层提供建立、维护和拆除会话连接的功能，提供会话管理服务。它可以通过对话控制来决定使用何种通信方式，如全双工通信或半双工通信。

（6）表示层

不同厂家的计算机产品常使用不同的信息表示标准，导致在字符编码、数值表示等方面存在着差异，如果不解决信息表示上的差异，通信的用户之间就不能互相识别，因此，表示层（Presentation Layer）要完成信息表示格式的转换。转换可以在发送数据前，也可以在接收数据后，还可以要求双方都转换为某个特定标准的信息表示格式。

表示层为应用层提供了能解释所交换信息含义的一组服务，主要功能是完成传输数据的解释工作，包括数据转换、数据加密与解密和数据压缩等。

（7）应用层

应用层（Application Layer）是用户应用程序与网络的接口，应用层和应用程序协同工作，直接向用户提供服务〔如域名服务（Domain Name Service，DNS）、FTP、HTTP 等服务〕，完成用户希望在网络中完成的各种工作。

1.2.3　TCP/IP 参考模型

在计算机网络通信中，OSI 参考模型只是用于研究的理论模型，并没有实际应用。实际上应用最为广泛的是 TCP/IP 参考模型。TCP/IP 是网络互联的标准协议，接入 Internet 的计算机进行信息交换和传输时都需要采用该协议。

1. TCP/IP 参考模型的 4 层结构

TCP/IP 出现于 20 世纪 70 年代，是一个真正的开放系统，在 20 世纪 80 年代被确定为 Internet 的通信协议。Internet 网络体系结构以 TCP/IP 为核心。其中，IP 用于为各种不同的通信子网或局域网提供统一的互联平台，TCP 用于为应用程序提供端到端的控制和通信功能。目前，TCP/IP 参考模型已经在多数计算机上得到应用。TCP/IP 参考模型通常被认为是一个 4 层结构。OSI 参考模型与 TCP/IP 参考模型的对比如图 1-6 所示。

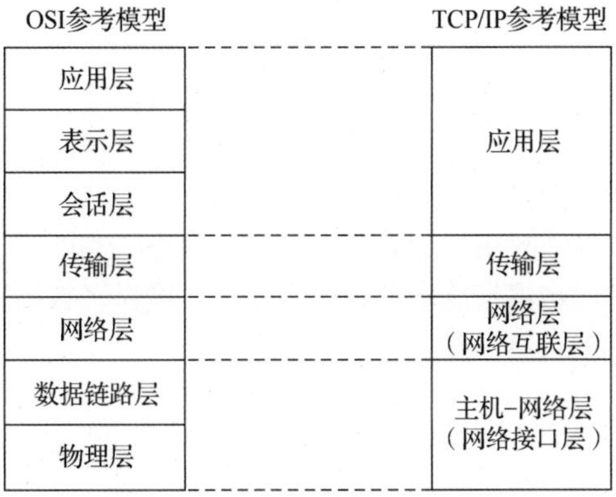

图 1-6　OSI 参考模型与 TCP/IP 参考模型的对比

2. TCP/IP 参考模型各层的功能及关系

TCP/IP 参考模型中各层的主要功能及关系如下。

（1）主机-网络层（网络接口层）

TCP/IP 参考模型的主机-网络层与 OSI 参考模型的物理层、数据链路层相对应。该层通常包括操作系统中的设备驱动程序和主机中对应的网络接口卡（简称网卡）。该层只定义了 TCP/IP 与各种通信子网之间的网络接口，功能是传输经网络层处理过的消息。

（2）网络层（网络互联层）

该层对应 OSI 参考模型的网络层。

（3）传输层

该层对应 OSI 参考模型的传输层。

（4）应用层

TCP/IP 参考模型的应用层直接为用户提供各类服务。TCP/IP 参考模型将所有与应用相关的工作都归在这一层，如远程登录、文件传输、电子邮件、Web 服务等。在 TCP/IP 参考模型中，不存在表示层和会话层。

1.3 数据链路层

数据链路层负责建立和管理节点间的链路。该层的主要功能是通过各种控制协议，将有差错的物理信道变为无差错的、能可靠传输数据帧的数据链路。由于网络中存在各种干扰，物理链路是不可靠的，数据链路层在物理层提供的比特流的基础上，通过差错控制、流量控制等方法，即提供可靠的通过物理介质传输数据的方法，使有差错的物理线路变为无差错的数据链路。

V1-3 数据链路层

本节将简要介绍数据链路层的两个子层——逻辑链路控制（Logical Link Control，LLC）子层和介质访问控制（Medium Access Control，MAC）子层，以及以太网等相关内容。

1.3.1 LLC 子层与 MAC 子层

1. LLC 子层

LLC 子层是数据链路层的上层部分，它屏蔽了 MAC 子层的各种差别并向其上层提供统一的数据链路服务，实现了两个站点之间帧的交换，可完成端到端无差错的帧传输，以及应答和流量控制功能。

LLC 子层可为网络用户提供两种服务：无确认无连接的服务和面向连接的服务。

（1）无确认无连接的服务：它提供了无须建立数据链路连接，而网络层实体能交换链路服务数据单元的手段。数据传送方式可以是点到点、点到多点式，也可以是广播式。这是一种数据报服务。

（2）面向连接的服务：在这种服务方式下，必须先建立链路连接，才能进行帧的传送。它提供了建立、维持、复位和终止数据链路层连接的方法，还提供了数据链路层的定序、流量控制和错误恢复的方法。这是一种虚电路服务。

2. MAC 子层

MAC 子层是数据链路层的下层部分，其功能是控制和协调所有站点对共享介质的访问，以避免或减少冲突。局域网中目前广泛采用的两种 MAC 方法如下。

① 争用型 MAC，又称随机型的 MAC 协议，如带冲突检测的载波监听多路访问（Carrier Sense Multiple Access with Collision Detection，CSMA/CD）方式。

② 确定型 MAC，又称有序的 MAC 协议，如令牌（Token）方式。

（1）CSMA/CD 方式

CSMA/CD 是一种使用争用的方法来决定介质访问权的协议，这种争用协议只适用于逻辑上属于总线型拓扑结构的网络。在该网络中，每个站点都能独立地决定帧的发送，若两个或多个站点同时发送帧，就会产生冲突，导致所发送的帧出错。因此，一个用户发送信息的成功与否，在很大程度上取决于监听总线是否空闲的算法，以及两个不同节点同时发送的分组发生冲突后所使用的中断传输方法。

CSMA/CD 的工作原理是，发送前先监听信道是否空闲，若空闲则立即发送数据；在发送时，边发送边继续监听，若监听到冲突，则立即停止发送，等待一段随机时间（称为退避）以后，再重新尝试。

（2）令牌方式

令牌传递又称"标记传送"，多用于环形网。令牌由专用的信息块组成。典型的令牌由连续的 8 位"1"组成。当网络中所有节点都空闲时，令牌就从一个节点传送到下一个节点。当某一节点要求发送信息时，它必须获得令牌并在发送之前把它从网络上取走。一旦传送完数据，就把令牌转送给下一个节点，每个节点都具有发送与接收令牌的装置。使用这种传送方法通常不会发生碰撞，这是因为在某一瞬间只有一个节点有可能在传送数据。

1.3.2 以太网

以太网是应用最为广泛的局域网，包括标准以太网（10Mbit/s）、快速以太网（100Mbit/s）、吉比特（1Gbit/s）以太网和 10 吉比特（10Gbit/s）以太网（业界称万兆以太网），采用的是 CSMA/CD 协议，它们都符合 IEEE 802.3 标准。

IEEE 802.3 规定了物理层的连线、电信号和介质访问层协议的内容。以太网是当前应用最普遍的局域网技术。它很大程度上取代了其他局域网标准，如令牌环网、光纤分布式数据接口（Fiber Distributed Data Interface，FDDI）网和 ARCNET。经过快速以太网在 20 世纪末的飞速发展后，目前吉比特以太网甚至万兆以太网正在国际组织和主要企业的推动下不断拓展其应用范围。

1. 标准以太网

标准以太网只有 10Mbit/s 的吞吐量，使用 CSMA/CD 协议。以太网可以使用粗同轴电缆、细同轴电缆、非屏蔽双绞线、屏蔽双绞线和光纤等多种传输介质进行连接，且在 IEEE 802.3 标准中，为不同的传输介质制定了不同的物理层标准。在这些标准中，Base 表示"基带"，Base 前面的数字表示传输速率，单位是 Mbit/s，后面的数字或字母表示传输介质。

标准以太网的相关标准如下。

（1）10Base-5：使用直径为 0.4 英寸（约 1 厘米）、阻抗为 50Ω 的粗同轴电缆，也称粗缆以太网，最大网段长度为 500m，使用基带传输方法，拓扑结构为总线型。

（2）10Base-2：使用直径为 0.2 英寸（约 0.5 厘米）、阻抗为 50Ω 的细同轴电缆，也称细缆以太网，最大网段长度为 185m，使用基带传输方法，拓扑结构为总线型。

（3）10Base-T：使用 3 类以上的双绞线电缆，最大网段长度为 100m，拓扑结构为星形。

（4）10Base-F：使用光纤传输介质，传输速率为 10Mbit/s，拓扑结构为星形。

2. 快速以太网

随着网络的发展，传统标准的以太网技术已难以满足日益增长的网络数据流量的需求。1993 年 10 月，Grand Junction 公司推出了世界上第一台快速以太网集线器 Fastch10/100 和网卡 FastNIC100，快速以太网技术正式得以应用。1995 年 3 月，IEEE 发布了 IEEE 802.3u 100Base-T 快速以太网标准。快速以太网技术可以有效地保障用户在布线基础设施上的投资，它支持 3、4、5 类双绞线及光纤的连接，能有效地利用现有的设施。

快速以太网的相关标准如下。

（1）100Base-TX：一种使用 5 类及以上双绞线的快速以太网技术。它使用了两对双绞线，一对用于发送数据，另一对用于接收数据，支持全双工的数据传输，信号频率为 125MHz。它的最大网段长度为 100m，拓扑结构为星形。

（2）100Base-FX：一种使用光纤的快速以太网技术，可使用单模光纤和多模光纤（62.5μm 和 125μm）。多模光纤连接的最大距离为 550m，单模光纤连接的最大距离为 3000m。它支持全双工的数据传输，拓扑结构为星形。100Base-FX 特别适用于有电气干扰的环境，以及较大距离连接或高保密环境等。

3．吉比特以太网

吉比特以太网是一种高速局域网，它可以提供 1Gbit/s 的通信带宽，采用和标准以太网、快速以太网同样的 CSMA/CD 协议、帧格式和帧长，因此可以实现在原有低速以太网的基础上平滑、连续性的网络升级。吉比特以太网采用了与标准以太网、快速以太网完全兼容的技术规范，因此吉比特以太网除继承了标准以太网和快速以太网的优点外，还具有升级平滑、实施容易、性价比高和易管理等优点。吉比特以太网技术适用于大、中规模的园区网主干，从而实现了吉比特主干、百兆交换到桌面的主流网络应用模式。

吉比特以太网技术有两个标准：IEEE 802.3z 和 IEEE 802.3ab。IEEE 802.3z 制定了光纤和短程铜线连接方案的标准，IEEE 802.3ab 制定了 5 类双绞线上较长距离连接方案的标准。

吉比特以太网的相关标准如下。

（1）1000Base-SX：传输介质为直径 62.5μm 或 50μm 的多模光纤，传输距离范围为 220～550m。

（2）1000Base-LX：传输介质为直径 9μm 或 10μm 的单模光纤，传输距离为 5000m。

（3）1000Base-CX：传输介质为 150Ω 的屏蔽双绞线，传输距离为 25m。

（4）1000Base-TX：传输介质为 6 类及以上双绞线，用两对双绞线发送数据，两对双绞线接收数据，每对双绞线支持 500Mbit/s 的单向数据传输速率，传输速率为 1Gbit/s，最长电缆长度为 100m。每对线缆本身不进行双向的传输，因此线缆之间的串扰大大降低了。这种技术对网络的接口要求比较低，不需要非常复杂的电路设计，降低了网络接口的成本。但要达到 1000Mbit/s 的传输速率，要求带宽超过 100MHz，所以要求使用 6 类及以上双绞线（两对线接收数据，两对线发送数据，网络设备无须支持回声消除技术）。

（5）1000Base-T：传输介质为 5 类及以上双绞线，用两对双绞线发送数据，两对双绞线接收数据，每对双绞线支持 250Mbit/s 的双向数据传输速率（半双工），传输速率为 1Gbit/s，最长电缆长度为 100m。如果采用全双工传输数据，则要求网络设备支持串扰或回声消除技术，并且布线系统必须使用超 5 类及以上双绞线。1000Base-T 不支持 8B/10B 编码方式，而是采用了更加复杂的编码方式。1000Base-T 的优点是用户可以在 100Base-T 的基础上平滑升级到 1000Base-T。

4．万兆以太网

万兆以太网于 2002 年 7 月在 IEEE 通过，其规范包含在 IEEE 802.3 标准的补充标准 IEEE 802.3ae 中，旨在完善 IEEE 802.3 协议，以提高以太网带宽，将以太网应用扩展到城域网和广域网中，并与原有的网络操作和网络管理保持一致。

万兆以太网是一种数据传输速率高达 10Gbit/s、通信距离可延伸到 40km 的以太网，它是在以太网技术的基础上发展起来的，但它只适用于全双工通信，并只能使用光纤传输介质，所以它不再使用 CSMA/CD 协议。除此之外，万兆以太网和以太网间的不同之处还在于，万兆以太网标准中包含广域网的物理层协议，所以万兆以太网不仅可以应用于局域网，还可以应用于城域网和广域网，它能使局域网和城域网实现无缝连接，其应用范围更为广泛。网络技术人员可以采用统一的网络技术构建高性能的园区网、城域网和广域网。

万兆以太网主要的特点如下。

（1）保留 IEEE 802.3 以太网的帧格式。

（2）保留 IEEE 802.3 以太网的最大帧长和最小帧长。

（3）只使用全双工工作方式，完全改变了标准以太网的半双工的广播工作方式。

（4）只使用光纤作为传输介质，不使用铜线。

（5）使用点对点链路，支持星形结构的局域网。

（6）万兆以太网的数据传输速率非常高，不直接和端用户相连。

（7）创造了新的光物理介质相关子层。

5. 以太网数据帧封装格式

以太网技术所使用的帧称为以太网数据帧，或简称以太帧。以太帧有 Ethernet II 和 IEEE 802.3 两种标准帧格式。IEEE 802.3 帧格式用 Length 字段取代了 Ethernet II 帧格式的 Type 字段，并且从 Data 字段中分出 8 字节给 LLC 和子网访问协议（SubNetwork Access Protocol，SNAP）字段。Ethernet II 和 IEEE 802.3 以太网帧格式如图 1-7 所示，其中，IEEE 802.3 帧格式的主要信息如下。

图 1-7　Ethernet II 和 IEEE 802.3 以太网帧格式

（1）DMAC（Destination MAC）：表示以太网目的 MAC 地址，长度为 6 字节。

（2）SMAC（Source MAC）：表示以太网源 MAC 地址，长度为 6 字节。

（3）Length：指长度，定义了 Data 字段包含的字节数。

（4）LLC：表示逻辑链路控制，由目的服务访问点（Destination Service Access Point，DSAP）、源服务访问点（Source Service Access Point，SSAP）和 Control 字段组成。

（5）SNAP：表示子网访问协议，由机构代码（Org Code）和类型（Type）字段组成。Org Code 字段的 3 个字节都为 0。Type 字段用于标识 Data 字段中包含的不同协议，Type 字段取值为 0x0800 的帧代表 IP 帧，Type 字段取值为 0x0806 的帧代表地址解析协议（Address Resolution Protocol，ARP）帧。

（6）Data：表示数据字段，最小长度必须为 38 字节以保证帧长至少为 64 字节，最大长度为 1492 字节。

（7）FCS（Frame Check Sequence）：表示帧校验序列，是循环冗余校验生成的值，为以太帧提供差错检测机制。

6. MAC 地址

MAC 地址，即网卡的物理地址，是在 IEEE 802 标准中定义并规范的。MAC 地址由 48 位二进制数组成，通常分成 6 段，用十六进制数表示，如 00E0-FCA1-562B。其中，前 24 位是生产厂商向 IEEE 申请的厂商编号，例如，华为设备的 MAC 地址前 24 位是 0x00E0FC；后 24 位是网卡序列号。MAC 地址的第 8 位为 0 时，表示该 MAC 地址为单播地址；为 1 时，表示该 MAC 地址为组播地址。若一块物理网卡的地址是一个单播地址（物理地址），则 MAC 地址的第 8 位一定为 0。组播地址是一个逻辑地址，用来表示一组接收者。

形象地说，MAC 地址就如同身份证号，具有全球唯一性。MAC 地址格式如图 1-8 所示。

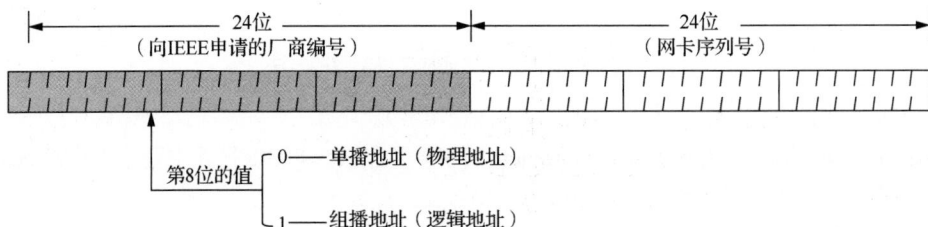

图 1-8　MAC 地址格式

1.4 网络层

网络层将传输层送来的消息封装成 IP 数据包，并根据路由信息，将该数据包发送到主机-网络层。本节将重点介绍 IP 地址与子网划分、ARP 与 IPv4 通信等相关知识。

1.4.1 IP 地址与子网划分

IP 是 TCP/IP 协议簇中网络层的协议，主要包含 3 方面内容：IP 编址方案、分组封装格式及分组转发规则。IP 目前主要采用了 IPv4（IP version 4）和 IPv6（IP version 6）两种编址方案。其中，IPv4 地址已经耗尽，目前正向 IPv6 过渡。

V1-4　二进制与
有类编址

1. 二进制数与十进制数

要掌握 IP 地址和子网划分，首先必须对进制数有一定的认识。下面简要介绍十进制数和二进制数的转换规则。

（1）二进制数与十进制数

二进制数是用 0 和 1 两个数码来表示的数。它的基数为 2，进位规则是"逢二进一"，借位规则是"借一当二"。

十进制是人类发明的最方便的进制表示方式，也是日常生活中最常用的数制，但用计算机处理十进制数时必须先将十进制数转换成二进制数。

（2）将二进制数转换成十进制数

例如：$(1101)_2 = 1 \times 2^3 + 1 \times 2^2 + 0 \times 2^1 + 1 \times 2^0$

$$= 8 + 4 + 0 + 1$$

$$= 13$$

（3）将十进制数转换成二进制数

例如，将十进制数 125 表示成二进制数为 1111101。计算方法为除 2 取余，再逆序排列，如图 1-9 所示。

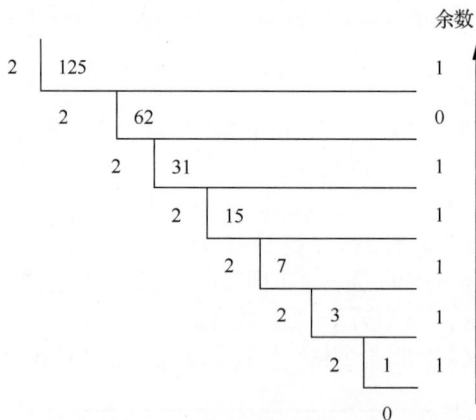

图 1-9　将十进制数转换成二进制数的方法

2. IPv4 编址方式

利用 IPv4 地址的基本结构可以在 Internet 中进行寻址，IPv4 编址方式主要分为有类编址和无类编址两种。

（1）有类编址

在 Internet 中，所有的主机资源通过 IP 地址来定位。IP 地址是由互联网名称与数字地址分配机构（Internet Corporation for Assigned Names and Numbers，ICANN）分配和管理的，IP 地址的分配有一套严格的机制和程序，这套机制和程序保证了 IP 地址在 Internet 中的唯一性。IP 地址的格式是由 IP 规定的，本书所讲的 IP 地址（除特殊说明外）均指 IPv4 地址。

IPv4 地址是一个 32 位的二进制数，由网络号和主机号两部分组成。根据网络号和主机号位数的不同，有类编址将 IP 地址分为 A 类、B 类、C 类、D 类和 E 类 5 类。IP 地址格式如图 1-10 所示。

图 1-10　IP 地址格式

IP 地址的类型是由网络号的最高几位来区分的。图 1-10 所示的 IP 地址格式规定了用作网络号和主机号的位数。

① A 类地址中网络号占用 1 字节，主机号占用 3 字节，其范围为 0.0.0.0～127.255.255.255。

② B 类地址中网络号占用 2 字节，主机号占用 2 字节，其范围为 128.0.0.0～191.255.255.255。

③ C 类地址中网络号占用 3 字节，主机号占用 1 字节，其范围为 192.0.0.0～223.255.255.255。

④ D 类地址为组播地址，其范围为 224.0.0.0～239.255.255.255。

⑤ E 类地址保留，其范围为 240.0.0.0～255.255.255.255。

在网络中，部分主机并没有直接连接到 Internet 中，它们各自组成了局域网用于内部通信，因此，为满足局域网通信需求，在 A、B、C 这 3 类 IP 地址中保留了部分地址供局域网使用。为区分这些 IP 地址，定义了公网 IP 地址和私有 IP 地址。

公网 IP 地址是在 Internet 中使用的 IP 地址，而私有 IP 地址不用于 Internet，主要用于局域网中。私有 IP 地址是一段保留的 IP 地址，A 类、B 类和 C 类的私有 IP 地址的范围如下。

① A 类私有 IP 地址范围：10.0.0.0～10.255.255.255。

② B 类私有 IP 地址范围：172.16.0.0～172.31.255.255。

③ C 类私有 IP 地址范围：192.168.0.0～192.168.255.255。

V1-5　无类编址与编址规划

（2）无类编址

在网络通信发展的初期，网络中的计算机数量很少，需要使用的 IP 地址也很少。所以，将 IP 地址划分为 5 类的做法基本上没有问题。然而，随着通信网络的飞速发展，这种"有类编址"的地址划分方法暴露了明显的问题。譬如，一个集团公司大约需要 10 万个 IP 地址，如果用 A 类地址进行分配，那么将会有大量的 IP 地址被浪费。总之，用"有类编址"进行地址划分的颗粒度太大，使大量的 A 类或 B 类地址不能被充分利用，从而造成大量 IP 地址资源的浪费，因此，IPv4 出现了无类编址方式。

在有类编址方式中，A 类、B 类、C 类地址限定了网络号和主机号的位数。无类编址则不限定网络号和主机号的位数，这使 IP 地址的分配更加灵活，IP 地址的利用率也得到了提高。

采用有类编址时，很容易知道关于某个 IP 地址的所有信息，特别是网络号和主机号，它们很容易区分。而采用无类编址时则不同，网络号和主机号不是固定的，譬如，有一个 IP 地址为 60.1.7.1，它可能是 60.1.0.0 网络中的一个主机地址，也可能是 60.1.7.0 网络中的一个主机地址，且还有很多其他可能性。

3. 子网掩码

子网掩码（Subnet Mask）由 32 位二进制数组成，也可看作由 4 字节二进制数组成，并且通常以点分十进制数来表示。但是，子网掩码本身并不是一个 IP 地址，且子网掩码必须由若干个连续的 1 后接若干个连续的 0 组成。表 1-3 列举了若干个甄别子网掩码的示例。

表 1-3　若干个甄别子网掩码的示例

示例					是否为子网掩码
11111100	00000000	00000000	00000000	（252.0.0.0）	是
11111111	11000000	00000000	00000000	（255.192.0.0）	是
11111111	11111111	11111111	11110000	（255.255.255.240）	是
11111111	11111111	11111111	11111111	（255.255.255.255）	是
00000000	00000000	00000000	00000000	（0.0.0.0）	是
11011000	00000000	00000000	00000000	（216.0.0.0）	否
00000000	11111111	11111111	11111111	（0.255.255.255）	否

通常将一个子网掩码中 1 的个数称为这个子网掩码的长度。例如，子网掩码 0.0.0.0 的长度为 0，子网掩码 252.0.0.0 的长度为 6，子网掩码 255.192.0.0 的长度为 10，子网掩码 255.255.255.255 的长度为 32。

子网掩码总是与 IP 地址结合使用。当一个子网掩码与一个 IP 地址结合使用时，子网掩码中 1 的个数（即子网掩码的长度）表示这个 IP 地址的网络号的位数，而 0 的个数表示这个 IP 地址的主机号的位数。

（1）子网掩码与网络地址

如果将一个子网掩码与一个 IP 地址进行逐位的"与"运算，所得的结果便是该 IP 地址所在网络的网络地址。

（2）子网掩码与广播地址

广播地址应用于主机同网络内所有其他主机的通信，它是主机号为全"1"的地址（子网掩码的反码），即广播地址=网络地址+子网掩码的反码。

（3）基于 IP 地址和子网掩码计算网络地址和广播地址

例如，对于 IP 地址 202.96.128.86，假设其子网掩码为 255.255.255.0，那么可以通过计算得知，这个 IP 地址所在网络的网络地址为 202.96.128.0，广播地址为 202.96.128.255，其计算过程如图 1-11 所示。

```
            1100 1010 0110 0000 1000 0000 0101 0110    （IP地址：202.96.128.86）
  "与"运算 1111 1111 1111 1111 1111 1111 0000 0000    （子网掩码：255.255.255.0）
            1100 1010 0110 0000 1000 0000 0000 0000    （网络地址：202.96.128.0）

            1100 1010 0110 0000 1000 0000 0000 0000    （网络地址：202.96.128.0）
  "加法"   0000 0000 0000 0000 0000 0000 1111 1111    （子网掩码的反码：0.0.0.255）
            1100 1010 0110 0000 1000 0000 1111 1111    （广播地址：202.96.128.255）
```

图 1-11　基于 IP 地址和子网掩码计算网络地址与广播地址的计算过程

子网掩码的引入，使无类编址方式可以完全向后兼容有类编址方式，即使用有类编址时，A 类地址的子网掩码总是 255.0.0.0，B 类地址的子网掩码总是 255.255.0.0，C 类地址的子网掩码总是 255.255.255.0。这样，所谓的有类地址便成为无类编址的特例。使用无类编址方式时，子网的长度是可以根据需要而灵活变化的，所以此时的子网掩码也称为可变长子网掩码（Variable Length Subnet Mask，VLSM）。

目前，Internet 所使用的编址方式都是无类编址方式，一个 IP 地址总是有其对应的子网掩码。在书写 IP 地址及其对应的子网掩码时，习惯上，IP 地址在前，子网掩码在后，中间以"/"隔开，另外，为了简化起见，通常以子网掩码的长度来代替子网掩码本身。例如，64.1.5.1/255.255.0.0 可以写成 64.1.5.1/16。

4．子网划分

为了提高 IP 地址的使用效率，一个网络可以划分为多个子网。可以采用借位的方法，从主机最高位开始借位生成新的子网位，剩余部分仍为主机位，使本来属于主机号的部分变为子网号和主机号，这样就实现了将大的网络划分为多个小的网络的功能，满足了不同网络对 IP 地址的个性化需求，实现了网络的层次化。

借位使 IP 地址的结构分为 3 个部分：网络号、子网号和主机号，如图 1-12 所示。

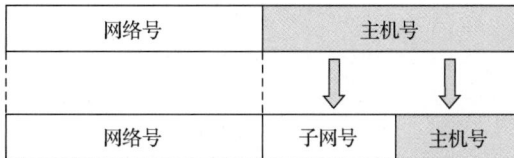

图 1-12　子网划分

（1）子网划分的原理

划分子网时，子网号借用的主机号位数越多，子网的数目就越多，每个子网的可用主机数就越少。譬如，某企业申请到 C 类地址 192.168.1.1，其中网络号为 192.168.1.0，主机号为 1，主机位有 8 位，主机地址数为 2^8-2，即有 254 个主机地址。

如果借用 1 位主机位，则将产生 $2^1=2$ 个子网，每个子网的主机地址个数为 2^7（即 128）；如果借用 2 位主机位，则将产生 $2^2=4$ 个子网，每个子网的主机地址个数为 2^6（即 64）。以此类推，每借用 n 个主机位，便会产生 2^n 个子网，每个子网的主机地址个数为 2^{8-n}。以 C 类网络为例，根据子网号借用主机号的位数，可以分别计算出子网掩码、子网数和每个子网的主机数及可用主机数，如表 1-4 所示。

表 1-4　C 类网络的子网划分

借位数	掩码长度	子网掩码	子网数	主机数	可用主机数
1	25	255.255.255.128	2	128	126
2	26	255.255.255.192	4	64	62
3	27	255.255.255.224	8	32	30
4	28	255.255.255.240	16	16	14
5	29	255.255.255.248	32	8	6
6	30	255.255.255.252	64	4	2

（2）VLSM

VLSM 允许在同一个网络地址空间中使用多个子网掩码。VLSM 让 IP 地址的使用更加有效，减少了 IP 地址的浪费，并且 VLSM 允许已经划分过子网的网络继续划分子网。

如图 1-13 所示，网络 172.22.0.0/16 被划分成"/24"的子网，其中，子网 172.22.1.0/24 又被继续划分成"/27"的子网。"/27"子网的网络地址范围是 172.22.1.0/27～172.22.1.224/27（从实际应用角度）。从图 1-13 中可以看出，将 172.22.1.224/27 的网络又划分成 8 个"/30"的子网。"/30"

的子网中可用的主机数为 2，这两个 IP 地址正好给两台路由器连接的接口使用。

由此也可以看出，VLSM 加强了 IP 地址的层次化结构设计，使路由表的路由汇总更加有效。例如，在图 1-13 中，最右边的路由器的路由表中将到达 172.22.1.0/24 的网络及其子网的路由信息汇总成了一条路由 172.22.1.0/24。也就是说，对于网络边界，路由器能够屏蔽掉子网的信息，减少路由表条目的数量。

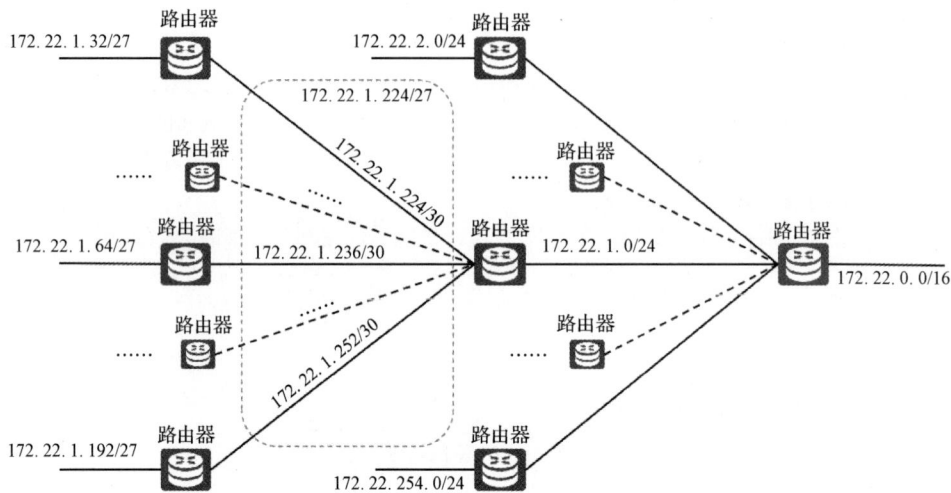

图 1-13　VLSM 路由汇总范例

5. 规划 IP 地址

IP 地址的合理规划是网络设计的重要环节，大型计算机网络必须对 IP 地址进行统一规划并得到有效实施。IP 地址规划，会影响到网络路由协议算法的效率、网络的性能、网络的扩展及网络的管理，也必将直接影响到网络应用的进一步发展。

（1）地址规划的原则

IP 地址空间的分配，要与网络拓扑结构相适应，既要有效地利用地址空间，又要体现出网络的可扩展性、灵活性和层次性，并要满足路由协议的要求，以便网络中的路由聚类，减小路由器中路由表的长度，减少对路由器 CPU、内存的消耗，提高路由算法的效率，加快路由变化的收敛速度，还要考虑到网络地址的唯一性、连续性、实意性和可管理性。

（2）规划网络地址案例

假设某企业拥有一个 C 类地址 192.168.1.0/24，企业希望每个部门都工作于相对独立的局域网中。各部门 IP 地址需求数量如表 1-5 所示。

V1-6　IP 规划实例

表 1-5　各部门 IP 地址需求数量

部门名称	IP 地址需求数
行政部	12
业务部	40
研发部	5
生产部	100

作为该企业的网络管理员，请为该企业合理规划 IP 地址，并给出 IP 地址规划的具体方案。

① 解决策略：针对企业不同 IP 地址需求，可以按照以下步骤实现 IP 地址规划。

a. 先根据最大 IP 地址数要求划分子网，其中一个子网网段用于满足该部门的主机 IP 地址需求。

b. 选择剩余子网网段中的一个，按次大 IP 地址数要求划分子网，划分结果中的一个子网网段用于满足该部门的主机 IP 地址需求。

c. 重复上述步骤，直到满足所有部门主机 IP 地址需求为止，将剩余的网络地址登记为备用网络，以备网络扩展升级时使用。

② 解决过程如下。

a. 当 IP 地址数需求为 100 时，主机地址位至少为 7 位，因此该 C 类地址可以分为两个子网，如表 1-6 所示。这里将 192.168.1.0/25 分配给生产部使用。

表 1-6　子网化步骤 1

网络地址		主机地址（7 位）	子网网络地址
192.168.1.0/24	0	000 0000	192.168.1.0/25
192.168.1.0/24	1	000 0000	192.168.1.128/25

b. 当 IP 地址数需求为 40 时，主机地址位至少为 6 位，对 192.168.1.128/25 继续划分子网，如表 1-7 所示。这里将 192.168.1.128/26 分配给业务部使用。

表 1-7　子网化步骤 2

网络地址		主机地址（6 位）	子网网络地址
192.168.1.128/25	0	00 0000	192.168.1.128/26
192.168.1.128/25	1	00 0000	192.168.1.192/26

c. 剩余的子网划分以此类推，可以得到一张 IP 地址规划总表，如表 1-8 所示。

表 1-8　IP 地址规划总表

子网网络地址									可用主机数	网络地址/掩码长度	备注
	0	0	0	0	0	0	0	0	126	192.168.1.0/25	生产部（100 人）
	1	0	0	0	0	0	0	0	62	192.168.1.128/26	业务部（40 人）
	1	1	0	0	0	0	0	0	14	192.168.1.192/28	行政部（12 人）
192.168.1.	1	1	0	1	0	0	0	0	6	192.168.1.208/29	研发部（5 人）
	1	1	0	1	1	0	0	0	6	192.168.1.216/29	备用
	1	1	1	0	0	0	0	0	14	192.168.1.224/28	备用
	1	1	1	1	0	0	0	0	14	192.168.1.240/28	备用

1.4.2　ARP 与 IPv4 通信

1. ARP

IP 数据包通过以太网发送，但以太网设备并不能识别 IP 地址，它们是以 MAC 地址传输的。因此，必须把目的 IP 地址转换成目的 MAC 地址。在以太网中，一台主机要和另一台主机进行直接通信时，必须要知道目的主机的 MAC 地址。

ARP 是网络层的协议，用于将 IP 地址解析为 MAC 地址。

V1-7　ARP 与
IPv4 通信

（1）ARP 的工作原理

每台主机都会在自己的 ARP 缓冲区中建立一个 ARP 列表，以记录 IP 地址和 MAC 地址之间的对应关系。

主机（网络接口）新加入网络时（也可能只是 MAC 地址发生变化、接口重启等），会发送 ARP 报文把自己的 IP 地址与 MAC 地址的映射关系广播给其他主机。

网络中的主机接收到 ARP 报文时，会更新自己的 ARP 缓冲区，将新的映射关系更新到自己的 ARP 表中。ARP 的具体工作过程如下。

① 当源主机需要将一个数据包发送到目的主机时，会先检查自己的 ARP 表中是否存在该目的主机的 IP 地址对应的 MAC 地址，如果有，则直接将数据包发送给这个 MAC 地址；如果没有，则向本地网段发起一个 ARP 请求的广播包，查询此目的主机对应的 MAC 地址。此 ARP 请求数据包中包括源主机的 IP 地址、MAC 地址及目的主机的 IP 地址。

② 网络中所有的主机收到 ARP 请求后，会检查数据包中的目的 IP 地址是否和自己的 IP 地址一致。如果不相同，则忽略此数据包；如果相同，则该主机先将源主机的 MAC 地址和 IP 地址添加到自己的 ARP 表中。如果 ARP 表中已经存在该 IP 地址信息，则将其覆盖，再给源主机发送一个 ARP 响应数据包，告诉对方自己是它需要查找的 MAC 地址。

③ 源主机收到 ARP 响应数据包后，将得到的目的主机的 IP 地址和 MAC 地址添加到自己的 ARP 表中，并利用此信息开始数据的传输。如果源主机一直没有收到 ARP 响应数据包，则表示 ARP 查询失败。

（2）ARP 的报头结构

ARP 的报头结构如图 1-14 所示。

硬件类型		协议类型	
硬件地址长度	协议长度	操作类型	
发送方的硬件地址（0～3字节）			
源物理地址（4～5字节）		源IP地址（0～1字节）	
源IP地址（2～3字节）		目的硬件地址（0～1字节）	
目的硬件地址（2～5字节）			
目的IP地址（0～3字节）			

图 1-14　ARP 的报头结构

① 硬件类型：指明了发送方想知道的硬件接口类型，以太网的值为 1。

② 协议类型：指明了发送方提供的高层协议类型，IP 的协议类型为 0800（十六进制）。

③ 硬件地址长度和协议长度：指明了硬件地址和高层协议地址的长度，这样 ARP 报文即可在任意硬件和任意协议的网络中使用。

④ 操作类型：用来表示 ARP 报文的类型，ARP 请求为 1，ARP 响应为 2，RARP（反向 ARP）请求为 3，RARP 响应为 4。

⑤ 发送方的硬件地址（0～3 字节）：源主机硬件地址的前 3 字节。

⑥ 源物理地址（4～5 字节）：源主机硬件地址的后 2 字节。

⑦ 源 IP 地址（0～1 字节）：源主机 IP 地址的前 2 字节。

⑧ 源 IP 地址（2～3 字节）：源主机 IP 地址的后 2 字节。

⑨ 目的硬件地址（0～1 字节）：目的主机硬件地址的前 2 字节。

⑩ 目的硬件地址（2～5 字节）：目的主机硬件地址的后 4 字节。

⑪ 目的 IP 地址（0～3 字节）：目的主机的 IP 地址。

2. ICMP 与连通性测试

互联网控制报文协议（Internet Control Message Protocol，ICMP）工作在网络层。ICMP 消息可以分为两类：一类是差错报文，即通知出错原因的错误消息（如 traceroute）；另一类是查询报文，即用于诊断的查询消息（如 ping）。

例如，某公司业务部拥有 3 台计算机。该公司的业务员将这 3 台计算机接入 1 台普通交换机中，并为每台计算机配置了 IP 地址，实现了业务部的 3 台计算机的互联互通。其拓扑图如图 1-15 所示。

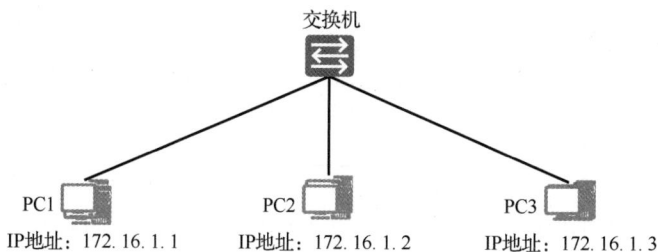

图 1-15　某公司业务部的拓扑图

在确认业务部的各台计算机已经安装好 TCP/IP 后，将 IP 地址配置到 3 台计算机上，就可以通过执行【ping】命令测试计算机间能否相互通信。在 3 台计算机中分别执行【ping IP】命令，测试本机能否访问另外 2 台计算机。

图 1-16 所示为在 PC2 上执行【ping】命令的结果，结果显示 PC2 发送了 4 个 ICMP 数据包给 PC1，并成功接收了 4 个返回包。

```
PING 172.16.1.1 (172.16.1.1) 56(84) bytes of data.
64 bytes from 172.16.1.1: icmp_seq=1 ttl=64 time=0.081 ms
64 bytes from 172.16.1.1: icmp_seq=2 ttl=64 time=0.091 ms
64 bytes from 172.16.1.1: icmp_seq=3 ttl=64 time=0.962 ms
64 bytes from 172.16.1.1: icmp_seq=4 ttl=64 time=0.094 ms
^C
--- 172.16.1.1 ping statistics ---
4 packets transmitted, 4 received, 0% packet loss, time 3001ms
rtt min/avg/max/mdev = 0.081/0.307/0.962/0.378 ms
```

图 1-16　执行【ping】命令的结果

1.5　传输层

在 TCP/IP 参考模型中，传输层位于应用层与网络层之间，它依据系统需求在数据传输时使用面向连接的服务或是面向无连接的服务，TCP 是面向连接的服务，用户数据报协议（User Datagram Protocol，UDP）是面向无连接的服务。

TCP 提供了可靠的数据传输，TCP 负责将用户数据按规定长度组成数据报进行发送，在接收端对数据报按顺序进行分解重组以恢复用户数据。TCP 以建立高可靠的信息传输为目的，具有数据报的顺序控制、差错检测、检验及再发送控制等功能。

V1-8　传输层

UDP 提供了无连接的服务，不能保障数据传输的可靠性。

1.5.1　TCP

TCP 是一种基于字节流的传输层通信协议，由 IETF 的 RFC 793 定义。

1. TCP 封装

TCP 实现基于两台网络主机之间的端对端通信。TCP 从高层协议接收需要传送的字节流，将字节流分成段，TCP 对段进行编号和排序以便于传递。

TCP 在 IP 数据报文中的封装主要包括 TCP 头部和 TCP 数据，如图 1-17 所示。

图 1-17　TCP 在 IP 数据报文中的封装

（1）TCP 头部：记录源端口与目的端口相关应用程序所用的连接端口号，以及相关的序列号、确认号、窗口大小等。

（2）TCP 数据：转发应用层协议所交付的相关信息，形成 TCP 数据，值得注意的是，TCP 报文段中的 TCP 数据部分并不是必需的，当一个连接被建立和终止时，交换的报文段只包含 TCP 头部而没有 TCP 数据。

图 1-18 所示为 TCP 头部的格式。

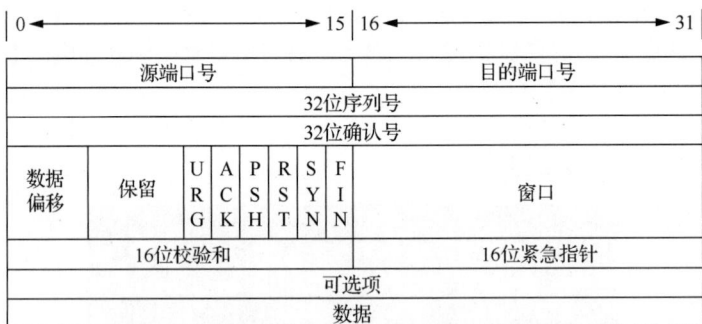

图 1-18　TCP 头部的格式

① 源端口号是指发送 TCP 进程对应的端口号，目的端口号是指目的端接收进程的端口号。

② 32 位序列号为数据段标记，用于在目的端对到达包进行重组；32 位确认号是对发送端的确认信息，用于告诉发送端这个序号之前的数据段都接收到了。

③ URG 是紧急指针有效位，与 16 位紧急指针配合使用。

④ ACK 是确认序列号有效位，表明该数据包包含确认信息。

⑤ PSH 可通知接收端立即将数据提交给用户进程，不在缓存中停留，等待更多的数据。

⑥ RST 为 1 时，表示请求重新建立 TCP 连接；SYN 为 1 时，表示请求建立连接；FIN 为 1 时，表示数据发送完毕，请求断开连接。

⑦ 16 位窗口大小指明了本地可接收数据的字节数。

源端口号和目的端口号与 IP 头部中的源 IP 地址和目的 IP 地址一起唯一标识了每个连接，这个 IP 地址和端口的组合也被称为端点或套接字，即每个 TCP 连接由一对端点或套接字（客户端 IP 地址、客户端端口号、服务器 IP 地址、服务器端口号）唯一标识。

2. TCP 连接

TCP 是面向连接的传输，必须建立 TCP 连接才能进行传输，因此，TCP 连接的建立和终止是 TCP 最基本的内容。TCP 连接的建立与终止的过程如下。

（1）建立连接

在面向连接的通信中，连接的建立和释放是必不可少的过程。TCP 连接的建立采用客户-服务器方式，主动发起连接建立的应用进程叫作客户端，而被动等待连接的应用进程叫作服务器。建立连接后，要让双方知道对方使用的各项 TCP 参数。

可以将 TCP 建立连接的过程称为握手，握手共有 3 个步骤，称为"3 次握手"，每次握手各有一个 TCP 信息包。下面以 PC1 为 TCP 主动端、PC2 为被动端为例，介绍 3 次握手的过程。整个过程中会有双向通道的建立，因此，以 PC1-PC2 和 PC2-PC1 代表两个方向的传输通道。

假设第 1 次握手时 seq=X，第 2 次握手时 seq=Y，TCP 建立连接的过程如图 1-19 所示。

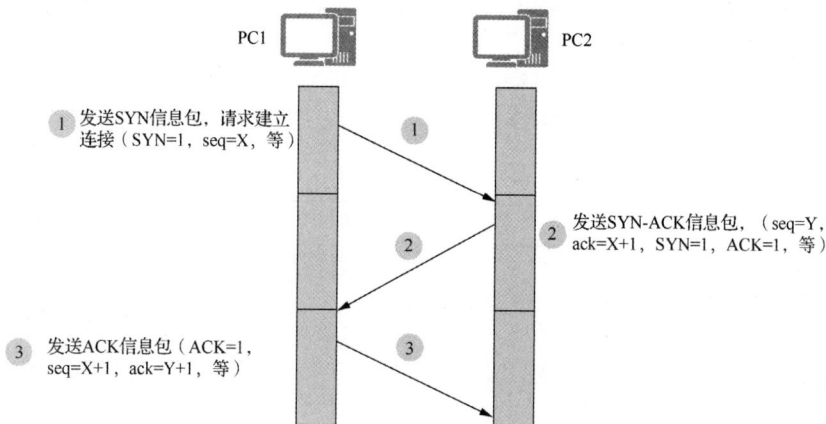

图 1-19　TCP 建立连接的过程

第 1 次握手：PC1 发送一个 SYN 信息包给 PC2，SYN 信息包中包含双方的连接端口号、seq=X、SYN 标记和窗口大小等信息。

第 2 次握手：PC2 收到 PC1 的 SYN 信息包后，向 PC1 回复一个 SYN-ACK 信息包，该信息包中包含 seq=Y、ack=X+1、SYN 标记、ACK 标记和窗口大小等信息。

第 3 次握手：PC1 收到 PC2 的 SYN-ACK 信息包后，向 PC2 发送一个 ACK 信息包，ACK 信息包中包含 seq=X+1、ack=Y+1、ACK 标记和窗口大小等信息。

（2）终止连接

假设第 1 次握手时 seq=U，第 2 次握手时 seq=V，第 3 次握手时 seq=W，TCP 终止连接的过程如图 1-20 所示。

图 1-20　TCP 终止连接的过程

第 1 次握手：PC1 发送第 1 个 FIN 信息包给 PC2，包含 seq=U 等信息，请求断开连接。

第 2 次握手：PC2 发送 ACK 信息包给 PC1，包含 seq=V、ack=U+1 等信息。此步骤结束后，PC1-PC2 传输通道中止传输数据，但 PC2-PC1 传输通道可能还需要传输数据，所以 PC2-PC1 传输通道仍然保持畅通，直到传输完毕进入下一次握手。

第 3 次握手：当 PC2 完成到 PC1 的传输后，PC2 发送 FIN 信息包给 PC1 请求断开连接，包含 seq=W、ack=U+1 等信息。

第 4 次握手：PC1 发送 ACK 信息包给 PC2，包含 seq=U+1、ack=W+1 和 ACK 标记等信息。

3. 基于 TCP 的应用层协议

基于 TCP 的应用层协议有简单邮件传送协议（Simple Mail Transfer Protocol，SMTP）、远程登录（Telnet）协议、HTTP、DNS 和 FTP，而 DNS 同时基于 TCP 和 UDP。基于 TCP 的常见应用层协议如表 1-9 所示。

表 1-9　基于 TCP 的常见应用层协议

端口号	协议	简要说明
25	SMTP	简单邮件传送协议，用于发送邮件
23	Telnet	远程登录协议，用于远程登录，通过连接目标终端，得到认证后远程控制管理目标终端
80	HTTP	超文本传送协议，用于超文本的传输
20、21	FTP	文件传送协议，用于文件的上传和下载
53	DNS	域名服务，DNS 在区域传输的时候使用 TCP，其他时候使用 UDP
443	HTTPS	HTTPS 是以安全为目标的 HTTP 通道，是 HTTP 的安全版
110	POP3	用于支持使用客户端远程管理服务器中的电子邮件
123	NTP	用于同步网络中各个计算机时间的协议
22	SSH	建立在应用层和传输层基础上的安全协议

1.5.2　UDP

UDP 是一种面向无连接的传输层协议，提供面向事务的简单不可靠信息传送服务。

1. UDP 的特征与应用场景

（1）UDP 的特征

① 面向无连接的传输。UDP 与网络层的 IP 一样都是以无连接的方式传输信息的，因此，UDP 的传输过程比较简单，传输效率较高，但可靠性较低。

② UDP 无法确认、重传及控制流量，必须通过应用层的相关协议进行处理。

③ UDP 报文中包含源端口和目的端口，从而确保 UDP 报文能够正确地传输到目的地。

（2）UDP 的应用场景

① UDP 适用于对传输效率要求不高的应用，如 DNS、简易文件传送协议（Trivial File Transfer Protocol，TFTP）服务等。

② UDP 适用于传输方式为一对多的广播传输，而 TCP 仅限一对一的传输。

③ UDP 适用于传输非关键数据或本身具有完整性检查机制的应用程序，例如，路由器之间周期性地交换路由信息就采用了 UDP。

2. UDP 数据报的封装

UDP 数据报的封装格式如图 1-21 所示，包含源端口号、目的端口号、报文长度和校验和等字段。

0 ←	→ 15	16 ←	→ 31
16位源端口号		16位目的端口号	
16位UDP报文长度		16位UDP校验和	
数据			

图 1-21　UDP 数据报的封装格式

（1）16 位源端口号

16 位源端口号用来记录源端应用程序所用的连接端口号。当目的端的应用程序收到报文后必须回复时，由 16 位源端口号标识应用程序的连接端口号。

（2）16 位目的端口号

16 位目的端口号是 UDP 报文中最重要的信息，用来标识目的端应用程序的连接端口号。

（3）16 位 UDP 报文长度

16 位 UDP 报文长度表示数据报头及数据的总长度。UDP 数据报头长度的最小值是 8 字节。

（4）16 位 UDP 校验和

16 位 UDP 校验和用于差错控制，检测 UDP 数据报文在传输过程中是否有错，有错就丢弃。

3. 基于 UDP 的应用层协议

基于 UDP 的应用层协议有 TFTP、动态主机配置协议（Dynamic Host Configuration Protocol，DHCP）、简单网络管理协议（Simple Network Management Protocol，SNMP）、网络时间协议（Network Time Protocol，NTP）。基于 UDP 的常见应用层协议如表 1-10 所示。

表 1-10　基于 UDP 的常见应用层协议

端口号	协议	简要说明
69	TFTP	简易文件传送协议，在 UDP 之上建立的一个类似于 FTP 的仅支持文件上传和下载功能的传输协议，所以它不包含 FTP 中的目录操作和用户权限等内容
67	DHCP	动态主机配置协议，为内部网络或网络服务供应商自动分配 IP 地址
161/162	SNMP	简单网络管理协议，用来管理网络设备。网络设备很多，因此无连接的服务就体现出了其优势
123	NTP	网络时间协议，用于网络时间的同步，能提供高精准度的时间校正

1.6 应用层

每个应用层协议都是为了解决某一类应用问题而设定的，而问题的解决需要多个应用进程之间的通信和协同工作来完成。应用层的具体工作就是制定应用进程在通信时所遵循的协议。

应用层的许多协议都基于客户-服务器方式，它包含若干独立的用户通用服务协议模块，为网络用户之间的通信提供专用的程序服务。应用层的常用服务如表 1-11 所示。

V1-9　应用层

表 1-11　应用层的常用服务

常用服务	协议	端口号
POP3	TCP	110
IMAP	TCP	143
SMTP	TCP	25
Telnet	TCP	23

续表

常用服务	协议	端口号
远程桌面服务	TCP	3389
PPTP	TCP	1723
HTTP	TCP	80
FTP（控制）	TCP	21
FTP（数据）	TCP	20
HTTPS	TCP	443
NTP	UDP	123
RADIUS	UDP	1812
DHCP	UDP	67
DNS	TCP、UDP	53

1. 远程访问应用——Telnet

Telnet 是用来进行远程访问的重要工具之一。Telnet 应用程序的主要功能是远程登录，实现用户与远程计算机的动态交互，即用自己的键盘、鼠标等输入设备操纵远程计算机或路由器等网络设备，运行远程计算机上的软件，能远程了解计算机或设备的运行情况，并查看运行结果。

Telnet 使用文本方式远程管理计算机或路由器等网络设备，远程主机与远程 Telnet 服务器建立 TCP 连接，客户端与服务器之间采用网络虚拟终端（Network Virtual Terminal，NVT）标准进行通信，具体通信过程如下。

（1）建立与服务器的 TCP 连接。

（2）接收用户输入的字符。

（3）把用户输入的字符串转换成标准格式并发送给服务器。

（4）远程服务器接收输出的信息。

（5）把信息显示在用户的屏幕上。

2. 网络管理应用——SNMP

计算机网络是一个非常复杂的分布式系统，因为网络中有很多不同厂商的、运行不同协议的节点。SNMP 是用于网络管理的协议，主要对网络中支持 SNMP 的设备进行管理。SNMP 不受设备类型和厂商的限制，只要是支持 SNMP 的设备，都提供 SNMP 统一界面，管理员可以通过统一的操作进行管理。

SNMP 的一般模型如图 1-22 所示。

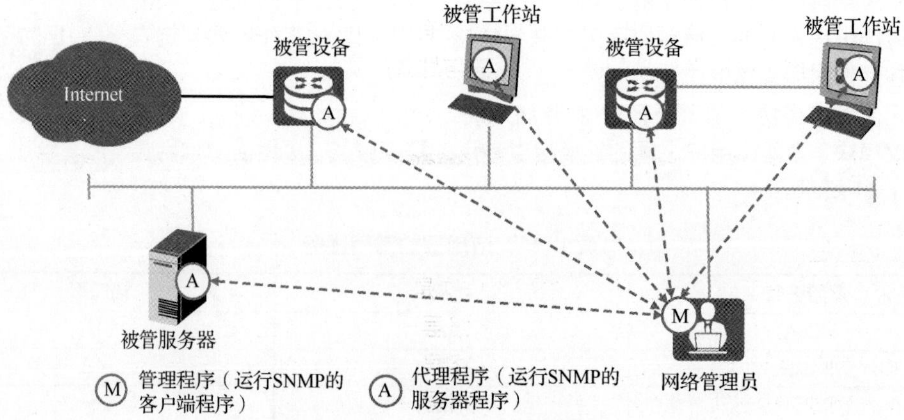

图 1-22　SNMP 的一般模型

网络管理员所在的管理工作站是整个网络系统的核心部分，是有着良好图形界面的高性能的工作站，管理工作站中的关键部件是管理程序。SNMP 提供的主要操作如下。

（1）管理员需要向设备获取数据，所以 SNMP 提供了"读"操作。

（2）管理员需要向设备执行设置操作，所以 SNMP 提供了"写"操作。

（3）设备需要在重要状况改变的时候向管理员通报事件的发生，所以 SNMP 提供了"Trap"操作。

3. Web 应用——HTTP

HTTP 是一种用于超媒体信息系统的应用层协议，典型的 HTTP 事务处理过程如下。

（1）客户端与服务器建立连接。

（2）客户端向服务器提出请求。

（3）服务器接收请求，并根据请求返回相应的文件作为应答。

（4）客户端与服务器关闭连接。

4. 电子邮件应用——SMTP

在互联网中，电子邮件的传送是依靠 SMTP 进行的。SMTP 包括两个标准子集：一个是定义电子邮件信息格式的标准，另一个是传输邮件的标准。

SMTP 主要负责服务器之间的邮件传送，它规定了电子邮件如何在互联网中通过 TCP 在发送方和接收方之间进行传送。

5. 局域网 IP 地址管理应用——DHCP

DHCP 通常被用于局域网环境，主要作用是集中地管理和分配 IP 地址，使客户机能动态地获得 IP 地址、网关地址、DNS 服务器地址等信息，提高 IP 地址的利用率。简单来说，DHCP 就是一个不需要账户及密码进行登录的、自动给内网计算机分配 IP 地址等信息的协议。

在大型企业网络中，会有大量的主机或设备需要配置 IP 地址等网络参数。如果采用手动配置，则工作量大且不好管理，如果有用户擅自修改网络参数，还有可能会造成 IP 地址冲突等问题。使用 DHCP 来分配 IP 地址等网络参数，可以减少网络管理员的工作量，避免用户手动配置网络参数时造成的 IP 地址冲突问题。

✎ 本章总结

本章从通信与网络的基本概念开始介绍 TCP/IP 基础，比较了 OSI 参考模型与 TCP/IP 参考模型；介绍了数据链路层、网络层、传输层及应用层的相关功能及对应的网络协议；并重点介绍了以太网、IP 地址与子网划分、ARP 及 TCP 等。

通过对本章的学习，读者应该对 TCP/IP 基础有一定的了解，能够充分理解 TCP/IP 各层的基本原理和常见应用，可以熟练地配置 IPv4 通信与划分子网。

✎ 习题

一、选择题

1. 在 OSI 参考模型中，从下向上的层次依次是（　　　）。

　　A. 物理层→传输层→数据链路层→网络层→会话层→表示层→应用层

　　B. 物理层→传输层→数据链路层→网络层→会话层→应用层→表示层

　　C. 物理层→数据链路层→传输层→网络层→会话层→应用层→表示层

　　D. 物理层→数据链路层→网络层→传输层→会话层—表示层→应用层

2. 在 TCP/IP 参考模型中，"帧"是（　　　）的数据单元。

    A. 第一层　　　　　　　B. 第二层　　　　　　　C. 第三层　　　　　　　D. 第五层

3. ARP 的主要功能是（　　　）。

    A. 将 IP 地址解析为 MAC 地址　　　　　　B. 将 MAC 地址解析为 IP 地址

    C. 将主机名解析为 IP 地址　　　　　　　　D. 将 IP 地址解析为主机名

4. 如果子网掩码是 255.255.255.128，主机地址为 195.16.15.14，则在该子网掩码中最多可以容纳（　　　）台主机。

    A. 254　　　　　　　　B. 126　　　　　　　　C. 30　　　　　　　　D. 62

5. 若 IP 地址是 202.114.18.190/26，则其网络地址是（　　　）。

    A. 202.114.18.128　　B. 202.114.18.191　　C. 202.114.18.0　　D. 202.114.18.190

6. 下列关于 TCP/IP 的说法不正确的是（　　　）。

    A. TCP/IP 是一组支持互联网的基础协议

    B. TCP/IP 是一种双层程序

    C. TCP 控制信息在互联网传输前的打包和到达目的地后的重组

    D. TCP 工作在网络层，IP 工作在传输层

7. 下列协议中，（　　　）是工作在传输层并且是面向无连接的。

    A. IP　　　　　　　　B. ARP　　　　　　　　C. TCP　　　　　　　　D. UDP

8. 下列协议中，用于发现设备的硬件地址是（　　　）。

    A. RARP　　　　　　　B. ARP　　　　　　　　C. IP　　　　　　　　D. ICMP

9. 下列协议中，不是 IP 层的协议是（　　　）。

    A. IP　　　　　　　　B. ARP　　　　　　　　C. MAC　　　　　　　D. ICMP

10. ARP 请求作为下列哪些类型的以太网帧被发送？（　　　）

    A. 广播　　　　　　　　B. 单播　　　　　　　　C. 组播　　　　　　　　D. 定向广播

二、判断题

1. TCP/IP 是互联网的基础协议。（　　　）

2. TCP 和 UDP 都是面向连接的传输层协议。（　　　）

3. 一个 IP 地址可以通过子网掩码确定所属的网络地址。（　　　）

4. 在 TCP 三次握手过程中，首先由服务器发送 SYN 包给客户端。（　　　）

5. DNS 服务器主要用于将域名解析为 IP 地址。（　　　）

第2章

交换技术

交换技术是随着电话通信的发展和使用而出现的通信技术。随着互联网技术的快速发展，交换技术已从传统的电路交换、分组交换等发展到现在以 IP 为核心的宽带分组交换。交换技术已成为网络的核心技术之一。随着信息化的快速推进，网络规模和网络宽带增长迅速。在企业网中，以太网技术和交换机被广泛应用，局域网的传输速率从最初的 10Mbit/s 提高到了 1000Mbit/s，甚至 10Gbit/s，而在数据中心中，40Gbit/s 和 100Gbit/s 以太网已经被普遍应用。

本章将详细介绍交换网络、虚拟局域网技术、生成树协议、快速生成树协议的相关内容，让读者快速熟悉交换技术的原理和基础应用。

学习目标

① 理解共享型以太网的工作方式和冲突域的概念。
② 掌握交换机的工作原理。

③ 掌握虚拟局域网技术，包括其基本原理和基本配置。
④ 掌握生成树协议和快速生成树协议的工作原理和基本配置。

素质目标

① 激发读者的求真求实意识。
② 帮助读者形成科学严谨的学习态度。

③ 培养读者的自学意识。

2.1 交换网络

交换网络是通信系统的重要组成部分，主要用来完成信息交换功能。交换网络的出现有效解决了传统共享型以太网的冲突域问题。交换网络的常见设备有集线器、交换机。本节主要介绍交换机的工作原理、基本设置等内容。

V2-1 交换网络

2.1.1 共享型以太网与冲突域

最初的以太网采用了总线型拓扑结构，各台主机之间共用一条同轴电缆进行通信，它们共享这条通信链路的带宽。这意味着无论哪一台主机发送数据，其余的主机都能收到，如图 2-1 所示。同时，也可能有这样一种场景，当一台主机正在发送数据时，另一台主机也开始发送数据，或者两台主机同时开始发送数据，它们的数据信号会在信道内发生冲突，互相干扰，使数据信号被破坏，导致通信中断，如图 2-2 所示。

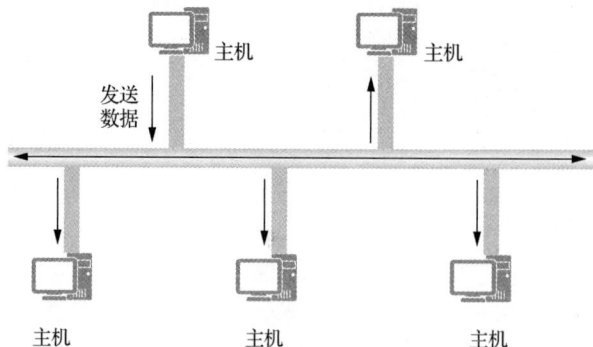

图 2-1　共享型以太网数据通信

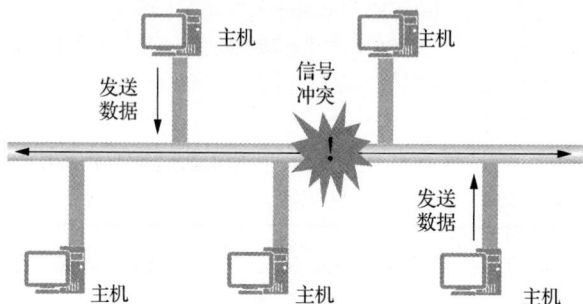

图 2-2　共享型以太网数据通信中出现信号冲突

为了解决这些主机同时发送数据会产生冲突的问题，共享型以太网在任意时刻仅允许一台主机发送数据，因此，一台主机并不能占有所有带宽。随着接入的主机数量越来越多，主机的通信速率将越来越低。为了解决多台主机同时发送数据时产生的冲突问题，设计者引入了 CSMA/CD 协议。

1. CSMA/CD 协议的工作过程

当以太网中的一台主机要传输数据时，它将按如下步骤进行操作。

（1）监听信道上是否有信号在传输。如果有，则表明信道处于忙状态，继续监听，直到信道空闲为止。

（2）若没有监听到任何信号，则传输数据。

（3）传输的时候继续监听，如果发现冲突，则执行退避算法，随机等待一段时间后，重新执行步骤（1）。当冲突发生时，涉及冲突的主机会发送一个拥塞序列，以警告所有的节点。

（4）若未发现冲突，则数据传输成功，主机会返回到监听信道状态。

2. 冲突与冲突域

（1）冲突。在以太网中，当两个数据帧同时被发送到物理传输介质上，并完全或部分重叠时，就发生了数据冲突。当冲突发生时，数据会被损坏。

（2）冲突域。连接到同一个共享介质的设备共同组成了一个冲突域，如图 2-3 所示。在以太网中，任意两台及以上设备同时发送数据就会造成冲突，这些设备共同构成了一个冲突域。

（3）影响冲突产生的因素。冲突是影响以太网性能的重要因素，冲突的存在使传统的以太网在负载超过 40%时，效率明显下降。产生冲突的原因有很多，例如，同一个冲突域中，节点的数量越多，产生冲突的可能性就越大。此外，数据分组的长度（以太网的最大帧长度为 1518 字节）、网络的直径等因素也会影响冲突的产生。因此，当以太网的规模增大时，就必须采取措施来控制冲突的扩散。常用的办法是使用网桥和交换机将网络分段，将一个大的冲突域划分为若干个小的冲突域。

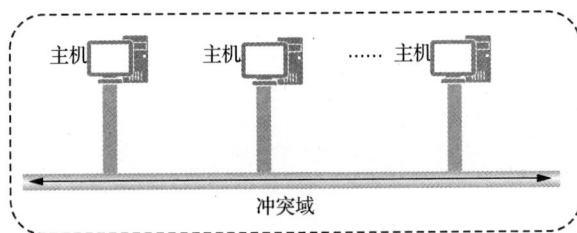

图 2-3　冲突域

2.1.2　交换机

共享型以太网的扩展性很差，且随着设备数量的增加，发生冲突的概率也会增加，因此无法适用于大型网络。交换机正是基于这个背景被设计出来的。

交换机工作在数据链路层，它能识别以太网数据帧的源 MAC 地址和目的 MAC 地址，并将数据帧从与目的设备相连的端口转发出去，而不会像集线器那样向不需要这个数据帧的接口发送数据帧。如图 2-4 所示，交换机收到 PC1 发送给 PC2 的数据帧后只会通过 E2 端口将数据帧发送出去，而不会发送给其他端口。因此，交换机的每一个端口都是一个独立的冲突域，它们互不影响，且每个端口都可实现全双工通信，这为大型网络的组建提供了良好的可扩展性和高传输带宽。

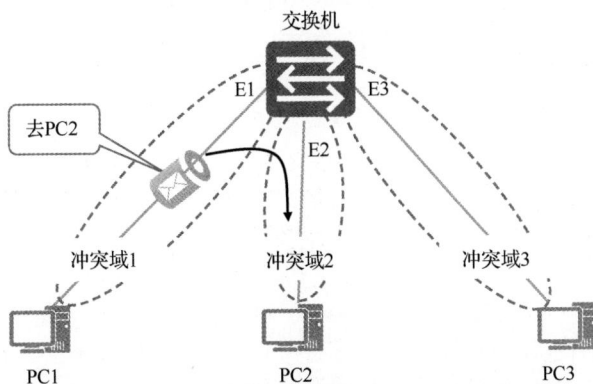

图 2-4　交换机以端口隔离冲突域形成的交换型以太网

1. 交换型以太网与广播域

交换机通过自己的端口来隔离冲突域，但并不表示交换型以太网中连接的设备之间只能实现一对一的数据交互，有时，局域网中的一台终端设备确实需要向局域网中的所有其他终端设备发送消息。例如，在 ARP 请求通信中，一台设备需要向同一个网络中的所有其他设备发送消息，以获取目的 IP 地址对应的 MAC 地址。这种一台设备向同一个网络中的所有其他设备发送消息的数据发送方式称为广播，为了实现这种转发方式而以网络层或数据链路层广播地址封装的数据称为广播数据包或广播帧，广播帧可达的区域则称为广播域。广播域包括二层广播域和三层广播域，本章只针对二层广播域进行讨论。在传统意义上，广播可达的区域就是一个局域网的范围，因此一个局域网往往就是一个广播域。

交换机中广播域与冲突域之间的关系如图 2-5 所示。

2. 交换机数据帧的转发方式

交换机通过查看收到的每个数据帧的源 MAC 地址来学习每个端口连接设备的 MAC 地址，并将 MAC 地址与端口的映射信息存储在被称为"MAC 地址表"的数据库中。

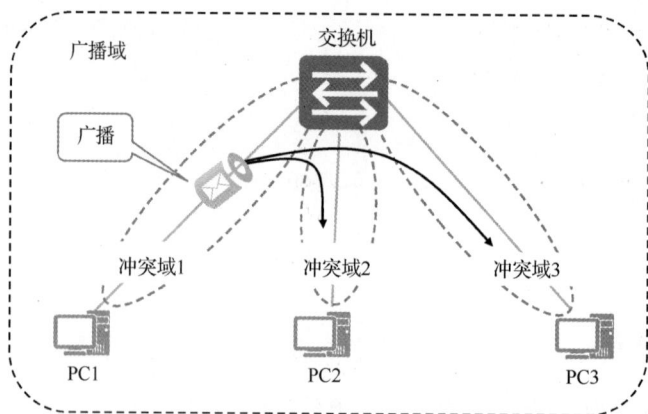

图 2-5　交换机中广播域与冲突域之间的关系

在初始状态下，交换机的 MAC 地址表为空，其中没有任何条目。当交换机通过自己的某个端口接收到一个数据帧时，它就会将这个数据帧的源 MAC 地址和接收到数据帧的端口的编号作为一个条目保存在自己的 MAC 地址表中，同时，在接收到数据帧时重置老化计时器的时间。这就是交换机为自己的 MAC 地址表动态添加条目的方式。

如图 2-6 所示，交换机将入站数据帧的源 MAC 地址保存到了自己的 MAC 地址表中。

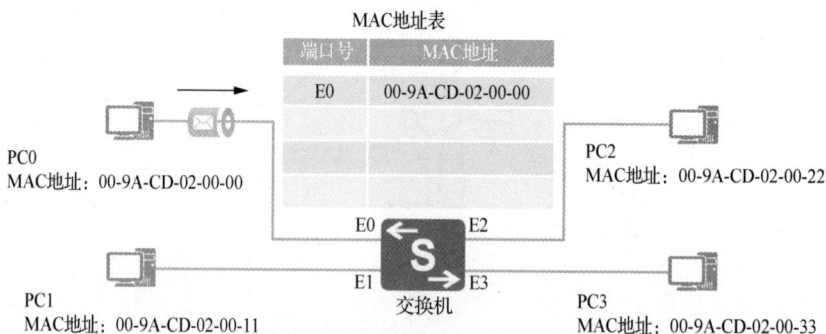

图 2-6　交换机将源 MAC 地址保存到 MAC 地址表中

在记录了这样一条 MAC 地址条目后，如果交换机再次通过同一个端口接收到以相同 MAC 地址为源 MAC 地址的数据帧，则它会用新的时间来更新这个 MAC 地址条目，确保此条目不会老化。但如果交换机在默认老化时间（300s）之内都没有通过此端口再次接收到这个 MAC 地址发来的数据帧，则会将这个老化的条目从自己的 MAC 地址表中删除。

管理员也可以手动在交换机的 MAC 地址表中添加条目。管理员静态添加的 MAC 地址条目不仅优先级高于交换机通过自己的端口动态学习到的条目，还不受老化时间的影响，会一直保存在交换机的 MAC 地址表中。

以上介绍了交换机是如何添加、更新和删除 MAC 地址表条目的，那么，交换机是如何使用 MAC 地址表将数据帧转发出去的呢？当一台交换机通过自己的某个端口接收到一个单播数据帧时，它会查看这个数据帧的二层头部信息，获取该数据帧的目的 MAC 地址，并在自己的 MAC 地址表中查找该目的 MAC 地址，最后针对查找结果来处理该数据帧。查找的结果有 3 种可能，具体的结果和对应的处理方式分别如下。

（1）在 MAC 地址表中找到了该目的 MAC 地址，且该数据帧的源 MAC 地址和目的 MAC 地址对应的端口号不同。

交换机会将该数据帧从目的 MAC 地址对应的端口号转发出去。在图 2-7 所示的案例中，交换机将会把 PC0 发送给 PC2 的数据帧从 E2 端口转发出去。

图 2-7　交换机从指定端口转发数据帧案例

（2）在 MAC 地址表中找到了该目的 MAC 地址，且该数据帧的源 MAC 地址和目的 MAC 地址对应的端口号相同。

交换机会将该数据帧丢弃。在图 2-8 所示的案例中，交换机端口 E0 为一个冲突域，PC0 和 PC1 在一个冲突域中，故交换机和 PC1 都会收到 PC0 发送给 PC1 的数据包，交换机并不需要处理该数据帧，会直接丢弃该数据帧。

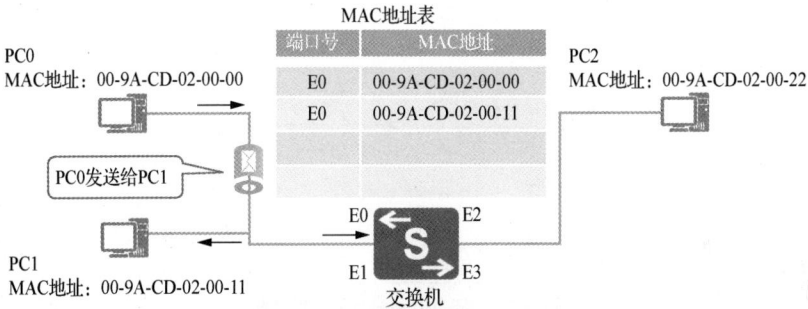

图 2-8　交换机丢弃数据帧案例

（3）在 MAC 地址表中没有找到该目的 MAC 地址。

交换机的 MAC 地址表中没有记录这个数据帧的目的 MAC 地址，因此，它无法处理该数据帧，交换机只能将该数据帧从所有其他端口（除接收到帧的端口之外）发送出去，这个过程称为泛洪或广播。在图 2-9 所示的案例中，交换机在 E0 端口收到 PC0 发送给 PC3 的数据帧，因为在交换机的 MAC 地址表中未找到 PC3 的 MAC 地址，因此，交换机将该数据帧通过 E1、E2 和 E3 端口转发。

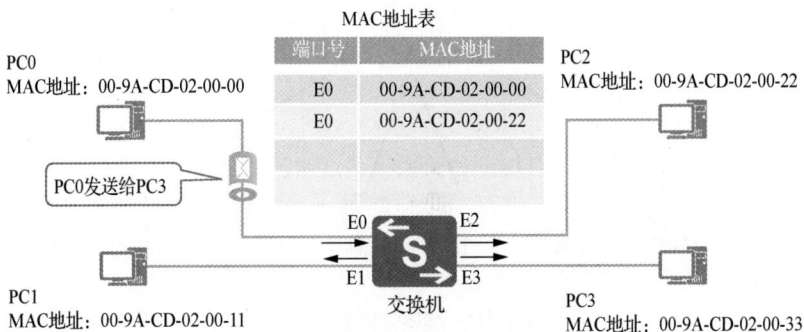

图 2-9　交换机泛洪/广播数据帧案例

3. 交换机系统的启动过程

华为交换机的 VRP 系统由互联网操作系统（Internet Operating System，IOS）和启动只读存储器（Boot Read-Only Memory，BootROM）组成，其中，BootROM 由基本 BootROM 和扩展 BootLoad 组成。

交换机上电后，先运行基本 BootROM 进行硬件自检，再引导运行 BootLoad，等待硬件初始化后显示交换机的硬件参数，由 BootLoad 引导加载系统软件和交换机的配置文件，正常加载后进入系统的命令行界面（Command Line Interface，CLI）。交换机系统启动的流程如图 2-10 所示。

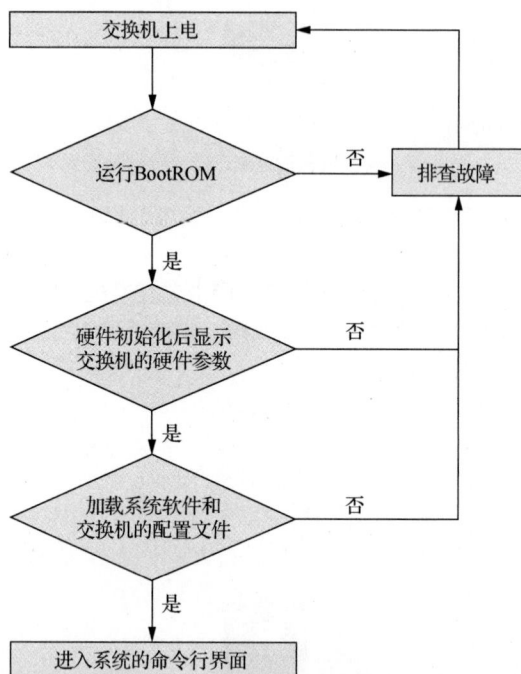

图 2-10　交换机系统启动的流程

2.1.3　企业园区网设计示例

在设计企业园区网时，对于网络规模较小的公司，大多会采用图 2-11 所示的扁平化树形结构。

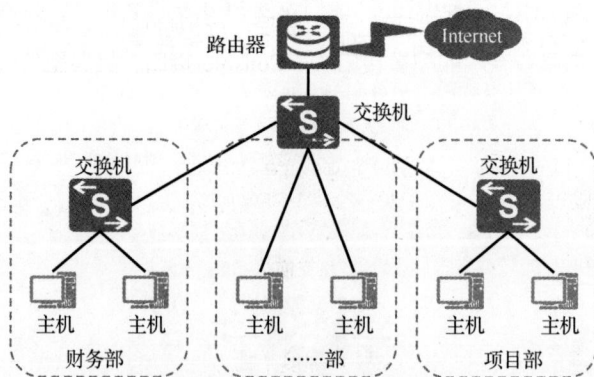

图 2-11　扁平化树形结构

当网络规模进一步增加时，常用的做法就是分层设计，将一个大型企业园区网按照图 2-12 所示的拓扑划分为以下 3 个层级，每个层级的交换机均采用星形方式与下一层级的交换机建立连接。

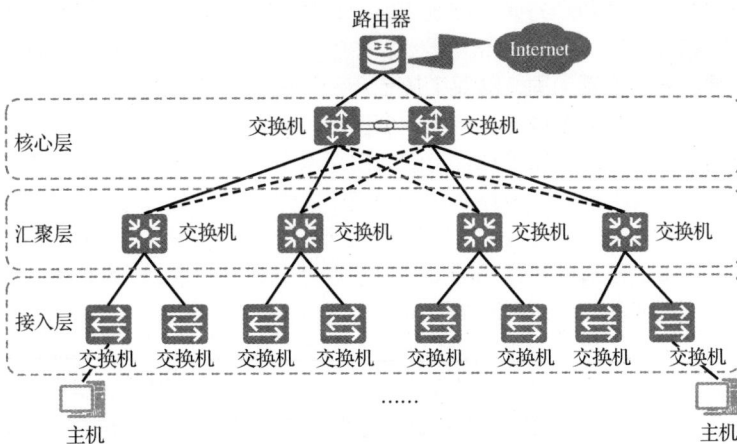

图 2-12　大型企业网络的典型拓扑

（1）核心层：也称为骨干层，是网络中所有流量的最终汇聚点，通常由两台高性能交换机构成，可实现网络的可靠、稳定和高速传输。

（2）汇聚层：位于接入层和核心层之间，它是多台接入层交换机的汇聚点，并通过流量控制策略对园区网中的流量转发进行优化。近年来，核心层交换机的处理能力越来越强，为了更高效地监控网络状况，通常不再设置汇聚层，而是由接入层直接连接核心层，形成大二层网络结构。

（3）接入层：它允许终端用户直接接入网络中，接入层交换机具有低成本和高端口密度的特征。

2.1.4　交换机的基本设置

按照交换机是否可以配置与管理，可以将交换机分为网管交换机和不可网管交换机。不可网管交换机不具有网络管理功能，没有配置接口，其典型外观如图 2-13 所示。

图 2-13　不可网管交换机的典型外观

网管交换机具有网络管理、网络监控、端口监控、虚拟局域网（Virtual Local Area Network，VLAN）划分等功能，它具有专门的配置接口——Console 接口，其典型外观如图 2-14 所示。本节将重点介绍网管交换机的端口速率与双工模式的配置、MAC 地址表的配置等。

图 2-14　网管交换机的典型外观

1.　端口速率与双工模式

客户端接入交换机后，其转发速率在很大程度上取决于交换机的端口速率和双工模式。

交换机的端口速率是指端口每秒能够转发的比特数，单位是 bit/s。交换机端口的最大速率取决于该交换机端口的物理带宽，例如，一个吉比特交换机的端口能够设置的速率上限就是 1Gbit/s，那么管理员可以设置的该端口速率的最大值不能超过 1Gbit/s。

双工模式是指端口传输数据的方向性。如果一个端口工作在全双工模式下，则表示该端口的网络适配器可以同时在收发两个方向上传输和处理数据。而如果一个端口工作在半双工模式下，则代表数据的接收和发送不能同时进行。显然，数据收发是一个双边的问题，因此，一个传输介质所连接的所有端口必须设置为同一种双工模式。

在交换型以太网中，只通过线缆连接了一台设备（网络适配器）的交换机端口将默认工作在全双工模式下，而这种工作在全双工模式下的端口是没有冲突域的，它们可以与对端适配器同时发送数据而不用担心线缆上因信号叠加而产生冲突，此时，这个端口的载波监听多路访问机制不会启用；如果一个交换机端口连接的是共享型介质，则这个交换机端口只能工作在半双工模式下，这个共享型介质所连接的所有网络适配器（其中包括这个交换机端口）共同构成了一个冲突域，此时，这个交换机端口的载波监听多路访问机制会启用。

除双工模式外，传输介质两侧端口的工作速率也要一致，否则无法实现通信。

若管理员因某种原因（例如，交换机某个端口的对端设备已经设定了某种速率和双工模式，或者管理员希望修改协商的速率和双工模式结果等），希望强制为交换机的某个端口设置速率和双工模式，则应先执行【undo negotiation auto】命令关闭该端口的自动协商功能，再通过执行【duplex{ full half}】命令将该端口的双工模式静态设置为全双工或半双工模式，并通过执行【speed】命令设置端口的速率。

【案例 2-1】查看交换机端口当前的速率和双工模式。

本案例中，管理员执行【display interface】命令查看交换机的端口时，系统将显示该端口当前的速率、双工模式和是否允许进行协商等信息。

```
[Huawei]display interface GigabitEthernet 0/0/1
GigabitEthernet0/0/1 current state : UP
Line protocol current state : UP
Description:
Switch Port, Link-type : access(negotiated),
PVID :    1, TPID : 8100(Hex), The Maximum Frame Length is 1600
IP Sending Frames' Format is PKTFMT_ETHNT_2, Hardware address is c81f-be46-2bd0
Current system time: 2060-01-14 15:29:53
Port Mode: COMMON COPPER
Speed : 1000,   Loopback: NONE
Duplex: FULL,   Negotiation: ENABLE
---省略部分显示内容---
```

从案例中可以看出，该交换机端口的速率为 1Gbit/s，双工模式为全双工，该端口允许自动协商。

【案例 2-2】设置交换机端口的速率和双工模式。

```
[Huawei]interface GigabitEthernet 0/0/1
[Huawei-GigabitEthernet0/0/1]undo negotiation auto
[Huawei-GigabitEthernet0/0/1]speed 100
[Huawei-GigabitEthernet0/0/1]duplex half
```

本案例的交换机端口关闭了自动协商功能，端口速率被设置为 100Mbit/s、双工模式被设置为半双工。案例 2-3 将对案例 2-2 的设置结果进行验证。

【案例 2-3】验证交换机的端口速率和双工模式。

```
[Huawei]display interface GigabitEthernet 0/0/1
GigabitEthernet0/0/1 current state : UP
Line protocol current state : UP
```

```
Description:
Switch Port, Link-type : access(negotiated),
PVID :   1, TPID : 8100(Hex), The Maximum Frame Length is 1600
IP Sending Frames' Format is PKTFMT_ETHNT_2, Hardware address is c81f-be46-2bd0
Current system time: 2060-01-14 15:32:30
Port Mode: COMMON COPPER
Speed : 100,    Loopback: NONE
Duplex: HALF,   Negotiation: DISABLE
---省略部分显示内容---
```

2. MAC 地址表

交换机的 MAC 地址表存储了交换机端口和终端 MAC 地址的映射关系，管理员可以查看交换机的 MAC 地址表信息、添加 MAC 地址表静态条目、修改 MAC 地址动态条目的老化时间等。

【案例 2-4】管理交换机的 MAC 地址表。

本案例将通过图 2-15 所示的拓扑演示如何管理交换机的 MAC 地址表。

图 2-15　MAC 地址管理案例拓扑

（1）交换机刚启动时，两台 PC 还没有发起通信，因此交换机的 MAC 地址表应该是空的。通过执行【display mac-address】命令可以查看交换机的 MAC 地址表。

```
[Huawei]display mac-address
```

（2）通过 PC1 ping PC2，手动发起 PC1、PC2 与交换机之间的通信，测试结果如下。

```
PC1>ping 192.168.1.2
Ping 192.168.1.2: 32 data bytes, Press Ctrl_C to break
From 192.168.1.2: bytes=32 seq=1 ttl=128 time=62 ms
---省略部分显示内容---
```

结果显示，PC1 和 PC2 可以通过交换机实现相互通信，此时再次查看交换机的 MAC 地址表。

```
[Huawei]display mac-address
MAC address table of slot 0:
-----------------------------------------------------------------
MAC Address     VLAN/       PEVLAN CEVLAN Port       Type      LSP/LSR-ID
                VSI/SI                               MAC-Tunnel
-----------------------------------------------------------------
5489-9878-4ef7 1           -      -      Eth0/0/2   dynamic   0/-
0011-2233-4400 1           -      -      Eth0/0/1   dynamic   0/-
-----------------------------------------------------------------
Total matching items on slot 0 displayed = 2
[Huawei]
```

结果显示，交换机成功学习到了 PC1 和 PC2 的 MAC 地址，并记录到自己的 MAC 地址表中。

（3）通过【mac-address static】命令在交换机中添加静态条目，并查看交换机的 MAC 地址表。

```
[Huawei]mac-address static 0011-2233-4455 Ethernet 0/0/3 vlan 1
[Huawei]display mac-address
MAC address table of slot 0:
-------------------------------------------------------------------------------
MAC Address      VLAN/        PEVLAN CEVLAN Port           Type      LSP/LSR-ID
                 VSI/SI                                              MAC-Tunnel
-------------------------------------------------------------------------------
0011-2233-4455 1             -      -      Eth0/0/3        static    -
-------------------------------------------------------------------------------
Total matching items on slot 0 displayed = 1
```

结果显示，管理员成功在交换机中添加了一条静态 MAC 地址映射信息。静态 MAC 地址条目的优先级高于交换机动态学习到的 MAC 地址条目，且它不会老化。而动态学习到的 MAC 地址条目会因为交换机在 MAC 地址老化时间内，没有再次通过同一端口接收到以此 MAC 地址为源的数据帧，而被交换机从 MAC 地址表中删除。MAC 地址老化时间默认为 300s。

（4）修改 MAC 地址动态条目的老化时间。

```
[Huawei]display mac-address aging-time
  Aging time: 300 seconds
[Huawei]mac-address aging-time 500
[Huawei]display mac-address aging-time
  Aging time: 500 seconds
```

结果显示，管理员成功地将交换机的 MAC 地址老化时间修改为 500s。如果将 MAC 地址老化时间修改为 0s，则相当于禁用了交换机的 MAC 地址老化功能。这意味着交换机动态学习到的 MAC 地址条目永不过期。

2.1.5 MAC 地址泛洪攻击

不同型号的交换机可存放的 MAC 地址条目数有所不同，在特定交换机中，可存储的 MAC 地址条目数是固定的。如果交换机的 MAC 地址表已经达到存储上限，那么交换机将不能再记录 MAC 地址信息，此时，如果它再接收到一个数据帧（该目的 MAC 地址没有存储在交换机的 MAC 地址表中），则根据交换机的工作原理，它将向除源端口以外的所有端口发送该数据帧（泛洪）。

泛洪攻击正是利用了 MAC 地址的这一原理，如图 2-16 所示，PC1 通过运行一段特定的代码，每秒可以生成几十万个不同 MAC 地址的数据帧，并将其发送给交换机，这台交换机的 MAC 地址表将很快被这些伪造的 MAC 地址占满。

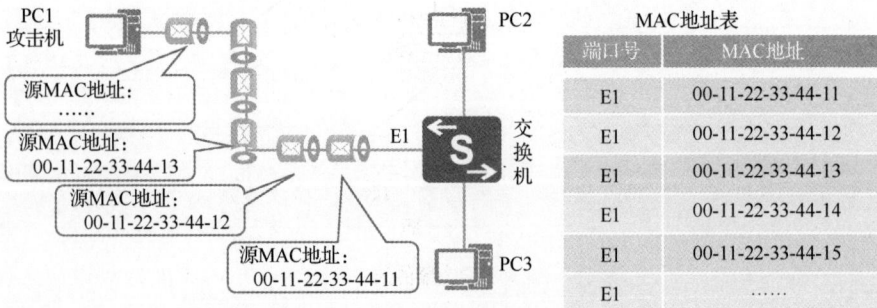

图 2-16　MAC 地址泛洪攻击过程

此时，如果交换机再接收到任意终端发送的数据帧，都只能通过泛洪方式进行转发，而攻击端就达到了捕获其他 PC 发送的数据帧的目的。如图 2-17 所示，PC1 成功捕获了 PC3 发送给 PC2 的数据帧。

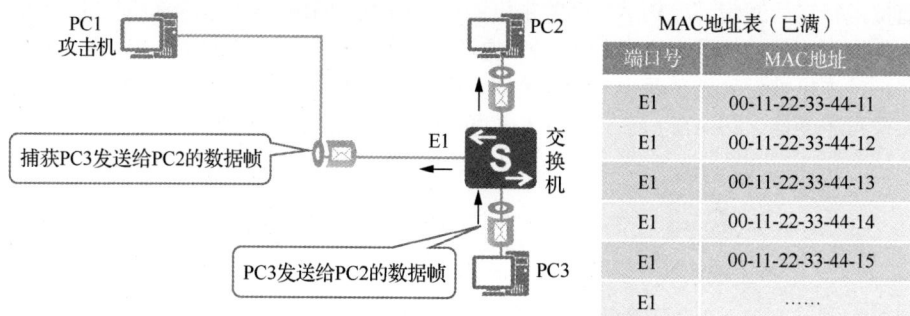

端口号	MAC 地址
E1	00-11-22-33-44-11
E1	00-11-22-33-44-12
E1	00-11-22-33-44-13
E1	00-11-22-33-44-14
E1	00-11-22-33-44-15
E1	……

图 2-17　MAC 地址泛洪攻击效果

2.2　虚拟局域网技术

传统共享型以太网和交换型以太网的广播域会浪费大量的网络带宽，降低通信效率，甚至会产生广播风暴，导致网络拥塞。VLAN 能够缩小广播域，降低广播包消耗带宽的比例，显著提高网络性能。

2.2.1　VLAN 基本概念

V2-2　虚拟局域网技术

VLAN 是将一个物理局域网在逻辑上划分成多个广播域的技术。在交换机上配置 VLAN，可使同一个 VLAN 内的主机相互通信，而不同 VLAN 间的主机被相互隔离。

1. VLAN 的用途

为了限制广播域的范围，减少广播流量，需要在没有二层互访需求的主机（通常为一个部门）之间进行隔离。路由器是基于三层 IP 地址信息来选择路由和转发数据的，其连接两个网段时可以有效抑制广播报文的转发，并在路由器的每个接口连接一台交换机供二层主机接入，如图 2-18 所示。

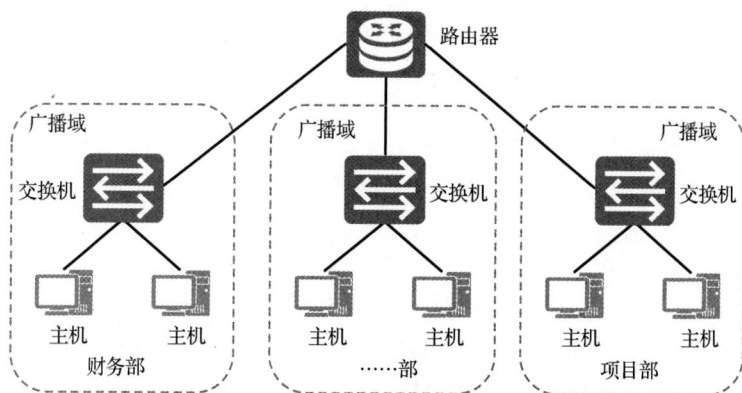

图 2-18　基于路由器的局域网广播域

这种解决方案虽然解决了部门计算机的二层隔离，但是成本较高，因此，人们设想在一台或多台交换机上构建多个逻辑局域网（即 VLAN）来实现部门计算机间的二层隔离。

2．VLAN 的原理

VLAN 技术可以将一个物理局域网在逻辑上划分成多个广播域，即划分为多个 VLAN。VLAN 技术部署在数据链路层，用于隔离二层流量。同一个 VLAN 内的主机共享同一个广播域，它们之间可以直接进行二层通信。而 VLAN 间的主机属于不同的广播域，不能直接实现二层互通。这样，广播报文就被限制在各个相应的 VLAN 内，提高了网络的安全性。如图 2-19 所示，原本属于同一个广播域的主机被划分到了两个 VLAN（即 VLAN 1 和 VLAN 2）中。VLAN 内部的主机可以直接在二层互相通信，VLAN 1 和 VLAN 2 之间的主机无法实现二层通信。

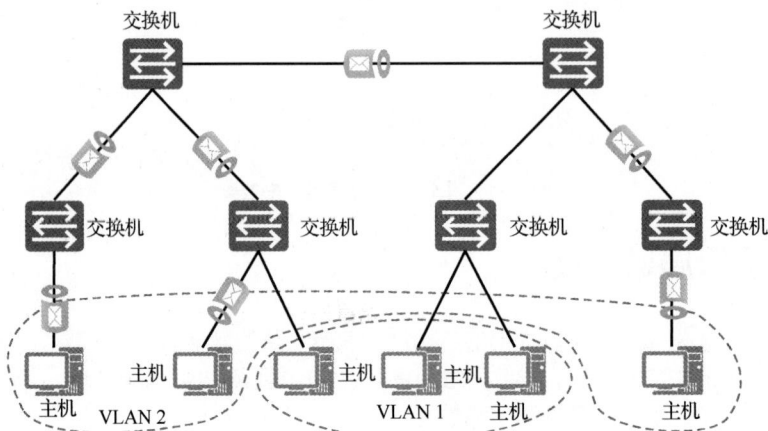

图 2-19　VLAN 能够隔离广播域

3．VLAN 帧格式

在现有的交换网络环境中，以太网的帧有两种格式：TAG 和 UNTAG。其中，TAG 是带有 VLAN 标记的以太网帧（Tagged Frame），UNTAG 是不带有 VLAN 标记的标准以太网帧（Untagged Frame）。VLAN 帧格式如图 2-20 所示。

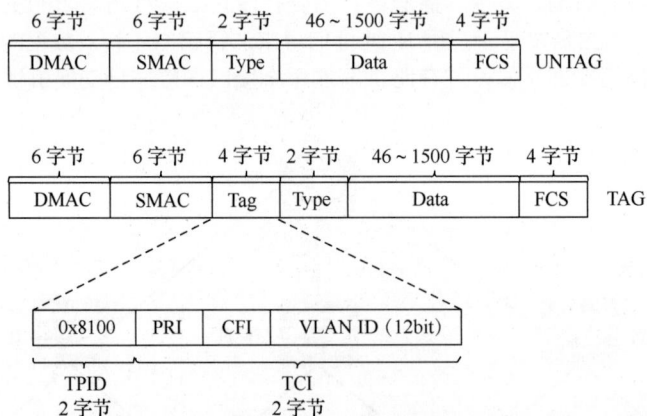

图 2-20　VLAN 帧格式

带有 VLAN 标记的以太网帧中，Tag 标签的长度为 4 字节，具体内容说明如下。

（1）TPID：Tag Protocol Identifier，2 字节，固定取值为 0x8100，是 IEEE 定义的新类型，表明这是一个携带 IEEE 802.1q 标签的帧。如果不支持 IEEE 802.1q 的设备收到这样的帧，则会将其丢弃。

（2）TCI：Tag Control Information，2 字节，用来表示帧的控制信息，包括以下几部分。

① PRI：Priority，3bit，表示帧的优先级，取值为 0～7，值越大，优先级越高。当交换机阻塞时，优先发送优先级高的数据帧。

② CFI：Canonical Format Indicator，1bit。CFI 表示 MAC 地址是否为经典格式。CFI 为 0 表示为经典格式；CFI 为 1 表示为非经典格式，用于区分以太网帧、FDDI 帧和令牌环网帧。在以太网中，CFI 的值为 0。

③ VLAN ID：VLAN Identifier，12bit，交换机一般可以划分 255 个 VLAN，每个 VLAN 的 ID 可以是 1～4094 的任意数字，VLAN ID 的作用就是区分不同 VLAN，可以设置 TAG 和 UNTAG 属性，使交换机端口的下行或上行数据帧标记标签。

4．VLAN 在实际网络中的应用

网络管理员可以使用不同的方法，把交换机上的每个端口划分到某个 VLAN 中，以在逻辑上分隔广播域。交换机能够通过 VLAN 技术为网络带来以下变化。

（1）增加了网络中广播域的数量，减小了每个广播域的规模，相对减少了每个广播域中终端设备的数量。

（2）提高了网络设计的逻辑性，网络管理员可以规避地理、物理等因素对网络设计的限制。

在常见的企业园区网设计中，公司会为每一个部门创建一个 VLAN，使其各自形成一个广播域，相同部门的员工之间能够通过二层交换机直接通信，不同部门的员工之间必须通过三层 IP 路由功能才可以相互通信。如图 2-21 所示，通过对两栋楼互连交换机的配置，可以将两栋楼中的财务部创建为 VLAN 10，将技术部创建为 VLAN 20，这不仅实现了部门间的二层广播隔离，还实现了部门跨交换机的二层通信。

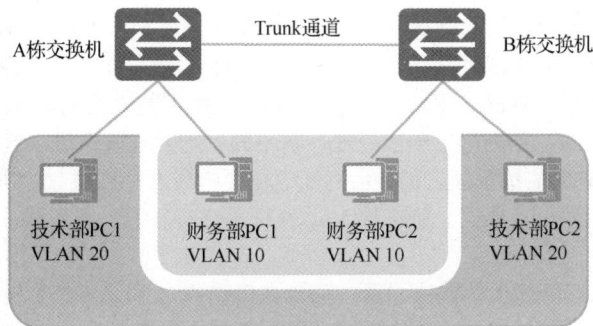

图 2-21　企业跨地域 VLAN 的配置应用

5．划分 VLAN 的方法

在实际网络中，对 VLAN 进行划分的方法有以下 5 种。

（1）基于端口划分：根据交换机的端口编号来划分 VLAN。

初始情况下，交换机的端口都处于 VLAN 1 中，网络管理员通过为交换机的每个端口配置不同的端口虚拟局域网 ID（Port-base VLAN ID，PVID），将不同端口划分到不同的 VLAN 中，该方法是最常用的方法。

（2）基于 MAC 地址划分：根据主机网卡的 MAC 地址划分 VLAN。

此划分方法需要网络管理员提前配置网络中的主机 MAC 地址和 VLAN ID 的映射关系。如果交换机收到不带标签的数据帧，则会查找之前配置的 MAC 地址和 VLAN 映射表，并根据数据帧中携带的 MAC 地址来添加相应的 VLAN 标签。

（3）基于 IP 子网划分：交换机在收到不带标签的数据帧时，会根据报文携带的 IP 地址给数据帧添加 VLAN 标签。

（4）基于协议划分：根据数据帧的协议类型（或协议簇类型）、封装格式来分配 VLAN ID。

网络管理员需要先配置协议类型和 VLAN ID 之间的映射关系。

（5）基于策略划分：使用几个条件的组合来分配 VLAN 标签。这些条件包括 IP 子网、端口和 IP 地址等。只有当所有条件都匹配时，交换机才为数据帧添加 VLAN 标签。另外，针对每一条标签的策略都是需要手动配置的。

以上 5 种 VLAN 划分方法的示例如表 2-1 所示。

表 2-1　5 种 VLAN 划分方法的示例

划分 VLAN 的方法	VLAN 5	VLAN 10
基于端口划分	GE0/0/1、GE0/0/7	GE0/0/2、GE0/0/9
基于 MAC 地址划分	00-01-02-03-04-AA 00-01-02-03-04-CC	00-01-02-03-04-BB 00-01-02-03-04-DD
基于 IP 子网划分	10.0.1.0/24	10.0.2.0/24
基于协议划分	IP	IPX
基于策略划分	GE0/0/1+00-01-02-03-04-AA （交换机端口号+MAC 地址）	GE0/0/2+00-01-02-03-04-BB （交换机端口号+MAC 地址）

6. 交换机端口的分类

根据端口工作模式（Access、Trunk、Hybrid）分类，华为交换机端口主要有 3 种：Access（接入）端口、Trunk（干道）端口和 Hybrid（混合）端口。

（1）Access 端口

Access 端口用于连接计算机等终端设备，只能属于一个 VLAN，即只能传输一个 VLAN 的数据。

Access 端口收到入站数据帧后，会判断这个数据帧是否携带 VLAN 标签。若不携带，则为该数据帧插入本端口的 PVID 并进行下一步处理；若携带，则判断该数据帧的 VLAN ID 是否与本端口的 PVID 相同，若相同，则进行下一步处理，若不同，则丢弃该数据帧。

Access 端口在发送出站数据帧之前，会判断这个要被转发的数据帧中携带的 VLAN ID 是否与出站端口的 PVID 相同，若相同，则去掉 VLAN 标签进行转发；若不同，则丢弃该数据帧。

（2）Trunk 端口

Trunk 端口用于连接交换机等网络设备，它允许传输多个 VLAN 的数据。

Trunk 端口收到入站数据帧后，会判断这个数据帧是否携带 VLAN 标签。若不携带，则为该数据帧插入本端口的 PVID 并进行下一步处理；若携带，则判断本端口是否允许传输该数据帧的 VLAN ID，若允许，则进行下一步处理，否则丢弃该数据帧。

Trunk 端口在发送出站数据帧之前，会判断这个要被转发的数据帧中携带的 VLAN ID 是否与出站端口的 PVID 相同，若相同，则去掉 VLAN 标签进行转发；若不同，则判断本端口是否允许传输该数据帧的 VLAN ID，若允许则进行转发（保留原标签），否则丢弃该数据帧。

（3）Hybrid 端口

Hybrid 端口是华为交换机端口的默认工作模式，它能够接收和发送多个 VLAN 的数据帧，可以用于连接交换机之间的链路，也可以用于连接终端设备。

Hybrid 端口和 Trunk 端口在接收入站数据帧时，处理方法是相同的。但在发送出站数据帧时，Hybrid 端口会先判断该数据帧的 VLAN ID 是否允许通过，若不允许则丢弃，否则默认按原有数据帧格式进行转发。同时，它还支持以 TAG 和 UNTAG 的方式发送指定 VLAN 的数据（通过【port hybrid tagged vlan】和【port hybrid untagged vlan】命令进行配置）。

因此，Hybrid 端口兼具 Access 端口和 Trunk 端口的特征，在实际应用中，可以根据对端端口的工作模式自动适配工作。

2.2.2 VLAN 配置

1. VLAN 的添加与删除

在交换机上划分 VLAN 时，需要先创建 VLAN。执行【 vlan <*vlan-id*> 】命令可以在交换机上创建 VLAN。例如，执行【 vlan 10 】命令后，就创建了 VLAN 10，并进入了 VLAN 10 视图。VLAN ID 的取值范围是 1～4094。

如需创建多个 VLAN，则在交换机上执行【 vlan batch { *vlan-id1* [to *vlan-id2*] } 】命令，可以创建多个连续的 VLAN；执行【 vlan batch { *vlan-id1 vlan-id2* } 】命令，可以创建多个不连续的 VLAN，VLAN ID 之间需要有空格。例如，执行【 vlan batch 20 30 100 】命令后，就创建了 VLAN 20、VLAN 30 和 VLAN 100。

【案例 2-5】为交换机创建 VLAN 10、VLAN 20 和 VLAN 30，本案例中，网络管理员分别执行【 vlan 】和【 vlan batch 】命令为交换机创建 VLAN。

```
[Huawei]vlan 10
[Huawei]vlan batch 20 30
```

2. Access 端口和 Trunk 端口的配置

在交换机上创建 VLAN 后，网络管理员就可以进入对应端口，执行【 port link-type { *access* | *trunk* | *hybrid* } 】命令，可以修改对应端口的模式。当修改端口为 Access 端口后，需要配合执行【 port default vlan <*vlan-id*> 】命令，配置端口的 PVID；当修改端口为 Trunk 端口后，需要执行【 port trunk allow-pass vlan { *vlan-id1* [*to vlan-id2*] } 】命令，配置 Trunk 端口允许哪些 VLAN 通过。

【案例 2-6】修改交换机的 E0/0/1 端口为 Access 端口，并配置端口的 PVID 为 VLAN 10，同时修改交换机的 E0/0/2 端口为 Trunk 端口，配置其允许 VLAN 10、VLAN 20 通过。

```
[Huawei]interface Ethernet 0/0/1
[Huawei-Ethernet0/0/1]port link-type access
[Huawei-Ethernet0/0/1]port default vlan 10
[Huawei-Ethernet0/0/1]quit
[Huawei]interface Ethernet 0/0/2
[Huawei-Ethernet0/0/2]port link-type trunk
[Huawei-Ethernet0/0/2]port trunk allow-pass vlan 10 20
```

3. 检查 VLAN 信息

创建 VLAN 后，可以使用命令查看已创建的 VLAN 信息。检查 VLAN 信息的参考步骤如下。

（1）创建 VLAN 后，可以执行【 display vlan 】命令验证配置结果。如果不指定任何参数，则该命令将显示所有 VLAN 的简要信息。

（2）执行【 display vlan [*vlan-id* [*verbose*]] 】命令，可以查看指定 VLAN 的详细信息，包括 VLAN ID、类型、描述、VLAN 的状态、VLAN 中的端口及 VLAN 中端口的模式等。

（3）执行【 display vlan *vlan-id* statistics 】命令，可以查看指定 VLAN 中的流量统计信息。

（4）执行【 display vlan summary 】命令，可以查看系统中所有 VLAN 的汇总信息。

【案例 2-7】执行【 display vlan 】命令，查看交换机已创建的 VLAN 信息。

```
[Huawei]display vlan
The total number of vlans is : 4
--------------------------------------------------------------------
U: Up;          D: Down;        TG: Tagged;         UT: Untagged;
MP: Vlan-mapping;               ST: Vlan-stacking;
#: ProtocolTransparent-vlan;    *: Management-vlan;
--------------------------------------------------------------------
```

```
VID  Type    Ports
---------------------------------------------------------------
1    common  UT:Eth0/0/2(D)    Eth0/0/3(D)     Eth0/0/4(D)    Eth0/0/5(D)
             Eth0/0/6(D)       Eth0/0/7(D)     Eth0/0/8(D)    Eth0/0/9(D)
             Eth0/0/10(D)      Eth0/0/11(D)    Eth0/0/12(D)   Eth0/0/13(D)
             Eth0/0/14(D)      Eth0/0/15(D)    Eth0/0/16(D)   Eth0/0/17(D)
             Eth0/0/18(D)      Eth0/0/19(D)    Eth0/0/20(D)   Eth0/0/21(D)
             Eth0/0/22(D)      GE0/0/1(D)      GE0/0/2(D)
10   common  UT:Eth0/0/1(D)
             TG:Eth0/0/2(D)
20   common  TG:Eth0/0/2(D)
30   common
---省略部分显示内容---
```

2.2.3 常见场景下的 VLAN 配置

【案例 2-8】单交换机的 VLAN 配置场景。

1. 案例背景与要求

以 Jan16 公司的财务部和项目部为例，为财务部创建 VLAN 10，PC1 和 PC2 为财务部 PC，连接在交换机的 E0/0/1 和 E0/0/2 端口上；为项目部创建 VLAN 20，PC3 和 PC4 为项目部 PC，连接在交换机的 E0/0/3 和 E0/0/4 端口上；使两个部门内部的 PC 可以互相通信，跨部门的 PC 不能互相通信。案例拓扑如图 2-22 所示。

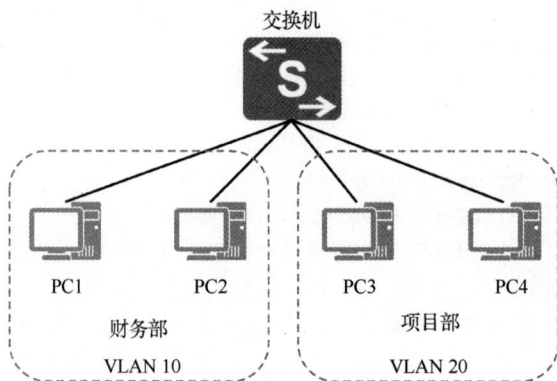

图 2-22 单交换机的 VLAN 配置案例拓扑

2. 案例配置过程

（1）创建 VLAN 10 和 VLAN 20。

```
<Huawei>system-view
 [Huawei]vlan batch 10 20
```

（2）将连接 PC 的交换机端口配置为 Access 模式，并将其加入相应的 VLAN 中。

```
[Huawei]interface Ethernet 0/0/1
[Huawei-Ethernet0/0/1]port link-type access
[Huawei-Ethernet0/0/1]port default vlan 10
[Huawei-Ethernet0/0/1]quit
[Huawei]interface Ethernet 0/0/2
[Huawei-Ethernet0/0/2]port link-type access
[Huawei-Ethernet0/0/2]port default vlan 10
```

```
[Huawei-Ethernet0/0/2]quit
[Huawei]interface Ethernet 0/0/3
[Huawei-Ethernet0/0/3]port link-type access
[Huawei-Ethernet0/0/3]port default vlan 20
[Huawei-Ethernet0/0/3]quit
[Huawei]interface Ethernet 0/0/4
[Huawei-Ethernet0/0/4]port link-type access
[Huawei-Ethernet0/0/4]port default vlan 20
[Huawei-Ethernet0/0/4]quit
```

（3）在交换机上执行【display vlan】命令，查看交换机已创建的 VLAN 信息。

```
[Huawei]display vlan
The total number of vlans is : 3
--------------------------------------------------------------------
U: Up;          D: Down;          TG: Tagged;          UT: Untagged;
MP: Vlan-mapping;                 ST: Vlan-stacking;
#: ProtocolTransparent-vlan;      *: Management-vlan;
--------------------------------------------------------------------

VID  Type    Ports
--------------------------------------------------------------------
1    common  UT:Eth0/0/5(D)      Eth0/0/6(D)      Eth0/0/7(D)      Eth0/0/8(D)
                Eth0/0/9(D)      Eth0/0/10(D)     Eth0/0/11(D)     Eth0/0/12(D)
                Eth0/0/13(D)     Eth0/0/14(D)     Eth0/0/15(D)     Eth0/0/16(D)
                Eth0/0/17(D)     Eth0/0/18(D)     Eth0/0/19(D)     Eth0/0/20(D)
                Eth0/0/21(D)     Eth0/0/22(D)     GE0/0/1(D)       GE0/0/2(D)
10   common  UT:Eth0/0/1(U)      Eth0/0/2(U)
20   common  UT:Eth0/0/3(U)      Eth0/0/4(U)
---省略部分显示内容---
```

3. 案例验证

（1）在交换机上执行【display port vlan】命令，查看各端口的工作模式。

```
[Huawei]display port vlan
Port                Link Type    PVID    Trunk VLAN List
--------------------------------------------------------------------
Ethernet0/0/1       access       10      -
Ethernet0/0/2       access       10      -
Ethernet0/0/3       access       20      -
Ethernet0/0/4       access       20      -
Ethernet0/0/5       hybrid       1       -
---省略部分显示内容---
```

（2）分别为 PC 配置 IP 地址，PC 编号及对应的 IP 地址如表 2-2 所示。

表 2-2　PC 编号及对应的 IP 地址

PC 编号	IP 地址
PC1	192.168.1.1/24
PC2	192.168.1.2/24
PC3	192.168.1.3/24
PC4	192.168.1.4/24

（3）在 PC1 上使用【ping】命令测试各 PC 的连通性；此时，财务部的 PC 可以互相通信，项目部的 PC 可以互相通信，财务部的 PC 与项目部的 PC 无法互相通信。

```
PC1>ping 192.168.1.2

Ping 192.168.1.2: 32 data bytes, Press Ctrl_C to break
From 192.168.1.2: bytes=32 seq=1 ttl=128 time=63 ms
From 192.168.1.2: bytes=32 seq=2 ttl=128 time=62 ms
---省略部分显示内容---

PC1>ping 192.168.1.3

Ping 192.168.1.3: 32 data bytes, Press Ctrl_C to break
From 192.168.1.1: Destination host unreachable
From 192.168.1.1: Destination host unreachable
---省略部分显示内容---

PC1>ping 192.168.1.4

Ping 192.168.1.4: 32 data bytes, Press Ctrl_C to break
From 192.168.1.1: Destination host unreachable
From 192.168.1.1: Destination host unreachable
---省略部分显示内容---
PC3>ping 192.168.1.4

Ping 192.168.1.4: 32 data bytes, Press Ctrl_C to break
From 192.168.1.4: bytes=32 seq=1 ttl=128 time=62 ms
From 192.168.1.4: bytes=32 seq=2 ttl=128 time=61 ms
---省略部分显示内容---
```

【案例 2-9】跨交换机的 VLAN 配置场景。

1. 案例背景与要求

以 Jan16 公司的财务部和项目部为例，为财务部创建 VLAN 10，PC1 和 PC2 为财务部 PC，分别连接在交换机 SW1 的 E0/0/1 和交换机 SW2 的 E0/0/1 端口上；为项目部创建 VLAN 20，PC3 和 PC4 为项目部 PC，分别连接在交换机 SW1 的 E0/0/2 和交换机 SW2 的 E0/0/2 端口上；配置交换机互连的端口模式为 Trunk，使两个部门的内部 PC 可以互相通信，跨部门的 PC 不能互相通信。案例拓扑如图 2-23 所示。

2. 案例配置过程

（1）创建 VLAN 10 和 VLAN 20。交换机 SW1 的配置如下。

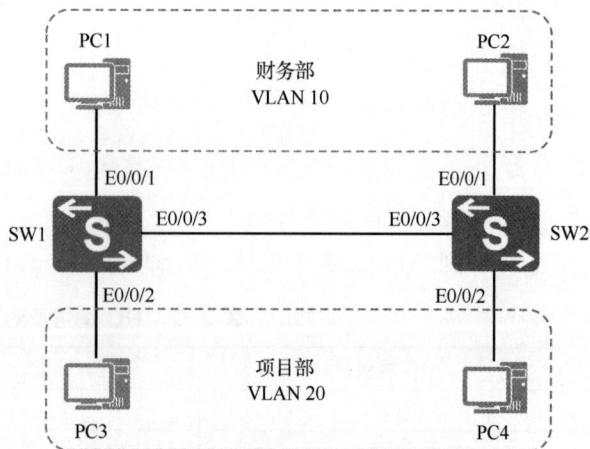

图 2-23　跨交换机的 VLAN 配置案例拓扑

```
<Huawei>system-view
[Huawei]sysname SW1
[SW1]vlan batch 10 20
```

交换机 SW2 的配置如下。

```
<Huawei>system-view
[Huawei]sysname SW2
[SW2]vlan batch 10 20
```

（2）将连接 PC 的交换机端口模式配置为 Access，并将其加入相应的 VLAN 中。

交换机 SW1 的配置如下。

```
[SW1]interface Ethernet 0/0/1
[SW1-Ethernet0/0/1]port link-type access
[SW1-Ethernet0/0/1]port default vlan 10
[SW1-Ethernet0/0/1]quit
[SW1]interface Ethernet 0/0/2
[SW1-Ethernet0/0/2]port link-type access
[SW1-Ethernet0/0/2]port default vlan 20
[SW1-Ethernet0/0/2]quit
```

交换机 SW2 的配置如下。

```
[SW2]interface Ethernet 0/0/1
[SW2-Ethernet0/0/1]port link-type access
[SW2-Ethernet0/0/1]port default vlan 10
[SW2-Ethernet0/0/1]quit
[SW2]interface Ethernet 0/0/2
[SW2-Ethernet0/0/2]port link-type access
[SW2-Ethernet0/0/2]port default vlan 20
[SW2-Ethernet0/0/2]quit
```

（3）将交换机之间相连的端口模式配置为 Trunk，并允许 VLAN 10 和 VLAN 20 通过。

交换机 SW1 的配置如下。

```
[SW1]interface Ethernet 0/0/3
[SW1-Ethernet0/0/3]port link-type trunk
[SW1-Ethernet0/0/3]port trunk allow-pass vlan 10 20
[SW1-Ethernet0/0/3]quit
```

交换机 SW2 的配置如下。

```
[SW2]interface Ethernet 0/0/3
[SW2-Ethernet0/0/3]port link-type trunk
[SW2-Ethernet0/0/3]port trunk allow-pass vlan 10 20
[SW2-Ethernet0/0/3]quit
```

（4）在交换机上执行【display vlan】命令，查看交换机已创建的 VLAN 信息。

```
[SW1]display vlan
The total number of vlans is : 4
--------------------------------------------------------------------
U: Up;         D: Down;         TG: Tagged;         UT: Untagged;
MP: Vlan-mapping;              ST: Vlan-stacking;
#: ProtocolTransparent-vlan;     *: Management-vlan;
--------------------------------------------------------------------
VID  Type    Ports
```

```
----------------------------------------------------------------------
1      common   UT:Eth0/0/3(U)       Eth0/0/4(D)      Eth0/0/5(D)   Eth0/0/6(D)
                Eth0/0/7(D)          Eth0/0/8(D)      Eth0/0/9(D)   Eth0/0/10(D)
                Eth0/0/11(D)         Eth0/0/12(D)     Eth0/0/13(D)  Eth0/0/14(D)
                Eth0/0/15(D)         Eth0/0/16(D)     Eth0/0/17(D)  Eth0/0/18(D)
                Eth0/0/19(D)         Eth0/0/20(D)     Eth0/0/21(D)  Eth0/0/22(D)
                GE0/0/1(D)           GE0/0/2(D)
10     common   UT:Eth0/0/1(U)
                TG:Eth0/0/3(U)
20     common   UT:Eth0/0/2(U)
                TG:Eth0/0/3(U)
30     common
---省略部分显示内容---
```

3. 案例验证

（1）配置完成后，在交换机上执行【display port vlan】命令，查看各端口的模式。

```
[SW1]display port vlan
Port                 Link Type   PVID   Trunk VLAN List
----------------------------------------------------------------------
Ethernet0/0/1        access      10     -
Ethernet0/0/2        access      20     -
Ethernet0/0/3        trunk       1      1 10 20
Ethernet0/0/4        hybrid      1      -
Ethernet0/0/5        hybrid      1      -
---省略部分显示内容---
```

（2）分别为 PC 配置 IP 地址，PC 编号及对应的 IP 地址如表 2-3 所示。

表 2-3　PC 编号及对应的 IP 地址

PC 编号	IP 地址
PC1	192.168.1.1/24
PC2	192.168.1.2/24
PC3	192.168.1.3/24
PC4	192.168.1.4/24

（3）在 PC1 上使用【ping】命令测试各 PC 的连通性；此时，财务部的 PC 可以跨交换机互相通信，项目部的 PC 可以跨交换机互相通信，财务部的 PC 与项目部的 PC 无法互相通信。

```
PC1>ping 192.168.1.2

Ping 192.168.1.2: 32 data bytes, Press Ctrl_C to break
From 192.168.1.2: bytes=32 seq=1 ttl=128 time=63 ms
From 192.168.1.2: bytes=32 seq=2 ttl=128 time=62 ms
---省略部分显示内容---

PC1>ping 192.168.1.3

Ping 192.168.1.3: 32 data bytes, Press Ctrl_C to break
From 192.168.1.1: Destination host unreachable
From 192.168.1.1: Destination host unreachable
```

```
---省略部分显示内容---

PC1>ping 192.168.1.4

Ping 192.168.1.4: 32 data bytes, Press Ctrl_C to break
From 192.168.1.1: Destination host unreachable
From 192.168.1.1: Destination host unreachable
---省略部分显示内容---
PC3>ping 192.168.1.4

Ping 192.168.1.4: 32 data bytes, Press Ctrl_C to break
From 192.168.1.4: bytes=32 seq=1 ttl=128 time=62 ms
From 192.168.1.4: bytes=32 seq=2 ttl=128 time=61 ms
---省略部分显示内容---
```

2.3 生成树协议

要使网络更加可靠，减少故障影响的一个重要方法就是"冗余"。当网络中出现单点故障时，"冗余"可以激活其他备份组件，使网络链接不中断。

冗余在网络中是必需的，冗余的拓扑结构可以减少网络的中断时间。单条链路、单个端口或者单台网络设备都有可能发生故障和错误，进而影响整个网络的正常运行，此时，如果有备份的链路、端口或者设备就可以尽量减少链接的"丢失"，保障网络的不间断运行。生成树协议（Spanning Tree Protocol，STP）能够有效解决冗余链路带来的环路问题，大大提高网络的健壮性、稳定性、可靠性和容错性。

V2-3 生成树协议

2.3.1 冗余性与STP

1. STP 的由来

为了解决冗余链路引起的问题，IEEE 通过了 IEEE 802.1d 协议，即 STP。IEEE 802.1d 协议通过在交换机上运行一套复杂的算法，使冗余端口处于"阻塞状态"，使网络中的计算机在通信时只有一条链路生效，而当这条链路出现故障时，IEEE 802.1d 协议将会重新计算出网络的最优链路，将处于"阻塞状态"的冗余端口重新打开，从而确保网络连接稳定、可靠。

在交换式网络中，使用 STP 可以将有环路的物理拓扑变成无环路的逻辑拓扑，为网络提供安全机制，使冗余拓扑中不会产生交换环路问题。

2. STP 中的术语

STP 中定义了根桥（Root Bridge）、根端口（Root Port，RP）、指定端口（Designated Port，DP）和路径开销（Path Cost）等概念，通过构造一棵自然树的方法达到阻塞冗余环路的目的，同时实现链路备份和路径最优化。用于构造这棵树的算法称为生成树算法（Spanning Tree Algorithm，STA）。

STP 不断检测网络，以检测链路故障。当网络拓扑发生变化时，运行 STP 的交换机会自动重新配置其端口，以避免环路产生或者链路断开。

（1）桥

因为性能方面的限制等因素，早期的交换机一般只有两个转发端口，所以那时的交换机常常被称为"网桥"，或简称为"桥"（Bridge）。在 IEEE 的术语中，"桥"一直沿用至今，但现在已不再只是指只有两个转发端口的交换机，而是泛指具有任意多个端口的交换机。

（2）桥的 MAC 地址

一个桥有多个转发端口，每个端口都有一个 MAC 地址。通常，交换机会把端口编号最小的端口的 MAC 地址作为整个桥的 MAC 地址（Bridge MAC Address）。

（3）桥 ID

一个桥（交换机）的桥 ID（Bridge Identifier，BID）由两部分组成，如图 2-24 所示。前面 2 字节是这个桥的桥优先级值，后面 6 字节是这个桥的 MAC 地址。桥优先级值可以手动设置，其默认值为 0x8000（相当于十进制数 32768）。

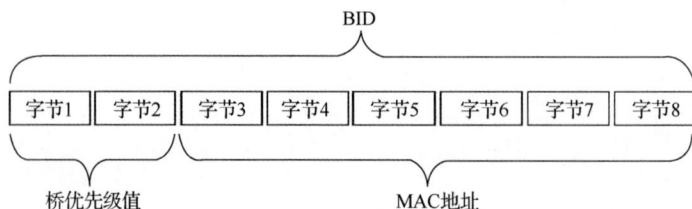

图 2-24　BID 的组成

（4）端口 ID

一个桥（交换机）的端口 ID（Port Identifier，PID）的定义方法有很多种，常见的有两种，如图 2-25 所示。

第一种：PID 由 2 个字节组成，字节 1 是该端口的端口优先级值，字节 2 是该端口的端口编号。

第二种：PID 由 2 个字节（16 位）组成，前 4 位是该端口的端口优先级值，后 12 位是该端口的端口编号。

端口优先级值可以手动设定，也可以由设备自动生成。由设备自动生成 PID 时，不同设备厂商所采用的 PID 的定义方法可能不同。

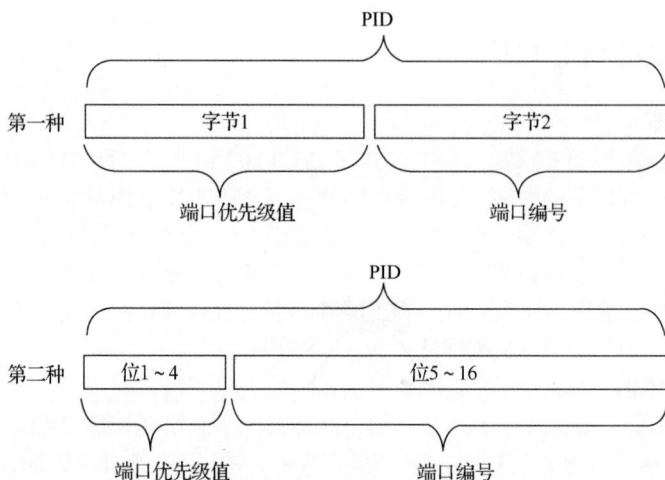

图 2-25　PID 的定义

3．STP 树的基本理论

在一个具有物理环路的交换网络中，交换机通过运行 STP，自动生成一个没有环路的逻辑拓扑。这个无环逻辑拓扑也称为 STP 树（STP Tree），树节点为某些特定的交换机，树枝为某些特定的链路。一棵 STP 树中包含一个唯一的根节点，任何一个节点到根节点的工作路径不仅是唯一的，还是最优的。当网络拓扑发生变化时，STP 树也会自动地发生相应的改变。

简而言之，有环的物理拓扑提高了网络连接的可靠性，而无环的逻辑拓扑避免了广播风暴、

MAC 地址表翻摆、多帧复制等问题的发生，这就是 STP 的精髓。

2.3.2 STP 的工作原理

STP 是一个用于在局域网中消除环路的协议。运行该协议的交换机通过彼此交互信息发现网络中的环路，并适当地对某些端口进行阻塞以消除环路。

1. STP 树的生成过程

STP 树的生成过程主要分为以下 4 步。

① 选举根桥，作为整个网络的根。

② 确定根端口，确定非根桥与根桥连接的最优端口。

③ 确定指定端口，确定每条链路与根桥连接的最优端口。

④ 阻塞备用端口（Alternate Port，AP），形成一个无环网络。

（1）选举根桥

根桥是 STP 树的根节点。要生成一棵 STP 树，首先要确定出一个根桥。根桥是整个交换网络的逻辑中心，但不一定是物理中心。当网络的拓扑发生变化时，根桥也可能会发生相应的变化。

运行 STP 的交换机（简称 STP 交换机）会相互交换 STP 协议帧，这些协议帧的载荷数据被称为网桥协议数据单元（Bridge Protocol Data Unit，BPDU）。BPDU 中包含与 STP 相关的所有信息，如 BID。

交换机间选举根桥的主要步骤如下。

① STP 交换机初始启动之后，会认为自己是根桥，并在发送给其他交换机的 BPDU 中宣告自己是根桥。

② 当交换机从网络中收到其他设备发送过来的 BPDU 时，会比较 BPDU 中的 BID 和自己的 BID，较小的 BID 将作为根桥的 BID。

③ 交换机间不断地交互 BPDU，并对 BID 进行比较，直至最终选举出一台 BID 最小的交换机作为根桥。

如图 2-26 所示，交换机 SW1、SW2、SW3 都使用了默认的桥优先级值 32768。显然，交换机 SW1 的 BID 最小，所以最终交换机 SW1 被选举为根桥。

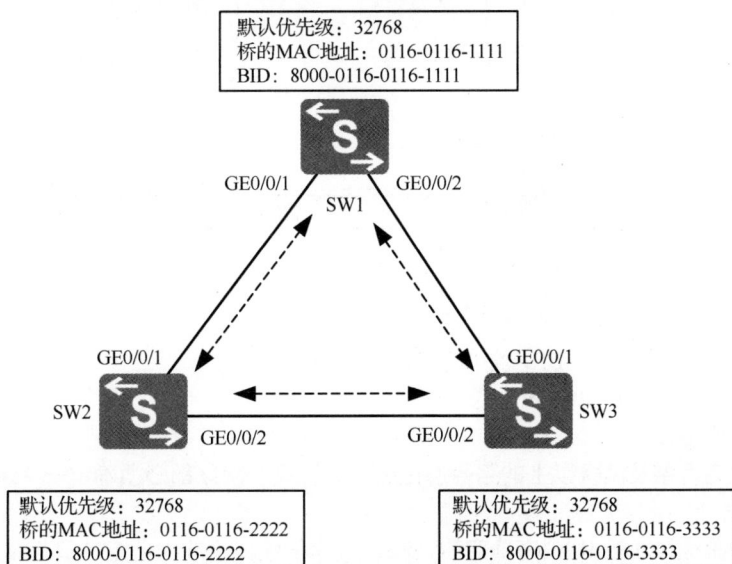

图 2-26　选举根桥

（2）确定根端口

根桥确定后，其他没有成为根桥的交换机都被称为非根桥。一个非根桥可能通过多个端口与根桥通信，为了保证从非根桥到根桥的工作路径是最优且唯一的，就必须从非根桥的端口中确定出一个被称为"根端口"的端口，由根端口实现非根桥与根桥设备之间的报文交互。

因此，一台非根桥设备上最多只能有一个根端口，根端口的确定过程如下。

① 比较根路径开销，路径开销较小的为根端口。

STP 把根路径开销（Root Path Cost，RPC）作为确定根端口的一个重要依据。一个运行 STP 的网络中，某个交换机的端口到根桥的累计路径开销（即从该端口到根桥所经过的所有链路的路径开销总和）称为该端口的 RPC。链路的路径开销与端口速率有关，端口速率越大，路径开销就越小。端口速率与路径开销的对应关系如表 2-4 所示。

表 2-4　端口速率与路径开销的对应关系

端口速率	路径开销（IEEE 802.1t 标准）
10Mbit/s	2000000
100Mbit/s	200000
1Gbit/s	20000
10Gbit/s	2000

如图 2-27 所示，假定交换机 SW1 已被选举为根桥，并且链路的路径开销遵从 IEEE 802.1t 标准，现在，交换机 SW3 需要从自己的 GE0/0/1 端口和 GE0/0/2 端口中确定出根端口。显然，交换机 SW3 的 GE0/0/1 端口的 RPC 为 20000，交换机 SW3 的 GE0/0/2 端口的 RPC 为 200000+20000=220000。交换机会将 RPC 最小的那个端口确定为自己的根端口。因此，交换机 SW3 将会把 GE0/0/1 端口确定为自己的根端口。

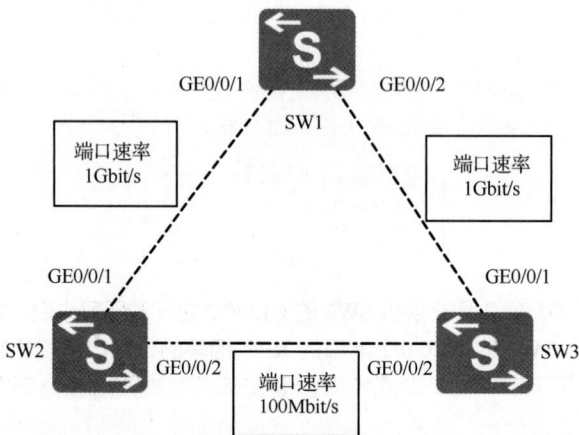

图 2-27　确定根端口

② 比较上行设备的 BID，BID 较小的端口为根端口。

③ 比较发送方的 PID，PID 较小的为根端口。

（3）确定指定端口

当一个网段有两条及两条以上的路径通往根桥时，每个网段都必须确定一个端口为指定端口（每个网段中唯一）。

指定端口也是通过比较 RPC 来确定的，RPC 较小的端口将成为指定端口。如果 RPC 相同，则需要比较 BID、PID 等，具体流程如图 2-28 所示。

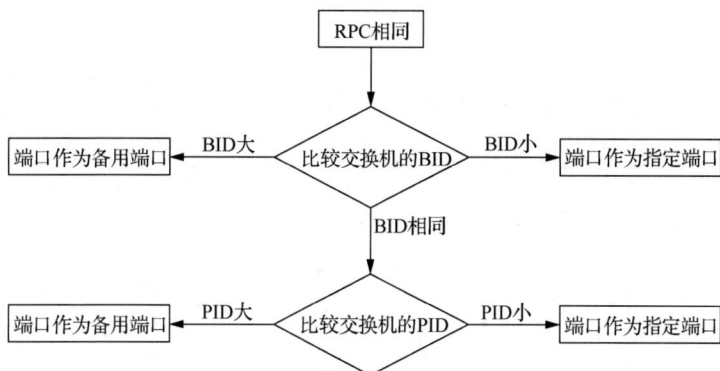

图 2-28 确定指定端口的具体流程

如图 2-29 所示，假定交换机 SW1 已被选举为根桥，并且假定各链路的开销均相等。显然，交换机 SW3 的 GE0/0/1 端口的 RPC 小于交换机 SW3 的 GE0/0/2 端口的 RPC，所以交换机 SW3 将自己的 GE0/0/1 端口确定为自己的根端口。类似地，交换机 SW2 的 GE0/0/1 端口的 RPC 小于交换机 SW2 的 GE0/0/2 端口的 RPC，所以交换机 SW2 将自己的 GE0/0/1 端口确定为自己的根端口。

图 2-29 STP 树中的指定端口

对于交换机 SW3 的 GE0/0/2 和交换机 SW2 的 GE0/0/2 之间的网段来说，交换机 SW3 的 GE0/0/2 端口的 RPC 是与交换机 SW2 的 GE0/0/2 端口的 RPC 相等的，所以需要比较交换机 SW3 的 BID 和交换机 SW2 的 BID。假定交换机 SW2 的 BID 小于交换机 SW3 的 BID，则交换机 SW2 的 GE0/0/2 端口将被确定为交换机 SW3 的 GE0/0/2 和交换机 SW2 的 GE0/0/2 之间的网段的指定端口。

对于网段 LAN 1 来说，与之相连的交换机只有交换机 SW2。在这种情况下，需要比较交换机 SW2 的 GE0/0/3 端口的 PID 和 GE0/0/4 端口的 PID。假定 GE0/0/3 端口的 PID 小于 GE0/0/4 端口的 PID，则交换机 SW2 的 GE0/0/3 端口将被确定为网段 LAN 1 的指定端口。

需要指出的是，根桥上不存在任何根端口，只存在指定端口。

（4）阻塞备用端口

在确定了根端口和指定端口之后，交换机上所有剩余交换机间互连的端口都被称为备用端口。STP 树会对备用端口进行逻辑阻塞。

逻辑阻塞是指这些备用端口不能转发用户数据帧（由终端计算机产生并发送的帧），但可以接

51

收并处理 STP 协议帧。

根端口和指定端口既可以发送和接收 STP 协议帧，又可以转发用户数据帧。

如图 2-30 所示，一旦备用端口被逻辑阻塞，STP 树（无环拓扑）的生成过程便宣告完成。

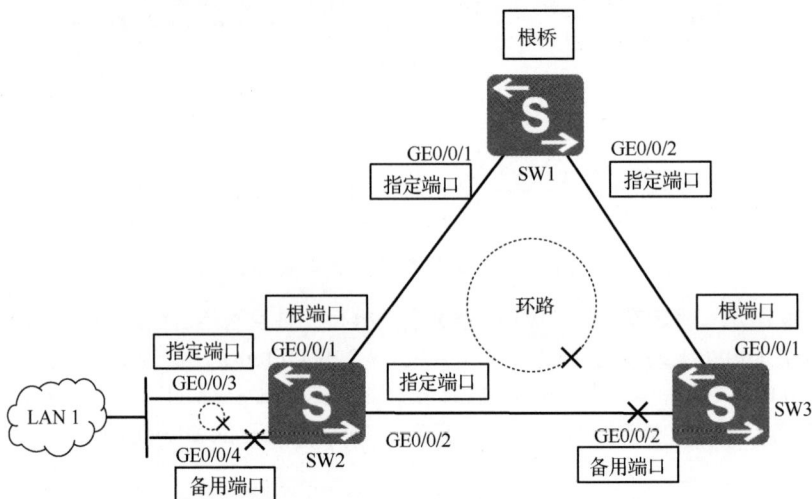

图 2-30　阻塞备用端口

2．STP 的端口状态

STP 不仅定义了 3 种端口角色——根端口、指定端口、备用端口，还将端口的状态分为 5 种——禁用状态、阻塞状态、监听状态、学习状态、转发状态。这些状态的迁移用于防止网络中 STP 在收敛过程中可能产生的临时环路。

表 2-5 给出了这 5 种 STP 端口状态的简要说明。

表 2-5　5 种 STP 端口状态的简要说明

端口状态	说明
禁用（Disabled）	禁用状态的端口无法接收和发出任何帧，端口处于关闭（Down）状态
阻塞（Blocking）	阻塞状态的端口只能接收 STP 协议帧，不能发送 STP 协议帧，也不能转发用户数据帧
监听（Listening）	监听状态的端口可以接收并发送 STP 协议帧，但不能进行 MAC 地址学习，也不能转发用户数据帧
学习（Learning）	学习状态的端口可以接收并发送 STP 协议帧，也可以进行 MAC 地址学习，但不能转发用户数据帧
转发（Forwarding）	转发状态的端口可以接收并发送 STP 协议帧，也可以进行 MAC 地址学习，还能够转发用户数据帧

STP 在工作时端口状态的变化说明如下。

（1）STP 交换机的端口在初始启动时，会从禁用状态进入阻塞状态。在阻塞状态下，端口只能接收和分析 BPDU，但不能发送 BPDU。

（2）如果端口被选为根端口或指定端口，则会进入监听状态，此时端口接收并发送 BPDU，这种状态会持续一个转发延迟的时间长度，默认为 15s。

（3）如果没有因"意外故障"而回到阻塞状态，则该端口会进入学习状态，并在此状态持续一个转发延迟的时间长度。处于学习状态的端口可以接收和发送 BPDU，同时开始构建 MAC 地址表，为转发用户数据帧做好准备。处于学习状态的端口仍然不能转发用户数据帧，因为此时网络中可能还存在因 STP 树的计算过程不同步而产生的临时环路。

（4）在学习状态下等待 15s 后，端口由学习状态进入转发状态，开始用户数据帧的转发工作。

（5）在整个状态的迁移过程中，端口一旦被禁用或发生了链路失效，就会进入禁用状态；在端口状态的迁移过程中，如果端口的角色被判定为非根端口或非指定端口，则其端口状态会立即退回到阻塞状态。端口状态的迁移过程如图 2-31 所示。

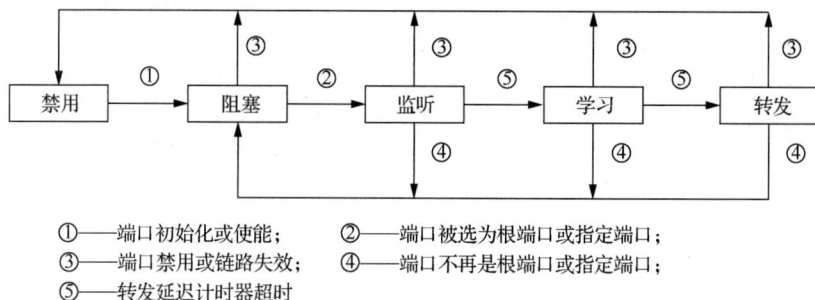

①——端口初始化或使能；　②——端口被选为根端口或指定端口；
③——端口禁用或链路失效；　④——端口不再是根端口或指定端口；
⑤——转发延迟计时器超时

图 2-31　端口状态的迁移过程

接下来通过图 2-32 所示的案例来具体说明端口状态是如何迁移的。

（1）假设交换机 SW1、SW2、SW3 大概在同一时刻启动，各交换机的各个端口立即从禁用状态进入阻塞状态。处于阻塞状态的端口只能接收而不能发送 BPDU，所以任何端口都收不到 BPDU。在等待 MaxAge 时间（BPDU 最大老化时间，默认为 20s）后，每台交换机都会认为自己就是根桥，所有端口的角色都会成为指定端口，且端口的状态迁移为监听状态。

（2）交换机的端口进入监听状态后，开始发送自己产生的 BPDU，同时接收其他交换机发送的 BPDU，假定交换机 SW2 最先发送 BPDU，当交换机 SW3 从自己的 GE0/0/2 端口收到交换机 SW2 发送的 BPDU 后，会认为交换机 SW2 才应该是根桥（因为交换机 SW2 的 BID 小于交换机 SW3 的 BID），于是交换机 SW3 会把自己的 GE0/0/2 端口由指定端口变更为根端口，并将根桥设置为交换机 SW2，将 BPDU 从自己的 GE0/0/1 端口发送出去。

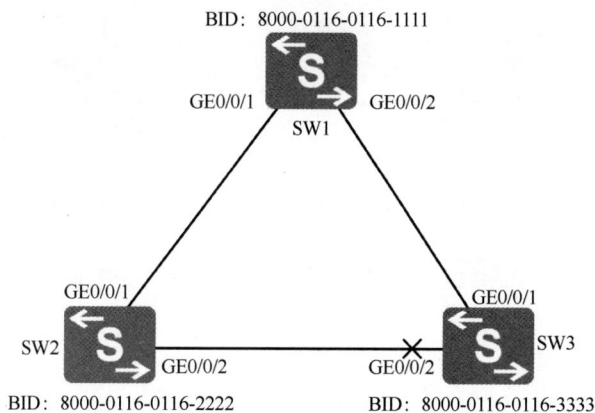

图 2-32　端口状态迁移案例

当交换机 SW1 从自己的 GE0/0/1 端口接收到交换机 SW2 发送过来的 BPDU 后，会发现自己的 BID 才是最小的，自己更应该成为根桥，于是立即向交换机 SW2 发送自己的 BPDU。当然，如果交换机 SW1 从自己的 GE0/0/2 端口接收到交换机 SW3 发送过来的 BPDU，则会立即向交换机 SW3 发送自己的 BPDU。

交换机 SW2 和交换机 SW3 收到交换机 SW1 发送的 BPDU 后，会确认交换机 SW1 就是根桥，于是交换机 SW2 的 GE0/0/1 端口和交换机 SW3 的 GE0/0/1 端口都会成为根端口，交换机 SW2 和交换机 SW3 会从各自的 GE0/0/2 端口发送新的 BPDU。此后，交换机 SW3 的 GE0/0/2 端口会成为备用端口，进入阻塞状态，交换机 SW2 的 GE0/0/2 端口仍然为指定端口。

因为各交换机发送 BPDU 的时间先后带有一定的随机性，所以上述的过程并不是唯一的。但是，无论各个交换机端口最开始的状态如何，也无论中间的过程差异如何，最终的结果总是确定且唯一的：BID 最小的交换机会成为根桥，各端口会变换为自己应该扮演的角色。

端口在监听状态持续转发延迟的时间长度（默认15s）后，开始进入学习状态。注意，交换机 SW3 的 GE0/0/2 端口已经变成了备用端口，所以其状态会变为阻塞状态。

（3）各个端口（交换机 SW3 的 GE0/0/2 端口除外）相继进入学习状态后，会持续转发延迟的时间长度。在此时间内，交换机可以开始学习 MAC 地址与这些端口的映射关系，同时等待 STP 树在这段时间内完全收敛。

（4）各端口（交换机 SW3 的 GE0/0/2 端口除外）相继进入转发状态，开始用户数据帧的转发工作。

（5）拓扑稳定后，只有根桥才会每隔 Hello Time 时间（BPDU 发送时间，间隔为 2s）发送一次配置 BPDU。其他交换机收到 BPDU 后，启动老化计时器，并从指定端口发送更新参数后的最佳 BPDU。如果超过 MaxAge 时间仍没有收到 BPDU，则说明拓扑发生变化，STP 将触发收敛过程。

2.3.3 STP 的配置

【案例 2-10】STP 的配置。

1. 案例背景与要求

根据图 2-33 所示的网络拓扑，配置 STP，解决网络环路问题。

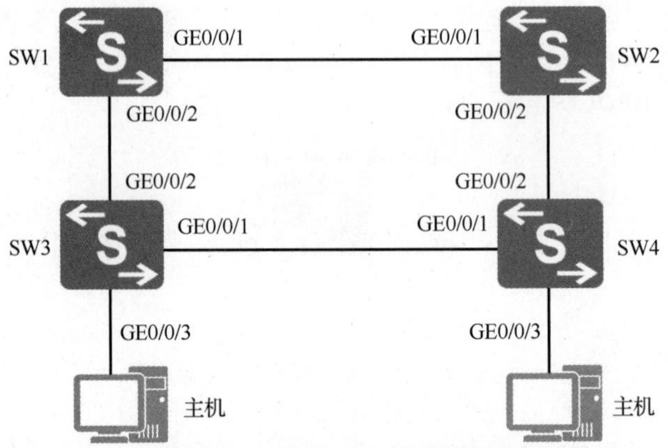

图 2-33 配置 STP 的网络拓扑

2. 案例配置思路

（1）配置 STP 模式。

（2）指定根桥。

（3）指定备份根桥（可选）。

3. 案例配置过程

默认情况下，交换机是启用 STP 功能的。如果 STP 处于关闭状态，则需要先在系统视图中使用【stp enable】命令来启用 STP 功能。

（1）配置交换机 SW1 上生成树的工作模式为 STP。【stp mode{ *mstp*|*rstp*|*stp*} 】命令是用来配

置设备的生成树工作模式的。工作模式分别为 MSTP、RSTP、STP，默认工作模式为 MSTP。

```
<Huawei>system-view
[Huawei]sysname SW1
[SW1]stp mode stp
```

（2）配置交换机 SW2 上生成树的工作模式为 STP。

```
<Huawei>system-view
[Huawei]sysname SW2
[SW2]stp mode stp
```

（3）配置交换机 SW3 上生成树的工作模式为 STP。

```
<Huawei>system-view
[Huawei]sysname SW3
[SW3]stp mode stp
```

（4）配置交换机 SW4 上生成树的工作模式为 STP。

```
<Huawei>system-view
[Huawei]sysname SW4
[SW4]stp mode stp
```

（5）配置交换机 SW1 为根桥。

虽然 STP 会自动选举出根桥，但是通常情况下，会事先指定性能较好、距离网络中心较近的汇聚交换机或核心交换机作为根桥。本案例中的网络结构非常简单，假设交换机 SW1 和 SW2 是核心交换机，交换机 SW3 和 SW4 是接入交换机，网络管理员将通过修改交换机 SW1 的桥优先级值来保证交换机 SW1 被选举为根桥。【stp priority *priority*】命令用来设置设备的桥优先级值，"*priority*"的取值范围是 0～65535，默认值是 32768，该值要求设置为 4096 的倍数，如 4096、8192 等。另外，还可以使用一种便捷的方法来指定交换机 SW1 为根桥，即通过执行【stp root primary】命令直接指定交换机 SW1 为根桥。在 SW1 上执行了此命令后，该设备的桥优先级值会被自动设为 0，并且不能通过执行【stp priority *priority*】命令来更改该设备的桥优先级值。

```
[SW1]stp root primary
```

（6）配置交换机 SW2 为备份根桥。

指定交换机 SW2 为备份根桥，可以在交换机 SW1 发生故障时接替交换机 SW1 成为新的根桥。在 SW2 上执行【stp root secondary】命令后，该设备的桥优先级值会被自动设为 4096，且不能通过执行【stp priority *priority*】命令来进行修改。

```
[SW2]stp root secondary
```

4．案例验证

STP 基本配置结束后，等待 STP 收敛。收敛结束后可以执行【display stp [interface *interface-type interface- number*][brief] 】命令来查看生成树的状态信息与统计信息。

（1）在交换机 SW1 上执行【display stp brief】命令，查看 STP 的简要信息。

```
[SW1]display stp brief
 MSTID  Port                       Role  STP State    Protection
    0   GigabitEthernet0/0/1       DESI  FORWARDING   NONE
    0   GigabitEthernet0/0/2       DESI  FORWARDING   NONE
```

可以看到，由于交换机 SW1 是根桥，交换机 SW1 的端口 GE0/0/2 和 GE0/0/1 都是指定端口，并且均处于正常的转发状态。

（2）在交换机 SW4 上查看 STP 的简要信息。

```
[SW4]display stp brief
  MSTID  Port                    Role  STP State    Protection
    0    GigabitEthernet0/0/1    ALTE  DISCARDING   NONE
    0    GigabitEthernet0/0/2    ROOT  FORWARDING   NONE
    0    GigabitEthernet0/0/3    DESI  FORWARDING   NONE
```

可以看到，交换机 SW4 的端口 GE0/0/2 被确定为根端口，处于正常的转发状态，但它的 GE0/0/1 端口被阻塞，成为备用端口。

2.3.4　调节 STP 计时器参数

在 STP 网络中，STP 树的完全收敛需要依赖定时器的计时，端口状态从阻塞状态迁移到转发状态至少需要两倍 Forward Delay（转发延迟）的时间长度，总的收敛时间太长，一般需要几十秒。为了加快 STP 的收敛速度，可以手动修改 STP 的计时器参数。影响 STP 收敛的计时器参数主要有 Forward Delay 和 BPDU MaxAge。

在案例 2-10 的基础上，修改交换机的两个计时器参数。

（1）配置交换机 SW1 的 BPDU MaxAge 为 6s、Forward Delay 为 4s。

```
[SW1]stp timer max-age 600
[SW1]stp timer forward-delay 400
```

（2）配置交换机 SW2 的 BPDU MaxAge 为 6s、Forward Delay 为 4s。

```
[SW2]stp timer max-age 600
[SW2]stp timer forward-delay 400
```

（3）配置交换机 SW3 的 BPDU MaxAge 为 6s、Forward Delay 为 4s。

```
[SW3]stp timer max-age 600
[SW3]stp timer forward-delay 400
```

（4）配置交换机 SW4 的 BPDU MaxAge 为 6s、Forward Delay 为 4s。

```
[SW4]stp timer max-age 600
[SW4]stp timer forward-delay 400
```

（5）修改计时器参数后，执行【display stp】命令来查看生成树的状态信息。

在交换机 SW1 上执行【display stp】命令，查看生成树的状态信息。

```
[SW1]display stp
-------[CIST Global Info][Mode STP]-------
CIST Bridge        :0      .4c1f-cc03-16b8
Config Times       :Hello 1s MaxAge 6s FwDly 4s MaxHop 20
Active Times       :Hello 1s MaxAge 6s FwDly 4s MaxHop 20
CIST Root/ERPC     :0      .4c1f-cc03-16b8 / 0
CIST RegRoot/IRPC  :0      .4c1f-cc03-16b8 / 0
---省略部分显示内容---
```

可以看到，交换机 SW1 的 STP MaxAge 变成了 6s，Forward Delay 变成了 4s。

2.4　快速生成树协议

STP 虽然能够解决环路问题，但是收敛速度慢，当网络拓扑发生变化时，STP 重新收敛需要较长的时间。当前生产环境对网络的依赖度越来越高，等待时间过长会严重影响业务效率。快速生成树协议（Rapid Spanning Tree Protocol，

V2-4　快速生成树协议

RSTP）的提出弥补了 STP 的缺陷。

RSTP 的标准为 IEEE 802.1w，它改进了 STP，缩短了网络的收敛时间。RSTP 的收敛时间最快可以缩短到 1s 以内，在拓扑发生变化时能快速恢复网络的连通性。RSTP 的算法和 STP 的基本一致。

2.4.1 RSTP 的特点

1. RSTP 的端口角色

RSTP 在 STP 的基础上，增加了两种端口角色：替代（Alternate）端口和备份（Backup）端口。因此，RSTP 中共有 4 种端口角色：根端口、指定端口、替代端口、备份端口。替代端口和备份端口的定义如下。

（1）替代端口

替代端口可以简单地理解为根端口的备份，它是非根桥收到了其他设备发送的 BPDU 后被阻塞的端口。如果设备的根端口发生故障，那么替代端口可以成为新的根端口，这加快了网络的收敛过程。如图 2-34 所示，交换机 SW1 是网络中的根桥，对于交换机 SW3 而言，它有两个端口接入了该网络，从 GE0/0/22 端口到达根桥的 RPC 更小，因此该端口为该设备的根端口，其 GE0/0/23 由于收到了交换机 SW2 所发送的 BPDU，并且经过交换机 SW3 计算后决定阻塞，而成为该设备的替代端口。

此时，在交换机 SW3 上执行【display stp brief】命令，输出如下信息。

```
<SW3>display stp brief
MSTID    Port                    Role      STP State      Protection
0        GigabitEthernet0/0/22   ROOT      FORWARDING     NONE
0        GigabitEthernet0/0/23   ALTE      DISCARDING     NONE
```

在输出信息中，ALTE 即表示 Alternate。

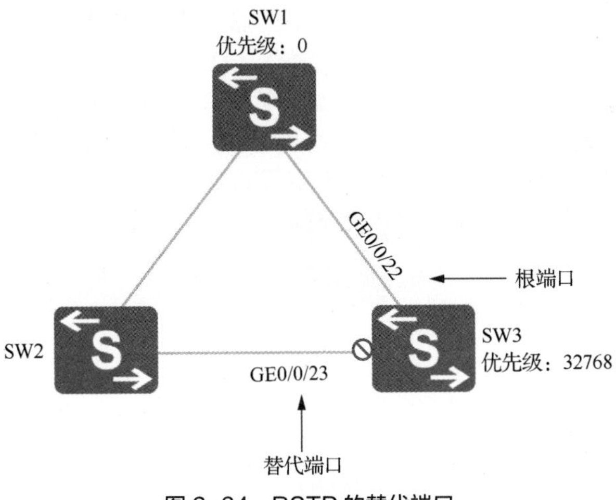

图 2-34　RSTP 的替代端口

（2）备份端口

备份端口是指交换机由于收到了自己发送的 BPDU 从而被阻塞的端口。如果一台交换机上有多个端口接入同一个网段，并且在这些端口中有一个被选举为该网段的指定端口，那么这些端口中的其他端口将被选举为备份端口，备份端口将作为该网段到达根桥的冗余端口。通常情况下，备份端口处于丢弃状态。如图 2-35 所示，交换机 SW1 是网络中的根桥，对于交换机 SW2 而言，GE0/0/20 端口及 GE0/0/21 端口形成了自环，RSTP 能够检测到这个环路，并且在两个端口中选择一个进行阻塞。默认情况下，由于 GE0/0/20 端口的 PID 更小，因此该端口成为指定端口，而 GE0/0/21 端口成为备份端口，备份端口将被阻塞。

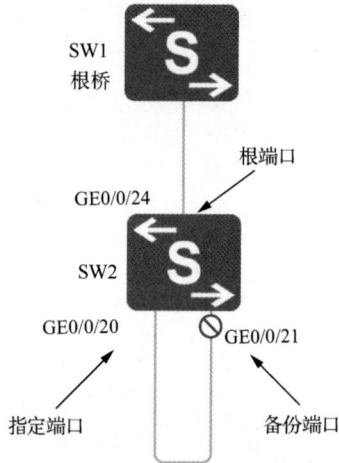

图 2-35　RSTP 的备份端口

此时，在交换机 SW2 上执行【display stp brief】命令，输出如下信息。

```
<SW2>display stp brief
MSTID    Port                      Role     STP State       Protection
  0      GigabitEthernet0/0/24     ROOT     FORWARDING      NONE
  0      GigabitEthernet0/0/20     DESI     FORWARDING      NONE
  0      GigabitEthernet0/0/22     BACK     DISCARDING      NONE
```

在输出信息中，BACK 即表示 Backup。

图 2-35 所示的场景似乎没有什么实际意义，毕竟通过一条链路进行自环看起来确实没有必要，这可能是人为误接线缆造成的。图 2-36 展示了另外一种存在备份端口的场景，交换机 SW2 使用两个端口连接到同一台集线器（Hub）上，集线器在一个端口上收到的数据会被复制到其他所有端口（且其不支持 STP/RSTP）上，因此交换机 SW2 从 GE0/0/20 端口发送出去的 BPDU 会被集线器接收并发往交换机 SW2 的 GE0/0/21 端口，反之 SW2 从 GE0/0/21 端口发送出去的 BPDU 会被集线器接收并发往交换机 SW2 的 GE0/0/20 端口。

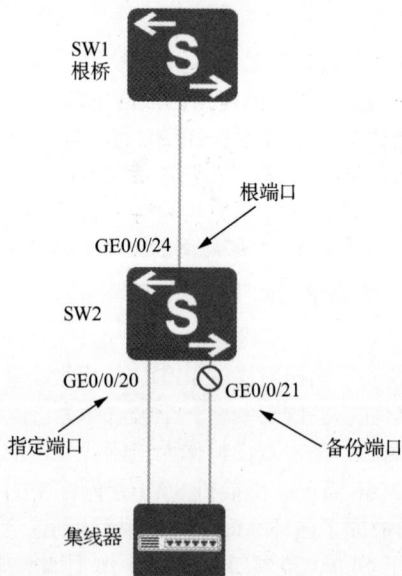

图 2-36　另外一种存在备份端口的场景

当交换机 SW2 的指定端口 GE0/0/20 发生故障时，备份端口 GE0/0/21 将变为指定端口，以确保通信不中断。

2. RSTP 的端口状态

STP 中定义了 5 种端口状态，而 RSTP 中简化了端口状态，将 STP 的禁用、阻塞及监听状态简化为丢弃（Discarding）状态，学习状态和转发状态则被保留了下来。如果端口不转发用户数据帧也不学习 MAC 地址，那么端口状态就是丢弃状态。如果端口不转发用户数据帧但是学习 MAC 地址，那么端口状态就是学习状态。如果端口既转发用户数据帧又学习 MAC 地址，那么端口状态就是转发状态。

3. RSTP 的 BPDU 报文

RSTP 的 BPDU 被称为 RST BPDU，其格式与 STP 的 BPDU 大体相同，只是对其中的个别字段做了修改，以便适应新的工作机制和特性。对 RST BPDU 来说，"协议版本 ID"字段的值为 0x02，"BPDU 类型"字段的值也为 0x02。最重要的变化体现在"标志"字段中，该字段一共 8 位，STP 只使用了其中的最低位和最高位，而 RSTP 在 STP 的基础上使用了剩余的 6 位，并分别对这些位进行了定义，如图 2-37 所示。

TCA （1位）	Agreement （1位）	Forwarding （1位）	Learning （1位）	Port Role （2位）	Proposal （1位）	TC （1位）

图 2-37　RST BPDU 的"标志"字段定义

STP 使用的"标志"字段的最高及最低位，在 RST BPDU 中，其定义及作用不变。另外，Agreement（同意）及 Proposal（提议）位用于 RSTP 的 P/A（Proposal/Agreement）机制，该机制大大地提升了 RSTP 的收敛速度。Port Role（端口角色）的长度为 2 位，它用于标识该 RST BPDU 发送端口的端口角色，01 表示根端口，10 表示替代端口，11 表示指定端口，而 00 则被保留使用，即备份端口（以上的值都是二进制格式）。最后，Forwarding（转发）及 Learning（学习）位用于表示该 RST BPDU 发送端口的端口状态。

RSTP 与 STP 不同，在网络稳定后，无论是根桥还是非根桥，都将周期性地发送配置 BPDU，也就是说，对于非根桥而言，它们不用在根端口上收到 BPDU 之后，再被触发以产生自己的配置 BPDU，而是自发地、周期性地发送 BPDU。

RSTP 在 BPDU 处理上的另一点改进是对于次优 BPDU 的处理。运行 STP 的交换机在每个端口上保存一份 BPDU，对于根端口及非指定端口而言，交换机保存的是发送自上游交换机的 BPDU，而对于指定端口而言，交换机保存的是自己根据根端口的 BPDU 所计算出的 BPDU。如果端口收到一份 BPDU，且该端口当前所保存的 BPDU 比接收的 BPDU 更优，那么后者对于前者而言就是次优 BPDU。在 STP 中，当指定端口收到次优 BPDU 时，它将立即发送自己的 BPDU，而对于非指定端口，当其收到次优 BPDU 时，它将等待端口所保存的 BPDU 老化之后，再重新计算新的 BPDU，并将新的 BPDU 发送出去，这将导致非指定端口需要最长约 20s 的时间才能启动状态迁移。在 RSTP 中，无论端口的角色如何，只要端口收到次优 BPDU，便立即发送自己的 BPDU，这个变化使 RSTP 的收敛速度更快。

4. 边缘端口

运行了 STP 的交换机，其端口在初始启动之后，会进入阻塞状态，如果该端口被选举为根端口或指定端口，那么它需经历监听状态及学习状态，最终进入转发状态，也就是说，一个端口从初始启动之后到进入转发状态至少需要耗费 30s 的时间。对于交换机上连接到交换网络的端口而言，经历上述过程是必要的，毕竟该端口存在产生环路的风险，然而，有些端口引发环路的风险是非常低的，如交换机连接终端设备（PC 或服务器等）的端口，如果这些端口启动之后依然要经历上述过程就太低效了，用户也希望 PC 接入交换机后能立即连接到网络，而不是再等待一段时间。

在 RSTP 中，可以将交换机的端口配置为边缘端口（Edge Port）来解决上述问题。边缘端口默认不参与生成树计算，当边缘端口被激活之后，它可以立即切换到转发状态并开始收发业务流量，而不用经历转发延迟时间，因此工作效率大大提高了。另外，边缘端口的关闭或激活并不会触发 RSTP 拓扑变更。在实际项目中，通常会把用于连接终端设备的端口配置为边缘端口。如图 2-38 所示，交换机 SW2 的 GE0/0/1、GE0/0/2 及 GE0/0/3 均可被配置为边缘端口。

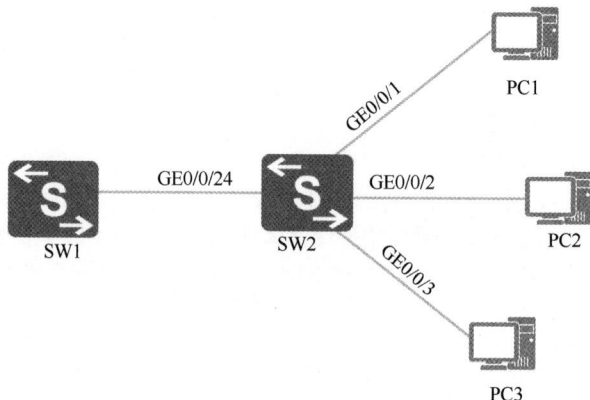

图 2-38　RSTP 边缘端口

以图 2-38 中的交换机 SW2 为例，将其 GE0/0/1～GE0/0/3 端口都配置为边缘端口的命令如下。

```
[SW2]interface GigabitEthernet 0/0/1
[SW2-GigabitEthernet 0/0/1]stp edged-port enable
[SW2]interface GigabitEthernet 0/0/2
[SW2-GigabitEthernet 0/0/2]stp edged-port enable
[SW2]interface GigabitEthernet 0/0/3
[SW2-GigabitEthernet 0/0/3]stp edged-port enable
```

5. P/A 机制

P/A 机制是交换机之间的一种握手机制。RSTP 通过 P/A 机制来保证一个指定端口能够从丢弃状态快速进入转发状态，从而加快生成树的收敛。

如图 2-39 所示，网络管理员在交换机 SW1 与 SW2 之间新增了一条链路。交换机 SW1 是此时网络中桥优先级最高的交换机，因此它将成为该网络的根桥，它的 GE0/0/1 端口将成为指定端口，而交换机 SW2 的 GE0/0/2 端口将成为根端口。如果网络中运行 STP，那么虽然这两个端口的角色分别是指定端口和根端口，但是它们必须经历监听状态和学习状态之后才能进入转发状态，在这段时间内，PC2 显然是无法与 PC1 通信的。而如果网络中运行的是 RSTP，那么这个过程可能只需要花费数秒的时间。

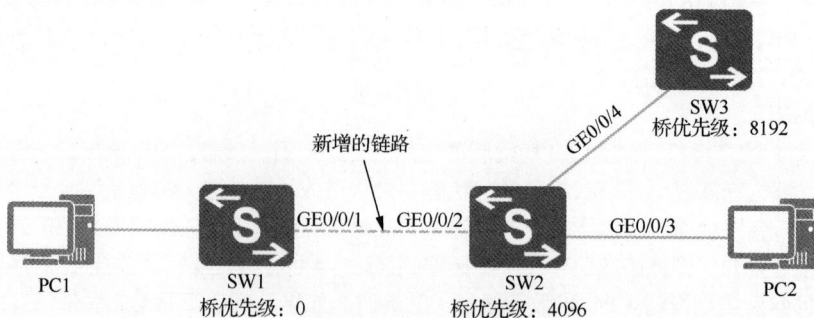

图 2-39　P/A 机制

如果网络中运行的是 RSTP，则当交换机 SW1 与 SW2 之间新增了一条链路后，生成树收敛过程如下。

（1）交换机 SW1 与 SW2 立即在各自的端口上发送 BPDU，初始时双方都认为自己是根桥，如图 2-40 所示。

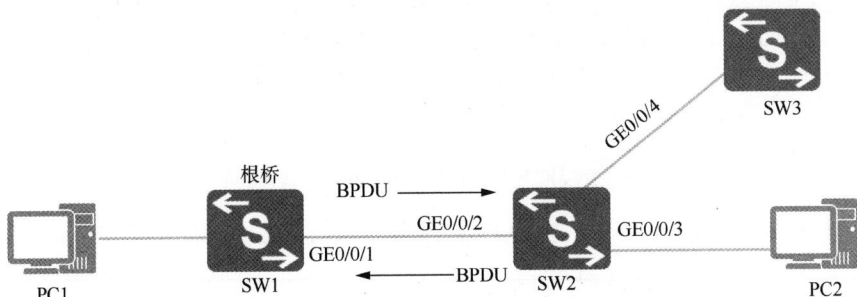

图 2-40　交换机 SW1 和 SW2 立即发送 BPDU

（2）经过 BPDU 交互后，交换机 SW2 认为交换机 SW1 才是当前的根桥，此时交换机 SW1 的 GE0/0/1 端口是指定端口，而交换机 SW2 的 GE0/0/2 端口为根端口，该端口将立即停止发送 BPDU。这两个端口当前都处于丢弃状态。

（3）P/A 过程将在交换机 SW1 与 SW2 之间发生。交换机 SW1 的 GE0/0/1 端口为指定端口且处于丢弃状态，因此交换机 SW1 从 GE0/0/1 端口发送 Proposal 置位的 BPDU，如图 2-41 所示。

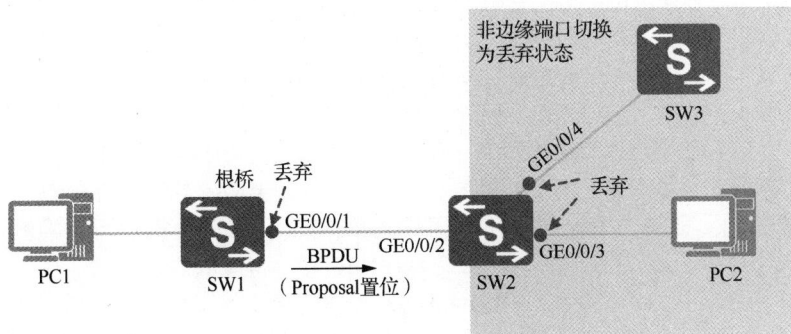

图 2-41　交换机 SW1 发送 Proposal 置位的 BPDU

（4）交换机 SW2 收到 Proposal 置位的 BPDU 后，立即启动一个同步过程。此时，RSTP 的机制是确保指定端口（交换机 SW1 的 GE0/0/1）能够快速地进入转发状态，为了达到这个目的，必须确保该端口进入转发状态后网络中不存在环路，因此交换机 SW2 会先将本地的所有非边缘端口全部阻塞，再答复交换机 SW1 这里并不存在环路，使交换机 SW1 将端口切换到转发状态。已经处于丢弃状态的端口默认已完成同步，而边缘端口不参与该过程，除此之外，交换机处于转发状态的指定端口需切换到丢弃状态以便完成同步。在图 2-41 中，交换机 SW2 收到交换机 SW1 发送的 Proposal 置位的 BPDU 后便立即启动同步过程，假设 GE0/0/3 端口被配置为边缘端口，GE0/0/4 端口是非边缘端口，那么 GE0/0/3 端口不参与该过程，而 GE0/0/4 端口则立即被切换到丢弃状态。

（5）现在交换机 SW2 的所有端口均已完成了同步，交换机 SW2 清楚地知道本地的端口不存在环路，它立即将根端口 GE0/0/2 切换到转发状态，并从该端口向交换机 SW1 发送 Agreement 置位的 BPDU，如图 2-42 所示。

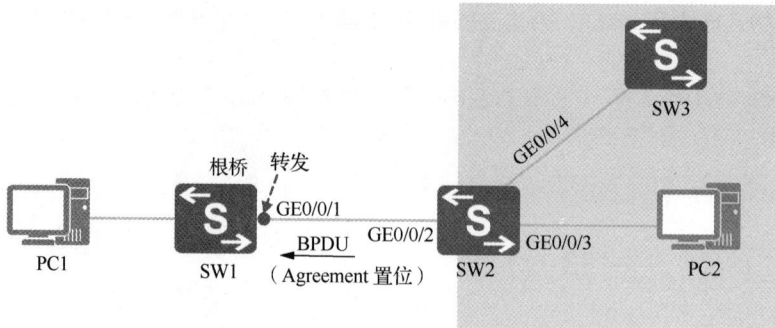

图 2-42　交换机 SW2 发送 Agreement 置位的 BPDU

（6）交换机 SW1 在 GE0/0/1 端口上收到 Agreement 置位的 BPDU 后，立即将该端口切换到转发状态，此时 PC2 与 PC1 即可通信。

整个 P/A 过程以非常快的速度完成，在新增链路出现后的极短时间内，PC2 即可与 PC1 进行通信。另外，交换机 SW2 的指定端口 GE0/0/4 此时依然处于丢弃状态，因此该端口也将向下游交换机发起一个 P/A 过程，具体过程同理。从以上的描述可以知道 P/A 机制的引入大大地提高了 RSTP 的收敛效率。

6. RSTP 的保护功能

华为交换机支持多种保护功能，这些功能提升了 RSTP 的稳定性。

（1）BPDU 保护

由于人为疏忽，边缘端口也可能会被误接交换设备，一旦交换设备连接到边缘端口，就会引入环路隐患。因此，如果边缘端口连接了交换设备，并收到了 BPDU，则该端口立即变为一个普通的生成树端口，在此过程中可能会引发网络中的 RSTP 重新进行计算，从而对网络造成影响。这种疏忽同时引入了二层环路的隐患。另外，如果攻击者连接到了边缘端口，并针对该端口发起了 BPDU 攻击，则将对网络造成极大影响。在华为交换机上，可以通过激活 BPDU 保护（BPDU Protection）功能解决上述问题。当交换机激活该功能后，如果边缘端口收到 BPDU，则交换机会立即把该端口关闭（即置为 Error-Down），同时触发告警。在交换机的系统视图中执行【stp bpdu-protection】命令，可以在所有边缘端口上激活 BPDU 保护功能。

以图 2-43 所示拓扑为例，讲解如何激活 BPDU 保护功能。

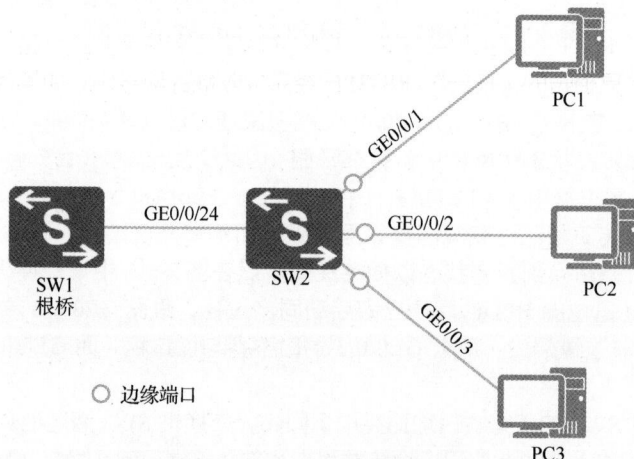

图 2-43　激活 BPDU 保护功能示例拓扑

可以在交换机 SW2 上进行如下配置。

```
[SW2]interface GigabitEthernet 0/0/1
[SW2-GigabitEthernet 0/0/1]stp edged-port enable
[SW2]interface GigabitEthernet 0/0/2
[SW2-GigabitEthernet 0/0/2]stp edged-port enable
[SW2]interface GigabitEthernet 0/0/3
[SW2-GigabitEthernet 0/0/3]stp edged-port enable
[SW2]stp bpdu-protection
```

完成上述配置后查看交换机的 RSTP 端口状态。

```
<SW2>display stp brief
MSTID    Port                      Role     STP State     Protection
0        GigabitEthernet0/0/1      DESI     FORWARDING    BPDU
0        GigabitEthernet0/0/2      DESI     FORWARDING    BPDU
0        GigabitEthernet0/0/3      DESI     DISCARDING    BPDU
0        GigabitEthernet0/0/24     ROOT     DISCARDING    NONE
```

从以上结果中可以看出，由于 GE0/0/1、GE0/0/2 及 GE0/0/3 都被配置为边缘端口，这些端口都将激活 BPDU 保护功能（Protection 列显示为 BPDU），而 GE0/0/24 并非边缘端口，因此不会激活 BPDU 保护功能。

此时，如果交换机 SW2 的 GE0/0/1 端口收到了 BPDU，则交换机将立即产生如下告警信息，并将 GE0/0/1 端口关闭。

```
 Jan  4 2020 18:33:00-08:00 SW2 %%01MSTP/4/BPDU_PROTECTION(l)[60]:This edged-port
 GigabitEthernet0/0/1 that enabled BPDU-Protection will be shutdown, because it received BPDU packet!
```

如果受保护的边缘端口因收到了 BPDU 而被关闭，则默认是不会自动恢复的，网络管理员需在该端口的配置视图中先后执行【shutdown】及【undo shutdown】命令，或者直接执行【restart】命令来恢复端口。除了使用上述命令手动恢复端口之外，还可以使端口自动恢复。在系统视图中执行【error down auto-recovery cause bpdu-protection interval *interval-value*】命令即可配置端口的自动恢复功能。执行上述命令，端口在被关闭后，将在延迟 interval 关键字所指定的时间（30～86400s）后自动恢复。

（2）根保护

对于一个部署了 RSTP 的交换网络来说，根桥的地位是至关重要的，因为 RSTP 所计算出的无环拓扑与根桥是息息相关的。在一个 RSTP 已经完成收敛的网络中，如果根桥发生变化，那么势必导致 RSTP 重新进行计算，此时该网络所承载的业务流量必将受到影响。一般来说，RSTP 会选择网络中性能最优、位置最关键的设备作为根桥，将其优先级值设置为最小值 0，然而，这个措施未必能绝对保证该设备永远是网络中的根桥，因为根桥的角色是可抢占的。在图 2-44 中，交换机 SW1 的优先级值被设置为 0，它将成为生产网络中的根桥，此时，第三方网络为了实现与生产网络的通信，将该网络中的交换机 SW4 连接到了交换机 SW1 上。对接之前交换机 SW4 的优先级值已经被配置为 0，且恰巧其 MAC 地址较交换机 SW1 更小，因此，一旦交换机 SW4 与 SW1 完成对接，前者将抢占交换机 SW1 的地位并成为网络中新的根桥，这个改变将会导致生产网络的 RSTP 重新进行计算，从而对生产网络造成影响。

在交换机 SW1 的相关端口上部署根保护（Root Protection）功能，可以规避以上问题。当根桥的指定端口激活根保护功能后，如果该端口收到更优的 BPDU，则会忽略这些 BPDU，并将端口切换到丢弃状态，这样，根桥的地位得以保持。对于图 2-44 中的交换机 SW1，根保护功能的配置如下。

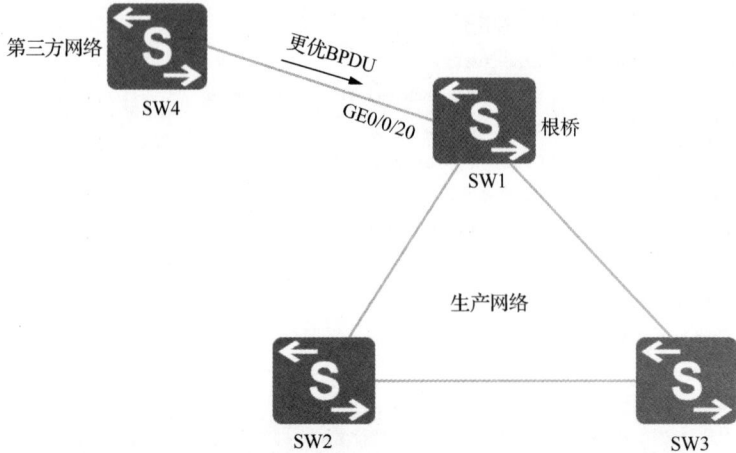

图2-44　根保护

```
[SW1]interface GigabitEthernet 0/0/20
[SW1-GigabitEthernet0/0/20]stp root-protection
```

完成上述配置后，可以查看交换机 SW1 端口的 RSTP 状态。

```
<SW1>display stp brief
MSTID          Port                           Role    STP State     Protection
 0             GigabitEthernet0/0/20          DESI    FORWARDING    ROOT
```

当交换机 SW4 发送的 BPDU 到达交换机 SW1 的 GE0/0/20 端口后，交换机 SW1 将立即把端口切换到丢弃状态。

```
<SW1>display stp brief
MSTID          Port                           Role    STP State     Protection
 0             GigabitEthernet0/0/20          DESI    DISCARDING    ROOT
```

值得注意的是，根保护功能只有在指定端口上激活才会有效。当激活了根保护功能的指定端口收到更优的 BPDU 时，它将忽略这些 BPDU，并立即将端口切换到丢弃状态。如果激活了根保护功能的端口不再收到更优的 BPDU，则一段时间后（通常为转发延迟时间的两倍），它将会自动恢复到转发状态。

（3）环路保护

在图 2-45 中，交换机 SW1 是网络中的根桥，交换机 SW3 的 GE0/0/22 是根端口，GE0/0/23 是替代端口并处于丢弃状态。以交换机 SW3 的 GE0/0/23 端口为例，该端口虽然处于丢弃状态，但是会持续监听 BPDU，当网络正常时，交换机 SW3 会在该端口上周期性地收到 BPDU。假设交换机 SW2 及 SW3 通过光纤互连，现在该光纤出现了单向故障，例如，从 SW2 到 SW3 的通路发生了故障，但是从交换机 SW3 到 SW2 的通路是正常的。此时，交换机 SW2 发送的 BPDU 将无法正常到达交换机 SW3 的 GE0/0/23 端口，这将导致交换机 SW3 认为 GE0/0/23 端口的上游设备发生了故障，一段时间后，该端口将会成为指定端口并切换到转发状态，并开始发送业务流量。值得注意的是，此时交换机 SW2 并未发生故障，一旦交换机 SW3 的 GE0/0/23 端口切换到转发状态，网络中就出现了环路。

交换机的根端口及处于丢弃状态的替代端口都可能出现上述问题。在网络正常时，这些端口将持续收到 BPDU，而当网络中出现链路单向故障或者网络拥塞等问题时，这些端口将无法正常地接收 BPDU，这会导致交换机进行 RSTP 重计算，此时端口的角色及状态便会发生改变，这就有可能在网络中引入环路。使用环路保护（Loop Protection）功能可以规避上述问题。环路保护功能主要有以下两种。

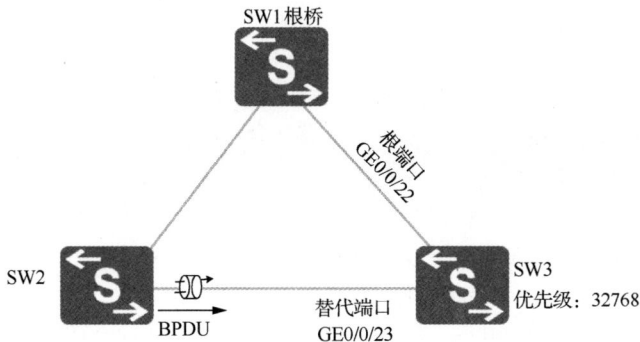

图 2-45　环路保护

① 在根端口上激活环路保护功能。如果该端口长时间没有收到 BPDU，那么交换机将会重新选举根端口，并将该端口的角色调整为指定端口，此时，交换机会将该端口的状态切换到丢弃状态，从而避免环路的发生。

以图 2-45 所示的拓扑为例，当网络完成收敛后，交换机 SW3 的 GE0/0/22 端口将成为根端口并处于转发状态，而 GE0/0/23 端口则被选举为替代端口并处于丢弃状态。此时，可以使用如下命令在交换机 SW3 的 GE0/0/22 端口上激活环路保护功能。

```
[SW3]interface GigabitEthernet 0/0/22
[SW3-GigabitEthernet0/0/23]stp loop-protection
```

完成上述配置后，在交换机 SW3 上执行【display stp brief】命令，查看 STP 端口状态。

```
<SW3>display stp brief
MSTID    Port                       Role     STP State       Protection
0        GigabitEthernet0/0/22      ROOT     FORWARDING      LOOP
0        GigabitEthernet0/0/23      ALTE     DISCARDING      NONE
```

此时，如果 GE0/0/22 端口长时间没有收到 BPDU，则交换机会将该端口调整为指定端口，并将其切换到丢弃状态，直到该端口再次收到 BPDU 为止。

② 在替代端口上激活环路保护功能后，如果该端口长时间没有收到 BPDU，那么交换机会将该端口的角色调整为指定端口，但是将其状态保持在丢弃状态，从而避免环路的出现。以图 2-45 所示的拓扑为例，交换机 SW3 的 GE0/0/23 端口为替代端口，激活环路保护功能的相关配置如下。

```
[SW3]interface GigabitEthernet 0/0/23
[SW3-GigabitEthernet0/0/23]stp loop-protection
```

上述配置完成后，在交换机 SW3 上执行【display stp brief】命令，查看 STP 端口状态。

```
<SW3>display stp brief
MSTID    Port                       Role     STP State       Protection
0        GigabitEthernet0/0/22      ROOT     FORWARDING      LOOP
0        GigabitEthernet0/0/23      ALTE     DISCARDING      LOOP
```

完成上述配置后，如果交换机 SW3 的 GE0/0/23 端口长时间没有收到 BPDU，则交换机会将该端口变更为指定端口，但是不会将其切换到转发状态，而是保持丢弃状态，从而避免环路的出现。

（4）拓扑变更保护

一个稳定的交换网络是不会频繁地出现拓扑变更的，一旦网络出现拓扑变更，TC BPDU（此处指的是 TC 位置位的 BPDU）将会被泛洪到全网，而这些 TC BPDU 将会触发网络中的交换机执行 MAC 地址表删除操作。如果网络环境极端不稳定导致 TC BPDU 频繁地泛洪，或者网络中存在攻击者发送大量的 TC BPDU 对网络进行攻击，那么交换机的性能将受到极大的损耗。

交换机激活拓扑变更保护（TC Protection）功能后，将在单位时间内只进行一定次数的 TC BPDU 处理，如果交换机在该时间内收到超过所设上限的 TC BPDU，则只会按照规定的次数进行处理，而对于超出的部分，必须等待一段时间后再进行处理。激活拓扑变更保护功能的命令如下。

```
[SW]stp tc-protection
```

交换机激活拓扑变更保护功能后，在单位时间内（默认为 2s，相当于一个 Hello Time）只会处理一次 TC BPDU，如果在该时间内收到了多个 TC BPDU，则这些报文只能在超时后才会被处理。拓扑变更保护功能默认单位时间可以通过如下命令进行修改。

```
[SW]stp tc-protection interval interval-value
```

拓扑变更保护的默认单位时间内，处理 TC BPDU 的次数可以通过如下命令进行修改。

```
[SW]stp tc-protection threshold value
```

2.4.2　RSTP 的基本配置与验证

【案例 2-11】RSTP 的基本配置与验证。

1. 案例背景与要求

根据图 2-46 所示的 RSTP 拓扑，在交换机 SW1、SW2、SW3、SW4 上部署 RSTP。要求：完成配置后，交换机 SW4 的 GE0/0/20 端口被阻塞，在交换机 SW4 上查看 STP 端口状态和 GE0/0/20 端口的详细信息以进行验证。

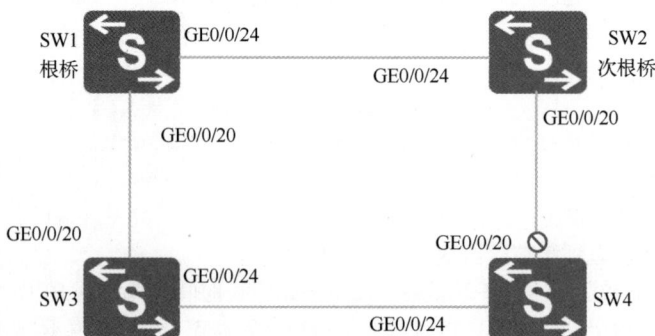

图 2-46　RSTP 拓扑

2. 案例配置过程

（1）交换机 SW1 的配置如下。

```
<Huawei>system-view
[Huawei]sysname SW1
[SW1]stp mode rstp
[SW1]stp root primary
```

（2）交换机 SW2 的配置如下。

```
<Huawei>system-view
[Huawei]sysname SW2
[SW2]stp mode rstp
[SW2]stp root secondary
```

（3）交换机 SW3 的配置如下。

```
<Huawei>system-view
[Huawei]sysname SW3
[SW3]stp mode rstp
```

（4）交换机 SW4 的配置如下。

```
<Huawei>system-view
[Huawei]sysname SW4
[SW4]stp mode rstp
[SW4]interface GigabitEthernet 0/0/20
[SW4-GigabitEthernet0/0/20]stp cost 100000        //修改接口开销值
```

3. 案例验证

（1）查看交换机 SW4 的 STP 端口状态。

```
[SW4]display stp brief
MSTID     Port                   Role      STP State     Protection
  0       GigabitEthernet0/0/20  ALTE      DISCARDING    NONE
  0       GigabitEthernet0/0/24  ROOT      FORWARDING    NONE
```

（2）查看交换机 SW4 的 GE0/0/20 端口的详细信息。

```
[SW4]display stp interface GigabitEthernet 0/0/20
-------[CIST Global Info][Mode RSTP]-------
CIST Bridge          :32768.4c1f-cc3e-291d
Config Times         :Hello 2s MaxAge 20s FwDly 15s MaxHop 20
Active Times         :Hello 2s MaxAge 20s FwDly 15s MaxHop 20
CIST Root/ERPC       :0    .4c1f-cc11-6e86 / 40000
CIST RegRoot/IRPC    :32768.4c1f-cc3e-291d / 0
CIST RootPortId      :128.24
BPDU-Protection      :Disabled
TC or TCN received   :33
TC count per hello   :0
STP Converge Mode    :Normal
Time since last TC   :0 days 0h:0m:42s
Number of TC         :12
Last TC occurred     :GigabitEthernet0/0/24
----[Port20(GigabitEthernet0/0/20)][DISCARDING]----
---省略部分显示内容---
```

本章总结

　　本章先介绍了交换网络基础、交换机的基本设置、VLAN 的基本理念和配置，再讲解了冗余性与 STP、STP 的工作原理、STP 的配置、调节 STP 计时器参数的方法，最后通过分析 RSTP 的特点，对园区网设计示例进行了基本配置与验证。

　　通过对本章的学习，读者应该对交换网络有一定的了解，能够充分理解 VLAN 实现广播域隔离的原理，可以熟练地配置 VLAN、STP 和 RSTP。

习题

一、选择题

1. 一台交换机有 8 个端口，一个单播帧从某一个端口进入了该交换机，但交换机在 MAC

地址表中查不到关于该帧的目的 MAC 地址的表项，那么交换机对该帧进行的转发操作是
（　　　）。

  A．丢弃　　　　　　　　　　　　　　B．泛洪

  C．点对点转发　　　　　　　　　　　　D．可能泛洪，也可能点对点转发

 2．一台交换机有 8 个端口，一个单播帧从某一个端口进入了该交换机，交换机在 MAC 地址表中查到了关于该帧的目的 MAC 地址的表项，那么交换机对该帧进行的转发操作是（　　　）。

  A．一定是点对点转发　　　　　　　　　B．一定是丢弃

  C．可能是点对点转发，也可能是丢弃　　D．一定是泛洪

 3．标准规定，MAC 地址表中的倒数计时器的默认初始值是（　　　）。

  A．100s　　　　　　B．5min　　　　　　C．30min　　　　　　D．60min

 4．携带 ARP 应答报文的帧应该是（　　　）。

  A．广播帧　　　　　B．组播帧　　　　　C．单播帧　　　　　D．任播帧

 5．携带 ARP 请求报文的帧应该是（　　　）。

  A．广播帧　　　　　B．组播帧　　　　　C．单播帧　　　　　D．任播帧

 6．在计算机网络中，（　　　）方式基于目标 MAC 地址来转发数据包。

  A．电路交换　　　　B．报文交换　　　　C．存储转发交换　　D．虚拟电路交换

 7．在以太网中，交换机（　　　）学习 MAC 地址。

  A．通过 ARP　　　　　　　　　　　　　B．通过 RARP

  C．通过监听网络接口上的数据包　　　　D．通过 ICMP

 8．Access 端口收到一个携带 VLAN ID 且 VLAN ID 与本端口 PVID 不同的数据帧，会
（　　　）。

  A．为该数据帧插入本端口的 PVID　　　B．去掉 VLAN ID 进行转发

  C．进行下一步处理　　　　　　　　　　D．丢弃该数据帧

 9．在交换网络中，（　　　）用于连接不同局域网段并提供路由功能。

  A．桥接器　　　　　B．集线器　　　　　C．路由器　　　　　D．交换机

 10．关于交换机的说法，以下哪项是正确的？（　　　）

  A．交换机不能过滤广播流量　　　　　　B．交换机不能分割碰撞域

  C．交换机不能分割广播域　　　　　　　D．交换机基于 IP 地址转发数据包

二、判断题

1．交换机可以替代路由器在网络中的作用。（　　　）

2．在存储转发交换中，交换机在接收完整的数据包后，才根据目标 MAC 地址转发数据包。
（　　　）

3．交换机的性能通常比路由器好，因为交换机只需要处理第二层的数据。（　　　）

4．在一个只有两台计算机连接的简单网络中，使用交换机和集线器是没有区别的。（　　　）

5．VLAN 可以在不改变物理网络布局的情况下，通过软件配置划分网络为多个逻辑网络。
（　　　）

第3章

路由技术

  路由技术是在网络拓扑结构中为不同节点的数据提供传输路径的技术，路由选择算法是其核心内容。路由选择算法分为静态路由选择算法和动态路由选择算法。

  本章将详细介绍路由的基本概念、静态路由和默认路由的工作原理和基本配置、OSPF 协议的相关概念，以及 VLAN 间路由的相关概念。

学习目标

① 理解路由的基本概念及路由的相关属性。

② 掌握静态路由和默认路由的工作原理和基本配置。

③ 掌握单区域OSPF协议的基本原理与配置。

④ 掌握 VLAN 间路由的概念，以及单臂路由和三层交换机的工作原理与配置。

素质目标

① 培养读者的辩证思维。

② 增强读者的团队协作精神。

③ 帮助读者形成科学严谨的学习态度。

3.1 路由基础

  网络规模的不断扩大，为"路由"的发展提供了良好的基础和广阔的平台。随着互联网对数据传输效率的要求越来越高，"路由"在网络通信过程中的作用也越来越重要，本节将介绍路由的基础知识。

V3-1 路由基础

3.1.1 路由的基本概念

1. 路由、路由器及路由表

（1）路由

  在网络通信中，路由（Route）是一个网络层的术语，作为名词时，其指从某一网络设备出发去往某个目的地的路径；作为动词时，其指跨越源主机和目的主机之间的网络来转发数据包。

（2）路由器

  路由器（Router）是执行路由动作的一种网络设备，它能够将数据包转发到正确的目的地，并在转发过程中选择最佳的路径。路由器工作在网络层。

（3）路由表

  路由表（Routing Table）是若干条路由信息的集合。在路由表中，一条路由信息也被称为一个路由项或一个路由条目，路由设备根据路由表的路由条目进行路径选择。

2．路由器的工作原理

图 3-1 所示为某公司的网络拓扑。路由器 R1 是该网络中正在运行的一台路由器，对网络设备进行配置之后，可以查看路由器 R1 的路由表。

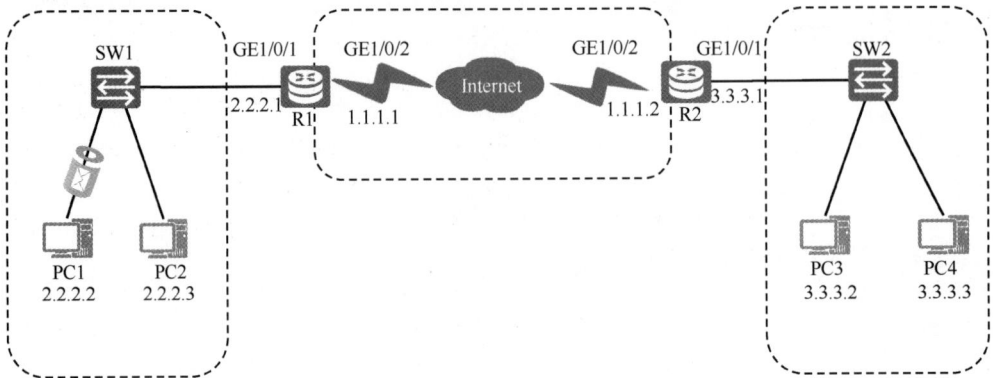

图 3-1　某公司的网络拓扑

在路由器 R1 上执行【display ip routing-table】命令便可查看路由器 R1 的路由表，在这个路由表中，一行就是一条路由信息（一个路由项或一个路由条目）。通常情况下，一条路由信息由 3 个要素组成：目的地/掩码（Destination/Mask）、出接口（Interface）和下一跳 IP 地址（NextHop）。

```
[R1]display ip routing-table
Route Flags: R - relay, D - download to fib
------------------------------------------------------------------
Destination/Mask  Proto  Pre Cost Flags  NextHop    Interface
2.2.2.0/24        Direct 0   0    D       2.2.2.1    GigabitEthernet1/0/1
2.2.2.1/32        Direct 0   0    D       127.0.0.1  InLoopBack0
3.3.3.0/24        Static 60  0    D       1.1.1.2    GigabitEthernet1/0/2
1.1.1.0/24        Direct 0   0    D       127.0.0.1  GigabitEthernet1/0/2
1.1.1.1/32        Direct 0   0    D       127.0.0.1  InLoopBack0
......
```

现在以目的地/掩码为 3.3.3.0/24 的路由项为例，具体说明路由信息的 3 个要素。

（1）3.3.3.0 是一个目的网络地址，掩码长度是 24。路由器 R1 的路由表中存在 3.3.3.0/24 路由项，因此路由器 R1 知道自己所在的网络中存在一个网络地址为 3.3.3.0 的网络。

（2）3.3.3.0 路由项的出接口是 GE1/0/2，其含义如下：如果路由器 R1 需要将一个 IP 报文送往 3.3.3.0/24 网络，那么路由器 R1 应该把这个 IP 报文从路由器 R1 的 GE1/0/2 接口发送出去。

（3）3.3.3.0 路由项的下一跳 IP 地址是 1.1.1.2，其含义如下：如果路由器 R1 需要将一个 IP 报文送往 3.3.3.0/24 网络，则路由器 R1 应该把这个 IP 报文从路由器 R1 的 GE1/0/2 接口发送出去，且这个 IP 报文离开路由器 R1 的 GE1/0/2 接口后应该到达的下一个路由器的接口的 IP 地址是 1.1.1.2。

> **补充说明：**
> ① 如果目的地/掩码中的掩码长度为 32，则目的地将是一个主机接口地址，否则目的地就是一个网络地址。通常，一个路由项的目的地是一个网络地址（即目的网络地址），且把主机接口地址视为目的地的一种特殊情况。
> ② 如果一个路由项的下一跳 IP 地址与出接口的 IP 地址相同，则说明目的网络和本地接口是一个直连网络（双方在同一个网络中）。
> ③ 下一跳 IP 地址所对应的主机接口与出接口一定位于同一个二层网络（二层广播域）中。

除了包含这 3 个要素外，一个路由项通常还包含其他属性，例如，产生这个路由项的 Protocol（路由表中的 Proto 列），该路由项的 Preference（路由表中的 Pre 列），该路由的开销值（路由表中的 Cost 列）等。

那么，路由器是如何基于 IP 路由表进行转发工作的？以前文所示的路由器 R1 的 IP 路由表为例，如果一个 IP 报文的目的 IP 地址为 3.3.3.0，那么这个 IP 报文就匹配了 3.3.3.0/24 路由项，且路由表里仅有一个 3.3.3.0 的表项，因此，路由器根据此表项进行 IP 报文的转发；当一个 IP 报文可以同时匹配多个路由项时，路由器将根据"最长掩码匹配"原则来确定一条最优路由，并根据最优路由来进行 IP 报文的转发；如果没有匹配项（包括默认路由），则路由器将丢弃该数据包。

3. 路由协议的分类

路由设备之间要相互通信，需通过路由协议来相互学习，以构建一个到达其他设备的路由信息表，再根据路由表，实现 IP 数据包的转发。路由协议的常见分类如下。

（1）根据不同路由算法分类，路由协议可分为以下两种。

① 距离矢量路由协议：通过判断数据包从源主机到目的主机所经过的路由器的个数来决定选择哪条路由，如路由信息协议（Routing Information Protocol，RIP）等。

② 链路状态路由协议：不是根据路由器的数目选择路径，而是综合考虑从源主机到目的主机间的各种情况（如带宽、延迟、可靠性、承载能力和最大传输单元等），最终选择一条最优路径，如开放最短路径优先（Open Shortest Path First，OSPF）协议、中间系统到中间系统（Intermediate System-to-Intermediate System，IS-IS）协议等。

（2）根据不同的工作范围分类，路由协议可分为以下两种。

① 内部网关协议（Interior Gateway Protocol，IGP）：在一个自治系统内进行路由信息交换的路由协议，如 RIP、OSPF 协议、IS-IS 协议等。

② 外部网关协议（Exterior Gateway Protocol，EGP）：在不同自治系统间进行路由信息交换的路由协议，如边界网关协议（Border Gateway Protocol，BGP）。

（3）根据建立路由表的方式（手动配置或自动学习）分类，路由协议可分为以下两种。

① 静态路由协议：由网络管理员手动配置路由器的路由信息。

② 动态路由协议：路由器自动学习路由信息，动态建立路由表。

3.1.2 路由表的生成与路由条目

1. 路由表的 3 种来源

路由器的路由表中可能有多条路由信息。这些路由信息主要通过 3 种方式生成：设备自动发现、手动配置或通过动态路由协议生成。人们把设备自动发现的路由信息称为直连路由（Direct Route），把手动配置的路由信息称为静态路由（Static Route），把网络设备通过运行动态路由协议而得到的路由信息称为动态路由（Dynamic Route）。

（1）直连路由

网络设备启动之后，当在设备上配置了接口的 IP 地址，并且接口状态为 Up 的时候，设备的路由表中就会出现直连路由项。

如图 3-1 所示，路由器 R1 的 GE1/0/1 接口的状态为 Up 时，路由器 R1 可以根据 GE1/0/1 接口的 IP 地址 2.2.2.1/24 推断出 GE1/0/1 接口所在网络的网络地址为 2.2.2.0/24，故路由器 R1 会将 2.2.2.0/24 作为一个路由项填写到自己的路由表中，路由器 R1 的直连路由情况如下。

```
[R1]display ip routing-table
-------------------------------------------------------------------------
```

```
Destination/Mask   Proto    Pre Cost  Flags    NextHop       Interface
2.2.2.0/24         Direct   0   0     D        2.2.2.1       GigabitEthernet1/0/1
2.2.2.1/32         Direct   0   0     D        127.0.0.1     InLoopBack0
1.1.1.0/24         Direct   0   0     D        127.0.0.1     GigabitEthernet1/0/2
1.1.1.1/32         Direct   0   0     D        127.0.0.1     InLoopBack0
......
```

这条路由是直连路由，所以其 Proto 列为 Direct，Cost 列为 0。类似的，路由器 R1 还会自动发现右侧的一条直连路由 1.1.1.0/24。

（2）静态路由

如前文所述，路由器 R1 可以自动发现 1.1.1.0/24 和 2.2.2.0/24 这两条直连路由。但在路由器 R1 的路由表中，除了自动出现这两条直连路由外，还会出现一条属性为 Static 的路由信息。这条路由信息实际上就是静态路由信息，网络管理员可以在路由器 R1 上手动配置这条路由。该路由的目的地/掩码为 3.3.3.0/24，出接口为路由器 R1 的 GE1/0/2，下一跳 IP 地址为路由器 R2 的 GE1/0/2 接口的 IP 地址 1.1.1.2，Cost 的值设定为 0。在路由器 R1 上配置的这条静态路由仅仅是路由器 R1 通往路由器 R2 的路由信息，同理，针对路由器 R2 通往路由器 R1 的 2.2.2.0/24 网络的路由信息，网络管理员可以在路由器 R2 上手动配置一条去往 2.2.2.0/24 的静态路由，这样即可实现全网互通。

（3）动态路由

网络设备可以自动学习直连路由，同时，可以通过配置静态路由添加非直连网络的路由。但当非直连网络的数量众多时，配置与维护这些网络路由信息就显得不够高效了，特别是在网络发生故障或网络结构发生改变时，必须进行手动修改，这在现实中是不可取的。

事实上，网络设备还可以通过运行动态路由协议来获取路由信息。设备运行了路由协议，所以设备的路由表中的动态路由信息能够实时地反映网络结构的变化。

路由器是可以同时运行多种路由协议的，如 RIP 和 OSPF 协议。此时，该路由器除了会创建并维护一个 IP 路由表外，还会分别创建并维护一个 RIP 路由表和一个 OSPF 协议路由表。RIP 路由表专门用来存放 RIP 发现的所有路由，OSPF 协议路由表专门用来存放 OSPF 协议发现的所有路由。通过一些优选法则的筛选后，某些 RIP 路由表中的路由项及某些 OSPF 协议路由表中的路由项才能被加入 IP 路由表中，而路由器最终是根据 IP 路由表来进行 IP 报文的转发工作的。

2. 路由优先级

路由器可以通过自动发现直连路由、手动配置静态路由或运行动态路由协议等方式学习到路由信息，当路由器通过不同的方式学习到同一个目的网络的多条路由信息时，路由器会根据路由的优先级进行路由选择，优先选择值最小的路由。

事实上，人们给不同来源的路由规定了不同的优先级，并规定优先级的值越小，路由的优先级就越高。这样，当存在多条相同的目标路由时（来源不同），具有最高优先级的路由便成了最优路由，并被加入 IP 路由表中，而其他路由处于未激活状态，不显示在 IP 路由表中。

设备上的路由优先级一般具有默认值。不同厂家生产的设备其优先级的默认值可能不同。路由的优先级如表 3-1 所示。

表 3-1　路由的优先级

路由类型	优先级的默认值
直连路由	0
OSPF 协议路由	10
静态路由	60
RIP 路由	100
BGP 路由	255

3．路由的开销

路由的开销是路由的一个非常重要的属性。一条路由的开销是指到达这条路由的目的地/掩码需要付出的代价值。当同一种路由协议发现有多条路由可以到达同一目的地/掩码时，将优选开销最小的路由，即只把开销最小的路由加入本协议的路由表中。

不同的路由协议对于开销的具体定义是不同的。例如，RIP 只能以"跳数"（Hop Count）作为开销。跳数就是指到达目的地/掩码需要经过的路由器的个数。如图 3-2 所示，假设路由器 R1、R2、R3 均运行 RIP，1.1.1.0/24 通过 RIP 会发现两条去往 3.3.3.0/24 的路由，第一条路由的路径是 R1→R2→R3，开销（跳数）为 3；第二条路由的路径为 R1→R3，开销（跳数）为 2。显然，第二条路由的开销小于第一条路由的开销，所以第二条路由为最优路由。

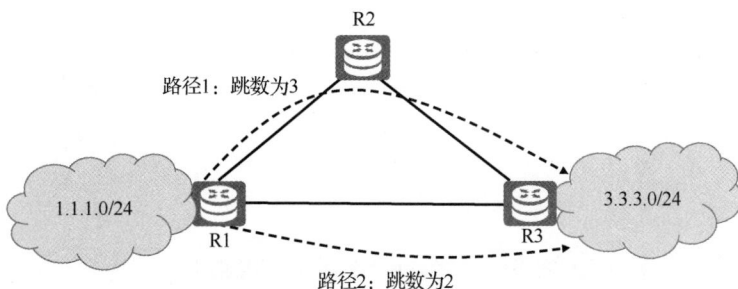

图 3-2　RIP 路由的开销

当同一种路由协议发现有多条路由可以到达同一目的地/掩码时，如果这些路由的开销是相等的，那么开销相等的路由被称为等价路由。在这种情况下，这两条路由都会被加入路由器的 RIP 路由表中。如果 RIP 路由表中的这两条路由都能够被优选进入 IP 路由表，那么一部分流量会根据第一条路由进行转发，另一部分流量会根据第二条路由进行转发，这种情况也被称为负载均衡（Load Balance）。

需要特别强调的是，因为不同的路由协议对于开销的具体定义是不同的，所以开销值大小的比较只在同一种路由协议内才有意义，不同路由协议之间的路由开销值没有可比性，也不存在换算关系。

3.2　静态路由和默认路由

路由表中的路由信息主要包括直连路由、静态路由和动态路由 3 种。其中，静态路由是由网络管理员手动添加的一种路由，其无法根据网络拓扑的变化动态更新，但不会占用太多的硬件资源和网络带宽，适用于规模较小的网络环境。默认路由是一种特殊的静态路由。

V3-2　静态路由和
默认路由

3.2.1　静态路由

1．静态路由的含义

静态路由是指通过手动方式为路由器配置的路由信息，可以简单地使路由器获知到达目的网络的路由。

2．静态路由的优缺点

优点：静态路由配置简单、路由器资源负载小、可控性强等。

缺点：不能动态反映网络拓扑，当网络拓扑发生变化时，网络管理员必须手动配置并改变路由表，因此静态路由不适用于大型网络。

3．静态路由的配置

【案例 3-1】静态路由的配置。

（1）案例背景与要求

图 3-3 所示为一个简单的静态路由网络拓扑，在路由器 R1 和路由器 R2 上配置静态路由，实现网络的互联互通。

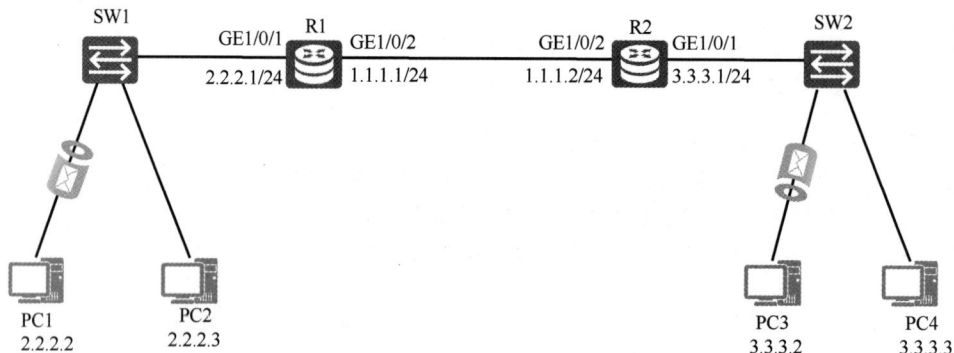

图 3-3　一个简单的静态路由网络拓扑

（2）案例配置思路

① 在路由器 R1 上配置一条静态路由，目的地/掩码为 3.3.3.0/24，出接口为 GE1/0/2，下一跳 IP 地址为 1.1.1.2。

② 在路由器 R2 上配置一条静态路由，目的地/掩码为 2.2.2.0/24，出接口为 GE1/0/2，下一跳 IP 地址为 1.1.1.1。

（3）案例配置过程

在路由器上配置静态路由时，需要进入系统视图，执行【ip route-static *ip-address* {*mask* | *mask-length*} {*nexthop-address* | *interface-type interface-number* [*nexthop-address*]}[preference *preference*]】命令，其中，"*ip-address*{*mask*|*mask-length*}"表示目的地/掩码，"*nexthop-address*"表示下一跳 IP 地址，"*interface-type interface-number*"表示出接口，"preference *preference*"表示路由的优先级的值。

① 配置路由器 R1。

```
<Huawei>system-view
[Huawei]sysname R1
[R1]ip route-static 3.3.3.0 24 1.1.1.2
```

② 配置路由器 R2。

```
<Huawei>system-view
[Huawei]sysname R2
[R2]ip route-static 2.2.2.0 24 1.1.1.1
```

（4）案例验证

完成以上配置后，在路由器 R1 的系统视图中执行【display ip routing-table】命令，查看其路由表。输出结果显示，路由器 R1 的路由表中已经有一条关于 3.3.3.0/24 的静态路由信息，其默认优先级的值为 60。

```
[R1]display ip routing-table
Route Flags: R - relay, D - download to fib
------------------------------------------------------------------------
```

```
Destination/Mask    Proto    Pre    Cost    Flags    NextHop      Interface
2.2.2.0/24          Direct   0      0       D        2.2.2.1      GigabitEthernet1/0/1
2.2.2.1/32          Direct   0      0       D        127.0.0.1    InLoopBack0
3.3.3.0/24          Static   60     0       D        1.1.1.2      GigabitEthernet1/0/2
1.1.1.0/24          Direct   0      0       D        127.0.0.1    GigabitEthernet1/0/2
1.1.1.1/32          Direct   0      0       D        127.0.0.1    InLoopBack0
......
```

3.2.2　默认路由

1. 默认路由的含义

人们把目的地/掩码为 0.0.0.0/0 的路由称为默认路由。计算机或路由器的 IP 路由表中可能存在默认路由，也可能不存在默认路由。如果网络设备的路由表中存在默认路由，那么当一个待发送或待转发的 IP 报文不能匹配 IP 路由表中的任何非默认路由时，网络设备就会根据默认路由进行发送或转发；如果网络设备的 IP 路由表中不存在默认路由，那么当一个待发送或待转发的 IP 报文不能匹配 IP 路由表中的任何路由时，该 IP 报文就会被直接丢弃。

2. 默认路由的配置

【案例 3-2】默认路由的配置。

（1）案例背景与要求

图 3-4 所示的网络拓扑是对图 3-3 所示的网络拓扑的扩展，其中，路由器 R3 是因特网服务提供方（Internet Service Provider，ISP）路由器，并且假设路由器 R3 上已经有了通往 Internet 的路由。要求网络管理员配置路由器，使所有的 PC 都能够互通，并且都能够访问 Internet。

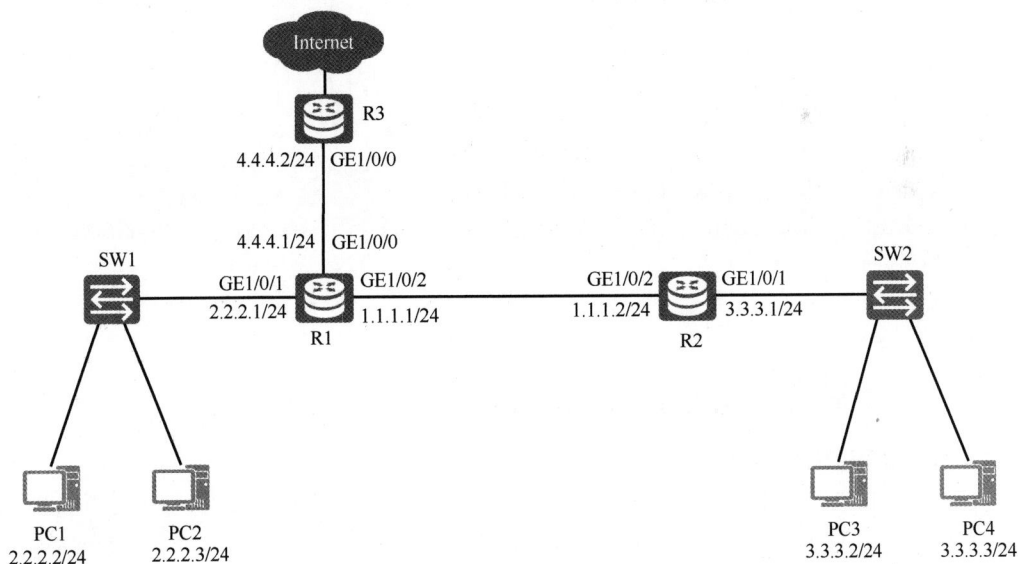

图 3-4　默认路由网络拓扑

（2）案例配置思路

在路由器 R1 上配置一条静态路由，目的地/掩码为 3.3.3.0/24，下一跳 IP 地址为路由器 R2 的 GE1/0/2 接口的 IP 地址 1.1.1.2，出接口为路由器 R1 的 GE1/0/2 接口。另外，在路由器 R1 上配置一条默认路由，该默认路由的下一跳 IP 地址为路由器 R3 的 GE1/0/0 接口的 IP 地址 4.4.4.2，出接口为路由器 R1 的 GE1/0/0 接口。

在路由器 R2 上配置一条默认路由，该默认路由的下一跳 IP 地址为路由器 R1 的 GE1/0/2 接口的 IP 地址 1.1.1.1，出接口为路由器 R2 的 GE1/0/2 接口。

在路由器 R3 上配置一条默认路由，该默认路由的下一跳 IP 地址为路由器 R1 的 GE1/0/0 接口的 IP 地址 4.4.4.1，出接口为路由器 R3 的 GE1/0/0 接口。

（3）案例配置过程

① 配置路由器 R1。

```
<Huawei>system-view
[Huawei]sysname R1
[R1]ip route-static 3.3.3.0 24 1.1.1.2
[R1]ip route-static 0.0.0.0 0 4.4.4.2
```

② 配置路由器 R2。

```
<Huawei>system-view
[Huawei]sysname R2
[R2]ip route-static 0.0.0.0 0 1.1.1.1
```

③ 配置路由器 R3。

```
<Huawei>system-view
[Huawei]sysname R3
[R3]ip route-static 0.0.0.0 0 4.4.4.1
```

（4）案例验证

完成以上配置后，在路由器 R1 的系统视图中执行【display IP routing-table】命令，查看其路由表。输出结果显示，路由器 R1 的路由表中已经有了一条默认路由。

```
[R1]display ip routing-table
Route Flags: R - relay, D - download to fib
------------------------------------------------------------------
Destination/Mask   Proto    Pre   Cost   Flags  NextHop     Interface
0.0.0.0/24         Static   60    0      RD     4.4.4.2     GigabitEthernet1/0/0
2.2.2.0/24         Direct   0     0      D      2.2.2.1     GigabitEthernet1/0/1
2.2.2.1/32         Direct   0     0      D      127.0.0.1   InLoopBack0
3.3.3.0/24         Static   60    0      D      1.1.1.2     GigabitEthernet1/0/2
1.1.1.0/24         Direct   0     0      D      127.0.0.1   GigabitEthernet1/0/2
1.1.1.1/32         Direct   0     0      D      127.0.0.1   InLoopBack0
......
```

3.2.3　静态路由汇总

1. 静态路由汇总的概念

通过对路由的学习，我们知道，在图 3-5 所示的网络拓扑中，如果路由器 R1 要访问路由器 R2 右侧的 172.16.1.0/24 等目的网络，需要在路由器 R1 上配置路由。如果要配置静态路由，则需要在路由器 R1 上配置 4 条静态路由以对应图 3-5 中的 4 个网段，如果路由器 R2 右侧有 200 个甚至更多的网段，就需要在路由器 R1 上手动配置 200 条甚至更多的静态路由。数量众多的路由条目会让路由器 R1 的路由表变得非常"臃肿"，大大降低路由器的工作效率。

V3-3　路由汇总、浮动路由、负载均衡

此时，就需要使用静态路由汇总的方法来解决该问题，路由汇总能减小路由条目的数量，降低路由设备资源的消耗，提高网络基础设施的转发效率，突出 IP 地址作为逻辑地址的可汇总优势。

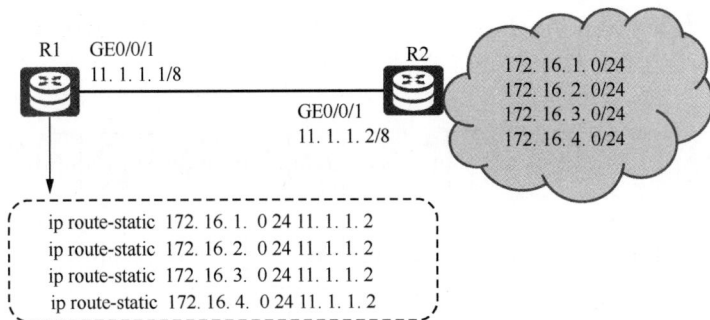

图 3-5　汇总前的静态路由网络拓扑

从图 3-5 可以看到 4 条以【ip route-static】命令开头的路由明细。而在图 3-6 中，通过静态路由汇总后，只需一条静态路由【ip route-static 172.16.0.0 16 11.1.1.2】命令，便实现了相同的访问效果。

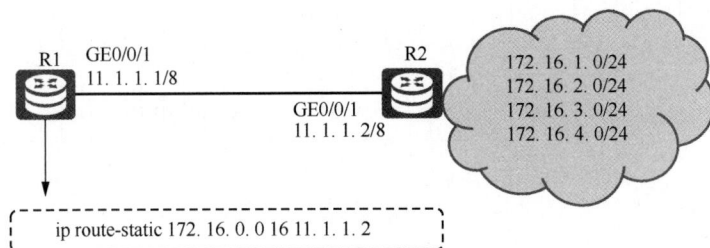

图 3-6　汇总后的静态路由网络拓扑

这种将多个路由条目进行汇总的方式称为路由汇总。路由汇总是一种重要的网络设计思想。通常，在大中型网络中，要使用路由汇总技术进行优化设计。路由汇总除了有静态路由汇总，还有动态路由汇总，受本书知识范围所限，动态路由汇总的配置在这里不做介绍。

2. 静态路由汇总计算与配置

通过对第 1 章的学习，我们知道，VLSM 是一种在有类编址网络中通过子网掩码划分多个 IP 子网的技术，是无类编址方式的有效解决方案。而路由汇总的前提是 IP 子网及网络模型的设计科学、合理，路由汇总的计算是通过对子网掩码的操作进行的。这里以图 3-7 为例介绍路由汇总的计算与配置。

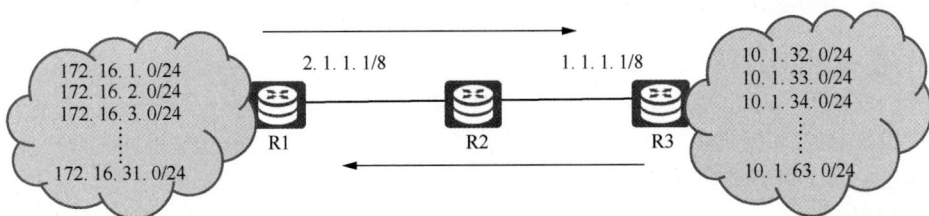

图 3-7　路由汇总示例

从图 3-7 可以看出，路由器 R1 左侧的 IP 网段明细为 172.16.1.0/24～172.16.31.0/24，将这些 IP 网段写成二进制的形式，如图 3-8 所示。

从图 3-8 中可以看出，这个 IP 子网是连续的，对连续的 IP 子网进行汇总的计算方法如下。

（1）将所有的十进制的 IP 网段写成二进制形式，在实际操作中，只需要将所有 IP 网段中不相同的十进制数写成二进制形式即可，如图 3-8 中十进制的 IP 网段的第三位。

（2）用一根分隔线对所有 IP 网段进行分隔，从图 3-8 中可以看到，分隔线左侧的每一列的二进制数完全相同，而分隔线右侧的二进制数则不完全一样。

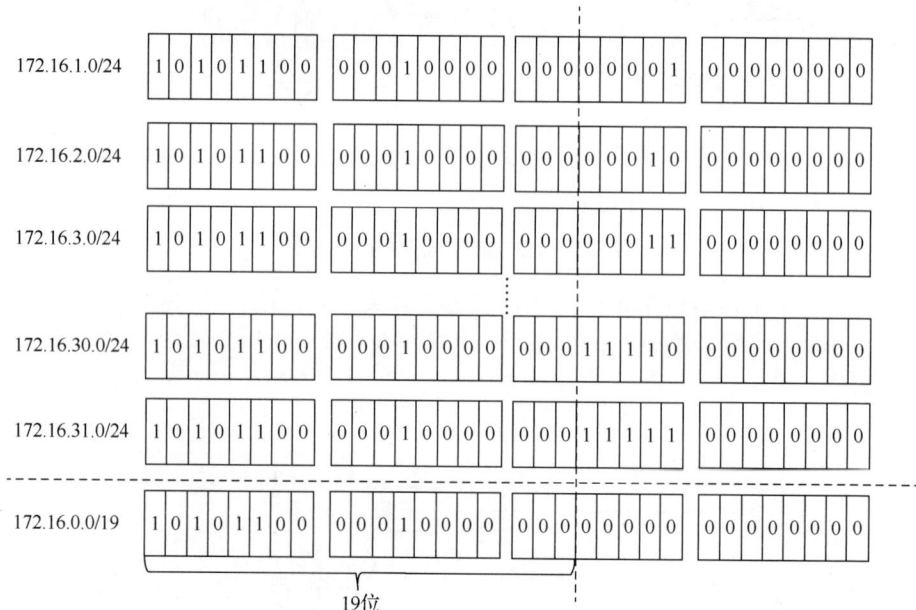

图 3-8　二进制形式的 IP 网段

（3）分隔线的位置确定后，分隔线左侧的二进制数不变，而分隔线右侧从第一位开始到最后一位全部写 0。由于汇总后的掩码长度为分隔线左侧的二进制数的位数，即 16+3=19 位，因此，通过计算得到汇总后的地址段为 172.16.0.0/19。

同理，可以计算出路由器 R3 右侧的所有 IP 网段经过汇总后的地址段为 10.1.32.0/19。静态路由汇总的配置与静态路由的配置相同，因此这里仅以图 3-7 中的路由器 R2 为例进行配置，配置命令如下。

```
<Huawei>system-view
[Huawei]sysname R2
[R2]ip route-static 172.16.0.0 19 2.1.1.1
[R2]ip route-static 10.1.32.0 19 1.1.1.1
```

3.2.4　静态路由的典型应用

1. 浮动静态路由

浮动静态路由（Floating Static Route）是一种特殊的静态路由，其通过配置去往相同的目的网络但优先级不同的静态路由，保证在网络中优先级较高的路由工作。一旦主路由失效，备份路由会接替主路由，增强了网络的可靠性。

2. 负载均衡

当有多条可选路径前往同一目的网络时，可以通过配置相同优先级和开销的静态路由实现负载均衡，使数据的传输均衡地分配到多条路径上，从而实现数据分流、减轻单条路径过重的负载。而当其中某一条路径失效时，其他路径仍然能够正常传输数据，也起到了冗余作用。仅在负载均衡条件下，路由器才会同时显示两条去往同一目的网络的路由条目。

3. 浮动静态路由及负载均衡的配置

【案例 3-3】浮动静态路由及负载均衡的配置。

（1）案例背景与要求

如图 3-9 所示，路由器 R1 模拟某公司总部，路由器 R2 与路由器 R3 分别模拟两个分部，PC1 与 PC2 所在的网段分别模拟两个分部中的办公网络。现需要总部与各个分部、分部与分部之间都能够通信，且分部之间在通信时，直连链路为主用链路，通过总部的链路为备用链路。要求使用浮动静态路由实现路由备份，并通过调整优先级的值实现路由器 R2 到 12.1.1.0/24 网络的负载均衡。

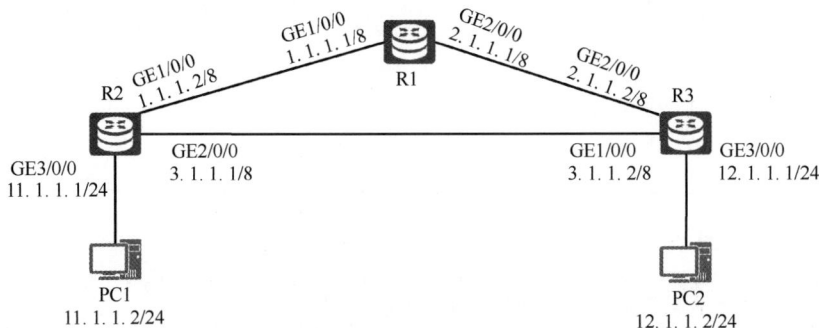

图 3-9　浮动静态路由及负载均衡的网络拓扑

（2）案例配置思路

① 在路由器 R1 上配置两条静态路由。第一条：目的地/掩码为 12.1.1.0/24，出接口为 GE2/0/0，下一跳 IP 地址为 2.1.1.2。第二条：目的地/掩码为 11.1.1.0/24，出接口为 GE1/0/0，下一跳 IP 地址为 1.1.1.2。

② 在路由器 R2 上配置一条静态路由，目的地/掩码为 12.1.1.0/24，出接口为 GE2/0/0，下一跳 IP 地址为 3.1.1.2。

③ 在路由器 R2 上配置一条优先级的值为 100 的静态路由，目的地/掩码为 12.1.1.0/24，出接口为 GE1/0/0，下一跳 IP 地址为 1.1.1.1。

④ 在路由器 R3 上配置一条静态路由，目的地/掩码为 11.1.1.0/24，出接口为 GE1/0/0，下一跳 IP 地址为 3.1.1.1。

⑤ 在路由器 R3 上配置一条优先级的值为 100 的静态路由，目的地/掩码为 11.1.1.0/24，出接口为 GE2/0/0，下一跳 IP 地址为 2.1.1.1。

⑥ 根据路由器 R2 的路由信息，调整到 12.1.1.0/24 网段的静态路由的优先级，实现负载均衡。

（3）案例配置过程

① 路由器 R1 的配置如下。

```
<Huawei>system-view
[Huawei]sysname R1
[R1]ip route-static 12.1.1.0 24 2.1.1.2
[R1]ip route-static 11.1.1.0 24 1.1.1.2
```

② 路由器 R2 的配置如下。

```
<Huawei>system-view
[Huawei]sysname R2
[R2]ip route-static 12.1.1.0 24 3.1.1.2
[R2]ip route-static 12.1.1.0 24 1.1.1.1 preference 100
```

③ 路由器 R3 的配置如下。

```
<Huawei>system-view
[Huawei]sysname R3
[R3]ip route-static 11.1.1.0 24 3.1.1.1
[R3]ip route-static 11.1.1.0 24 2.1.1.1 preference 100
```

（4）案例验证

完成以上配置后，在路由器 R2 的系统视图下执行【display ip routing-table】命令，查看其路由表。从结果中可知，路由器 R2 的路由表中已经有了目的网段为 12.1.1.0/24、优先级值为 60 的静态路由信息，但没有优先级值为 100 的路由信息。

```
<R2>display ip routing-table
Route Flags: R - relay, D - download to fib
------------------------------------------------------------------------
Routing Tables: Public
          Destinations : 14        Routes : 14
Destination/Mask    Proto   Pre  Cost  Flags NextHop    Interface
        1.0.0.0/8   Direct  0    0     D     1.1.1.2    GigabitEthernet1/0/0
        1.1.1.2/32  Direct  0    0     D     127.0.0.1  GigabitEthernet1/0/0
  1.255.255.255/32  Direct  0    0     D     127.0.0.1  GigabitEthernet1/0/0
        3.0.0.0/8   Direct  0    0     D     3.1.1.1    GigabitEthernet2/0/0
        3.1.1.1/32  Direct  0    0     D     127.0.0.1  GigabitEthernet2/0/0
  3.255.255.255/32  Direct  0    0     D     127.0.0.1  GigabitEthernet2/0/0
       11.1.1.0/24  Direct  0    0     D     11.1.1.1   GigabitEthernet3/0/0
       11.1.1.1/32  Direct  0    0     D     127.0.0.1  GigabitEthernet3/0/0
   11.1.1.255/32    Direct  0    0     D     127.0.0.1  GigabitEthernet3/0/0
       12.1.1.0/24  Static  60   0     RD    3.1.1.2    GigabitEthernet2/0/0
      127.0.0.0/8   Direct  0    0     D     127.0.0.1  InLoopBack0
      127.0.0.1/32  Direct  0    0     D     127.0.0.1  InLoopBack0
127.255.255.255/32  Direct  0    0     D     127.0.0.1  InLoopBack0
255.255.255.255/32  Direct  0    0     D     127.0.0.1  InLoopBack0
```

通过对路由器 R2 执行【display ip routing-table protocol static】命令，查看到优先级值为 100 的路由条目。

```
[R2]display ip routing-table protocol static
Route Flags: R - relay, D - download to fib
------------------------------------------------------------------------
Public routing table : Static
          Destinations : 1        Routes : 2      Configured Routes : 2
Static routing table status : <Active>
          Destinations : 1        Routes : 1
Destination/Mask    Proto   Pre  Cost     Flags NextHop Interface
     12.1.1.0/24    Static  60   0        RD    3.1.1.2  GigabitEthernet2/0/0
Static routing table status : <Inactive>
          Destinations : 1        Routes : 1
Destination/Mask    Proto   Pre  Cost     Flags NextHop Interface
     12.1.1.0/24    Static  100  0        R     1.1.1.1  GigabitEthernet1/0/0
```

执行【shutdown】命令断开路由器 R2 的 GE2/0/0 接口，模拟主用链路故障，从回显信息中可以看到路由器 R2 的路由表中出现了优先级值为 100 的路由条目，从而验证了浮动静态路由的效果。

```
[R2]interface GigabitEthernet 2/0/0
[R2-GigabitEthernet2/0/0]shutdown
[R2]display ip routing-table
Route Flags: R - relay, D - download to fib
----------------------------------------------------------------------
Routing Tables: Public
         Destinations : 11        Routes : 11
Destination/Mask       Proto   Pre Cost Flags NextHop       Interface
        1.0.0.0/8      Direct  0   0      D   1.1.1.2       GigabitEthernet1/0/0
        1.1.1.2/32     Direct  0   0      D   127.0.0.1     GigabitEthernet1/0/0
   1.255.255.255/32    Direct  0   0      D   127.0.0.1     GigabitEthernet1/0/0
       11.1.1.0/24     Direct  0   0      D   11.1.1.1      GigabitEthernet3/0/0
       11.1.1.1/32     Direct  0   0      D   127.0.0.1     GigabitEthernet3/0/0
     11.1.1.255/32     Direct  0   0      D   127.0.0.1     GigabitEthernet3/0/0
       12.1.1.0/24     Static  100 0      RD  1.1.1.1       GigabitEthernet1/0/0
      127.0.0.0/8      Direct  0   0      D   127.0.0.1     InLoopBack0
      127.0.0.1/32     Direct  0   0      D   127.0.0.1     InLoopBack0
 127.255.255.255/32   Direct  0   0      D   127.0.0.1     InLoopBack0
 255.255.255.255/32   Direct  0   0      D   127.0.0.1     InLoopBack0
```

为了验证负载均衡的效果，执行【undo shutdown】命令重新开启路由器 R2 的 GE2/0/0 接口，同时，在路由器 R2 上执行【ip route-static 12.1.1.0 24 1.1.1.1】命令将这条路由的优先级的值从 100 改为 60，通过查看路由器 R2 的路由表的回显信息可以看到，有两条路径不同（下一跳 IP 地址不同）的去往 12.1.1.0/24 目的网段的路由条目，从而验证了负载均衡的效果。

```
[R2]interface gigabitEthernet2/0/0
[R2-gigabitEthernet2/0/0]undo shutdown
[R2]display ip routing-table
Route Flags: R - relay, D - download to fib
----------------------------------------------------------------------
Routing Tables: Public
         Destinations : 14        Routes : 15
Destination/Mask       Proto   Pre Cost Flags NextHop       Interface
        1.0.0.0/8      Direct  0   0      D   1.1.1.2       GigabitEthernet1/0/0
        1.1.1.2/32     Direct  0   0      D   127.0.0.1     GigabitEthernet1/0/0
   1.255.255.255/32    Direct  0   0      D   127.0.0.1     GigabitEthernet1/0/0
        3.0.0.0/8      Direct  0   0      D   3.1.1.1       GigabitEthernet2/0/0
        3.1.1.1/32     Direct  0   0      D   127.0.0.1     GigabitEthernet2/0/0
   3.255.255.255/32    Direct  0   0      D   127.0.0.1     GigabitEthernet2/0/0
       11.1.1.0/24     Direct  0   0      D   11.1.1.1      GigabitEthernet3/0/0
       11.1.1.1/32     Direct  0   0      D   127.0.0.1     GigabitEthernet3/0/0
     11.1.1.255/32     Direct  0   0      D   127.0.0.1     GigabitEthernet3/0/0
       12.1.1.0/24     Static  60  0      RD  3.1.1.2       GigabitEthernet2/0/0
                       Static  60  0      RD  1.1.1.1       GigabitEthernet1/0/0
      127.0.0.0/8      Direct  0   0      D   127.0.0.1     InLoopBack0
      127.0.0.1/32     Direct  0   0      D   127.0.0.1     InLoopBack0
 127.255.255.255/32   Direct  0   0      D   127.0.0.1     InLoopBack0
 255.255.255.255/32   Direct  0   0      D   127.0.0.1     InLoopBack0
```

3.3 OSPF 协议

通过对 3.2 节的学习可以知道，静态路由是网络管理员手动配置的路由信息。当网络的拓扑结构或链路的状态发生变化时，需要手动修改路由表中相关的静态路由信息。随着网络规模的日益扩大，静态路由不但让管理员难以全面地了解整个网络的拓扑结构，而且大范围调整路由信息的难度大、复杂度高。OSPF 协议的工作方式与静态路由存在本质的不同，运行 OSPF 协议的路由器会通过启用 OSPF 协议的接口来寻找同样运行了

V3-4　OSPF 协议

OSPF 协议的路由器，实现路由信息的自动学习，从而避免了静态路由需要手动调整路由信息的问题。本节将主要介绍 OSPF 协议的基本概念、OSPF 协议的报文类型和单区域 OSPF 协议的配置等内容。

3.3.1 OSPF 协议的基本概念和报文类型

1. OSPF 协议的概念

OSPF 协议是由 IETF 组织开发的开放性标准协议，它是一个链路状态内部网关路由协议，运行 OSPF 协议的路由器会将自己拥有的链路状态信息，通过启用了 OSPF 协议的接口发送给其他 OSPF 协议设备，同一个 OSPF 协议区域中的每台设备都会参与链路状态信息的创建、发送、接收与转发，直到这个区域中的所有 OSPF 协议设备都获得了相同的链路状态信息为止。

2. OSPF 协议区域

一个 OSPF 协议网络可以被划分成多个区域（Area）。如果一个 OSPF 协议网络只包含一个区域，则被称为单区域 OSPF 协议网络；如果一个 OSPF 协议网络包含多个区域，则被称为多区域 OSPF 协议网络。

在 OSPF 协议网络中，每一个区域都有一个编号，称为区域 ID（Area ID）。区域 ID 是一个 32 位的二进制数，一般用十进制数来表示。区域 ID 为 0 的区域称为骨干区域（Backbone Area），其他区域都称为非骨干区域。单区域 OSPF 协议网络中只包含一个区域，这个区域是骨干区域。在多区域 OSPF 协议网络中，除了有骨干区域外，还有若干个非骨干区域，一般来说，每一个非骨干区域都需要与骨干区域直连，当非骨干区域没有与骨干区域直连时，要采用虚链路（Virtual Link）技术从逻辑上实现非骨干区域与骨干区域的直连。也就是说，非骨干区域之间的通信必须要通过骨干区域中转才能实现。

OSPF 协议区域结构如图 3-10 所示，OSPF 协议网络共有 4 个区域，其中，Area 0 为骨干区域，Area 1、Area 2 和 Area 3 为非骨干区域。需要注意的是，路由器 R1、R2 和 R3 同时属于骨干区域和非骨干区域，而其他路由器只属于一个区域。

在 OSPF 协议网络中，如果一台路由器的所有接口都属于同一个区域，则该路由器被称为内部路由器（Internal Router），如 Area 0 中的路由器 R8 和 R9，Area 1 中的路由器 R4 和 R5，Area 3 中的路由器 R7。

在 OSPF 协议网络中，如果一台路由器包含属于骨干区域的接口，则该路由器被称为骨干路由器（Backbone Router）。图 3-10 所示的网络中共有 5 个骨干路由器，分别是路由器 R1、R2、R3、R8 和 R9。

在 OSPF 协议网络中，如果一台路由器的部分接口属于骨干区域，另一部分接口属于其他区域，则该路由器被称为区域边界路由器（Area Border Router，ABR）。图 3-10 所示的网络中共有 3 个 ABR，分别是路由器 R1、R2 和 R3。

图 3-10　OSPF 协议区域结构

在 OSPF 协议网络中，如果一台路由器与其 OSPF 协议网络（自治系统）之外的网络是相连的，并且可以将外部网络的路由信息引入其 OSPF 协议网络自治系统，则该路由器被称为自治系统边界路由器（Autonomous System Boundary Router，ASBR）。图 3-10 所示网络中的 ASBR 是路由器 R6。

3. 链路状态及链路状态通告

OSPF 协议是一种基于链路状态的路由协议，链路状态也指路由器的接口状态，其核心思想是，每台路由器都将自己的各个接口的接口状态（链路状态）共享给其他路由器。在此基础上，每台路由器都可以依据自身的接口状态和其他路由器的接口状态计算出去往各个目的地的路由。路由器的链路状态包含该接口的 IP 地址及子网掩码等信息。

链路状态广播（Link-State Advertisement，LSA）是链路状态信息的主要载体，链路状态信息主要包含在 LSA 中，并通过 LSA 的通告（泛洪）来实现共享。需要说明的是，不同类型的 LSA 所包含的内容、功能、通告的范围也是不同的，LSA 的类型主要有 Type-1 LSA（Router LSA）、Type-2 LSA（Network LSA）、Type-3 LSA（Network Summary LSA）、Type-4 LSA（ASBR Summary LSA）等。受本书的知识范围限制，这里不对 LSA 的类型做详细阐述。

4. OSPF 协议消息中的报文

如图 3-11 所示，OSPF 协议报文直接封装在 IP 报文中，IP 报文头部中协议字段的值必须为 89。

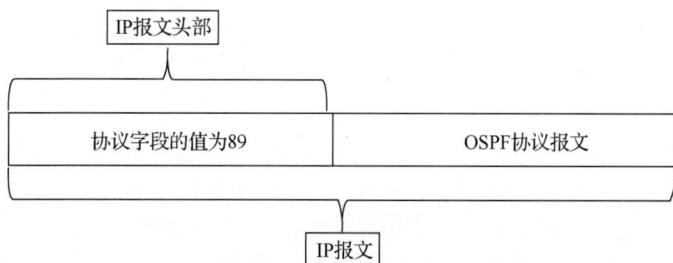

图 3-11　OSPF 协议报文的封装

如图 3-12 所示，OSPF 协议报文有 5 种类型，分别是 Hello 报文、DD 报文（Database Description Packet）、LSR 报文（Link-State Request Packet）、LSU 报文（Link-State Update Packet）和 LSAck 报文（Link-State Acknowledgement Packet）。

OSPF 协议报文中的 Hello 报文所携带的信息是指路由器某一接口所发送的 Hello 报文携带的信息，具体如下。

① OSPF 协议的版本号。

② 接口所属路由器的 Router ID。

③ 接口所属区域的 Area ID。

④ 接口的密钥信息。

⑤ 接口的认证类型。

⑥ 接口 IP 地址的子网掩码。

⑦ 接口的 HelloInterval（发送报文的间隔时间）。

⑧ 接口的 RouterDeadInterval（路由器失效时间间隔）。

⑨ 接口所连二层网络的指定路由器（Designated Router，DR）和备份指定路由器（Backup Designated Router，BDR）。

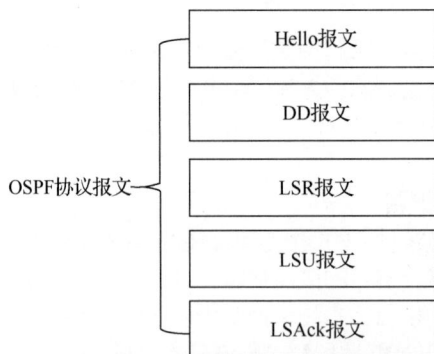

图 3-12　OSPF 协议报文的类型

OSPF 协议报文中的 DD 报文用于描述自己的链路状态数据库（Link-State Database，LSDB），并进行数据库的同步；LSR 报文用于请求相邻路由器 LSDB 中的一部分数据；LSU 报文的功能是向对端路由器发送多条 LSA 用于更新；LSAck 报文是指路由器在接收到 LSU 报文后所发出的确认应答报文。

5. Router ID

Router ID 是 OSPF 协议区域中路由器的唯一标识，一台 OSPF 协议路由器的 Router ID 是按照以下方式生成的。

（1）如果网络管理员手动配置了路由器的 Router ID，则路由器将使用该 Router ID。

（2）如果没有配置路由器的 Router ID，但在路由器上创建了逻辑接口（如环回接口），则路由器会选择这台路由器上所有逻辑接口的 IPv4 地址中数值最大的 IPv4 地址作为 Router ID（无论该接口是否参与了 OSPF 协议）。

（3）如果以上两种情况都没有，则路由器会选择所有活动物理接口的 IPv4 地址中数值最大的 IPv4 地址作为 Router ID（无论该接口是否参与了 OSPF 协议）。

一旦选定 Router ID，只要 OSPF 协议进程没有重启，路由器的 Router ID 就不会改变，无论接口是否变化。Router ID 的变化会对 OSPF 协议网络产生影响，因此，通常情况下，管理员会手动配置 Router ID。

6. OSPF 协议的网络类型

OSPF 协议所支持的网络类型是指 OSPF 协议能够支持的二层网络类型，根据数据链路层协议类型可将网络分为以下 4 种类型。

（1）广播（Broadcast）类型：当链路层协议是 Ethernet 或 FDDI 时，OSPF 协议默认的网络类型是 Broadcast。该类型的网络通常以组播形式（224.0.0.5 和 224.0.0.6）发送协议报文。

（2）非广播-多路访问（Non-Broadcast Multiple Access，NBMA）类型：链路层协议是帧中继、异步传输模式（Asychronous Transfer Mode，ATM）或 X.25 时，OSPF 协议默认的网络类型是 NBMA。该类型的网络以单播形式发送协议报文。

（3）点到多点（Point-to-Multiple Point，P2MP）类型：该类型的网络是由其他类型的网络强制更改得到的。常用做法是将 NBMA 改为点到多点网络。该类型的网络以组播形式（224.0.0.5）发送协议报文。

（4）点到点（Point-to-Point，P2P）类型：当链路层协议是点到点协议（Point-to-Point Protocol，PPP）、高级数据链路控制（High-Level Data Link Control，HDLC）协议和平衡型链路接入规程（Link Access Procedure Balanced，LAPB）时，OSPF 协议默认的网络类型是 P2P。该类型的网络以组播形式（224.0.0.5）发送协议报文。

7. 邻居关系与邻接关系

在 OSPF 协议中，如果两台路由器的相邻接口位于同一个二层网络中，那么这两台路由器存在"相邻"关系，但"相邻"并不等同于"邻居"（Neighbor）关系，更不等同于"邻接"（Adjacency）关系。

（1）邻居关系

在 OSPF 协议中，每台路由器的接口都会周期性地向外发送 Hello 报文。如果"相邻"两台路由器之间发送给对方的 Hello 报文完全一致，那么这两台路由器会成为彼此的邻居路由器，它们之间存在"邻居"关系。

（2）邻接关系

在 P2P 或 P2MP 的二层网络中，两台互为"邻居"关系的路由器一定会同步彼此的 LSDB，当这两台路由器成功地完成了 LSDB 的同步后，它们之间便建立起了"邻接"关系。

如果两台路由器存在"邻接"关系，则它们之间一定存在"邻居"关系；如果两台路由器存在"邻居"关系，则它们之间可能存在"邻接"关系，也可能不存在"邻接"关系。

8. OSPF 协议网络的 DR 与 BDR

（1）DR 与 BDR 的含义

DR 和 BDR 只适用于广播网络或 NBMA 网络，选举 DR 和 BDR 是为了产生针对这两种网络的 Type-2 LSA，同时减少多路访问环境下不必要的 OSPF 协议报文的发送，从而提高链路带宽的利用率。BDR 的作用是当 DR 出现故障时迅速替代 DR 的角色。

在广播网络或 NBMA 网络中，DR 会与其他路由器（包括 BDR）建立邻接关系，BDR 也会与其他路由器（包括 DR）建立邻接关系，其他路由器之间不会建立邻接关系，互为邻接关系的路由器之间可以交互所有信息。如图 3-13 所示，该二层网络为广播型以太网，包含 5 台路由器和 1 台以太网交换机（箭头表示从左到右的关联）。在这个以太网中，如果任意 2 个邻居路由器之间都建立了邻接关系，则共构成 $n(n-1)/2 = 5 \times (5-1)/2 = 10$ 个邻接关系，其中，n 为路由器的个数。

如图 3-14 所示，当 DR 和 BDR 被选举出来了之后，邻接关系的数量会从原来的 10 个减少为 7 个。显然，以太网中的路由器数量越多，邻接关系数量减少的效果就越明显。

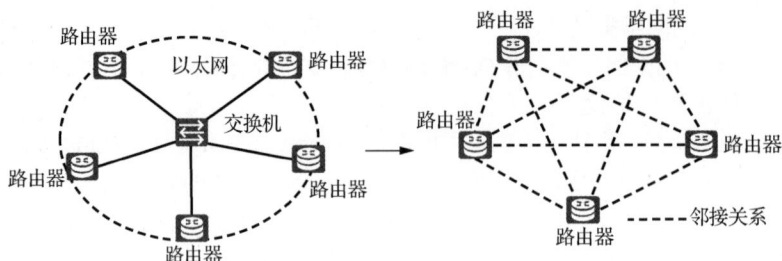

图 3-13　一个广播型以太网

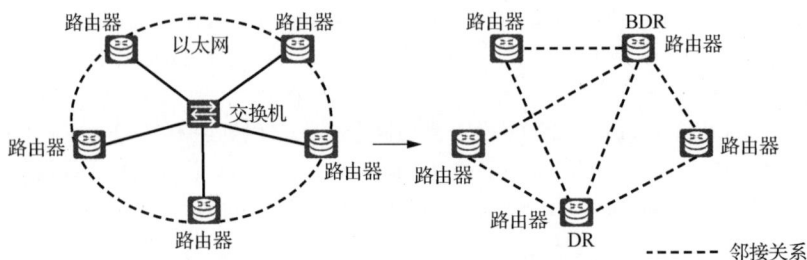

图 3-14　DR/BDR 减少了邻接关系的数量

（2）选举 DR 与 BDR 的规则

在一个广播网络或 NBMA 网络中，路由器之间会通过 Hello 报文进行交互，Hello 报文中包含路由器的 Router ID 和优先级，路由器的优先级的取值范围是 0～255，取值越大，优先级越高。根据 Router ID 和优先级进行 DR 与 BDR 选举的规则如下。

① 优先级值最大的路由器将成为 DR。

② 如果优先级值相等，则 Router ID 值最大的路由器将成为 DR。

③ BDR 的选举与 DR 的选举规则完全一样，BDR 的选举发生在 DR 的选举之后，在同一个网络中，DR 和 BDR 不能是同一台路由器。

如果 DR 和 BDR 都存在，则 DR 出现故障后，BDR 将迅速代替 DR 的角色。如果只存在 DR 而没有 BDR，则 DR 出现故障后将重新选举新的 DR，这就需要耗费一定的时间。如果一台路由器的优先级值为 0，则其不参加 DR 或 BDR 的选举。

3.3.2　单区域 OSPF 协议的配置

【案例 3-4】单区域 OSPF 协议的配置。

1. 案例背景与要求

如图 3-15 所示，某公司网络中有 3 台路由器，其中，路由器 R1 为公司总部路由器，路由器 R2 和 R3 分别为两个分公司的路由器，网络规划要求整个网络运行 OSPF 协议，并且采用单区域 OSPF 协议网络结构。

2. 案例配置思路

（1）分别在 3 台路由器上启用 OSPF 协议进程。

（2）指定各路由器的接口在 Area 0 骨干区域。

配置时需注意以下事项。

① 进入系统视图，执行【OSPF[*process-id*|router-id *router-id*]】命令以启用 OSPF 协议进程，并进入 OSPF 协议视图。

② 执行 OSPF 协议命令时，如果不输入 OSPF 协议进程编号（*process-id*）的值，则进程编号默认值为 1。

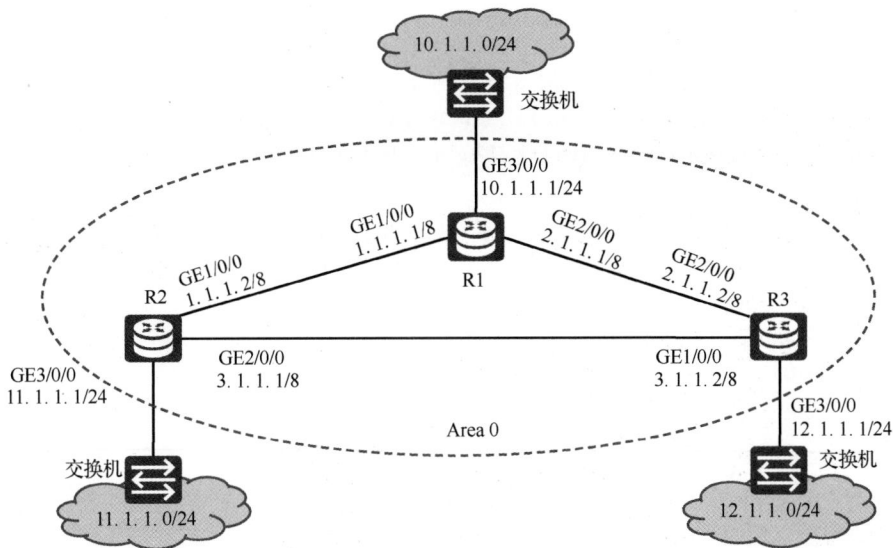

图 3-15　单区域 OSPF 协议的配置示例

③ Router ID 是一个 32 位的二进制数，一般用十进制数的 IP 地址表示，如果执行 OSPF 协议命令时不指定 Router ID，则路由器会根据规则自动生成一个 Router ID。

④ 在 OSPF 协议视图中，需要根据网络规划指定运行 OSPF 协议的接口及其接口所在的区域。执行【area *area-id*】命令创建区域，进入区域视图，执行【network *address wildcard-mask*】命令指定 OSPF 协议的接口。其中，*wildcard-mask* 为通配符掩码，*address* 与 *wildcard-mask* 合在一起时，表示一个由若干个 IP 地址组成的集合，这个集合中的任何一个 IP 地址都应满足且只需满足以下条件：如果 *wildcard-mask* 中某一个比特位的取值为 0，则该 IP 地址中的对应比特位的取值必须与 *address* 中对应的比特位的取值相同。

3. 案例配置过程

（1）配置路由器 R1。

```
<Huawei>system-view
[Huawei] sysname R1
[R1]OSPF 1 router-id 10.1.1.1
[R1-OSPF-1]area 0
[R1-OSPF-1-area-0.0.0.0]network 1.0.0.0 0.255.255.255
[R1-OSPF-1-area-0.0.0.0]network 2.0.0.0 0.255.255.255
[R1-OSPF-1-area-0.0.0.0]network 10.1.1.0 0.0.0.255
```

（2）配置路由器 R2。

```
<Huawei>system-view
[Huawei] sysname R2
[R2]OSPF 1 router-id 11.1.1.1
[R2-OSPF-1]area 0
[R2-OSPF-1-area-0.0.0.0]network 1.0.0.0 0.255.255.255
[R2-OSPF-1-area-0.0.0.0]network 3.0.0.0 0.255.255.255
[R2-OSPF-1-area-0.0.0.0]network 11.1.1.0 0.0.0.255
```

（3）配置路由器 R3。

```
<Huawei>system-view
[Huawei] sysname R3
```

```
[R3]OSPF 1 router-id 12.1.1.1
[R3-OSPF-1]area 0
[R3-OSPF-1-area-0.0.0.0]network 2.0.0.0 0.255.255.255
[R3-OSPF-1-area-0.0.0.0]network 3.0.0.0 0.255.255.255
[R3-OSPF-1-area-0.0.0.0]network 12.1.1.0 0.0.0.255
```

4. 案例验证

通过以上配置，3 台路由器之间都建立了邻接关系。为了确认上述配置是否生效，可以执行
【display OSPF 1 peer】命令来查看路由器的邻居信息，下面以路由器 R1 为例进行介绍。

```
[R1]display OSPF 1 peer
      OSPF Process 1 with Router ID 10.1.1.1
          Neighbors
Area 0.0.0.0 interface 2.1.1.1(GigabitEthernet2/0/0)'s neighbors
Router ID: 12.1.1.1    Address: 2.1.1.2
State: Full  Mode:Nbr is Master Priority: 1
DR: 2.1.1.1 BDR: 2.1.1.2 MTU: 0
......
          Neighbors
 Area 0.0.0.0 interface 1.1.1.1(GigabitEthernet1/0/0)'s neighbors
 Router ID: 11.1.1.1     Address: 1.1.1.2
 State: Full  Mode:Nbr is Master Priority: 1
 DR: 1.1.1.1 BDR: 1.1.1.2 MTU: 0
 Dead timer due in 37  sec
 Retrans timer interval: 5
 Neighbor is up for 00:15:23
 Authentication Sequence: [ 0 ]
```

以上回显信息表明，路由器 R1 已经成功和路由器 R2、路由器 R3 建立了邻接关系。通过在
路由器 R1 上执行【display OSPF 1 routing】命令来查看 OSPF 协议路由表。

```
[R1]display OSPF 1 routing
     OSPF Process 1 with Router ID 10.1.1.1
     Routing Tables
     Routing for Network
Destination          Cost    Type     NextHop      AdvRouter     Area
1.0.0.0/8            1       Transit  1.1.1.1      10.1.1.1      0.0.0.0
2.0.0.0/8            1       Transit  2.1.1.1      10.1.1.1      0.0.0.0
10.1.1.0/24          1       Stub     10.1.1.1     10.1.1.1      0.0.0.0
3.0.0.0/8            2       Transit  1.1.1.2      11.1.1.1      0.0.0.0
3.0.0.0/8            2       Transit  2.1.1.2      11.1.1.1      0.0.0.0
11.1.1.0/24          2       Stub     1.1.1.2      11.1.1.1      0.0.0.0
12.1.1.0/24          2       Stub     2.1.1.2      12.1.1.1      0.0.0.0
     Total Nets: 7
     Intra Area: 7  Inter Area: 0  ASE: 0  NSSA: 0
```

可以看到，路由器 R1 的 OSPF 协议路由表中已经拥有了从路由器 R1 去往
各个目的网络的路由。

3.4 VLAN 间路由

通过对第 2 章的学习，读者应该已经清楚了 VLAN 的概念。属于同一个

V3-5　VLAN 间
路由

VLAN 的主机之间是可以进行二层通信的，但属于不同 VLAN 的主机之间无法进行二层通信。为此，本节将通过介绍 VLAN 间路由技术讲解不同 VLAN 的主机之间的通信。

3.4.1 VLAN 间路由概述

虽然 VLAN 可以减少网络中的广播，提高网络安全性能，但是无法实现网络内部的所有主机间的互相通信。VLAN 间路由可以通过路由器或三层交换机来实现属于不同 VLAN 间的主机的三层通信。

1. VLAN 间二层通信的局限性

如图 3-16 所示，VLAN 隔离了二层广播域，即隔离了各个 VLAN 之间的任何二层流量，因此，不同 VLAN 的主机之间不能进行二层通信。

不同 VLAN 之间的主机是无法实现二层通信的，所以必须通过三层路由才能将报文从一个 VLAN 转发到另外一个 VLAN 中，实现跨 VLAN 通信。

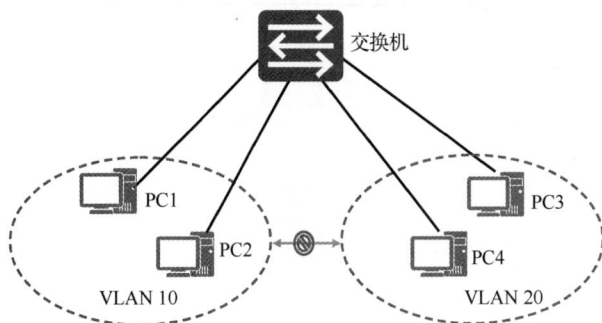

图 3-16 VLAN 的局限性

2. 实现 VLAN 间路由的方法

实现 VLAN 间通信的方法主要有 3 种：多臂路由、单臂路由和三层交换。

（1）多臂路由

如图 3-17 所示，在路由器上为每个 VLAN 分配一个单独的接口，并使用一条物理链路连接到二层交换机上。当 VLAN 间的主机需要通信时，数据会经由路由器选择路由，并被转发到目的 VLAN 内的主机中，这样就可以实现 VLAN 间主机的相互通信。然而，随着每台交换机上 VLAN 数量的增加，这样做必然需要大量的路由器接口，而路由器的接口数量是极其有限的。此外，某些 VLAN 之间的主机可能不需要频繁进行通信，如果也这样配置，就会导致路由器的接口利用率很低。因此，在实际应用中，一般不会采用多臂路由来解决 VLAN 间的通信问题。

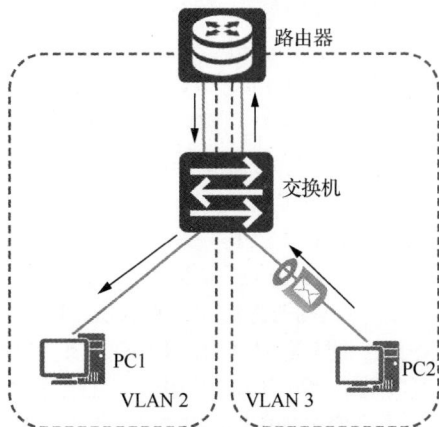

图 3-17 多臂路由

（2）单臂路由

如图 3-18 所示，交换机和路由器之间仅使用一条物理链路连接。在交换机上，把连接到路由器的端口配置成 Trunk 模式的端口，并允许相关 VLAN 的帧通过。在路由器上创建子接口（Sub-Interface），逻辑上把连接路由器的物理链路分成了多条链路（每个子接口对应一个 VLAN）。这些子接口的 IP 地址各不相同，每个子接口的 IP 地址应该配置为该子接口所对应 VLAN 的默认网关地址。子接口是一个逻辑上的概念，所以子接口常被称为虚接口。配置子接口时，需要注意以下几点。

① 必须为每个子接口分配一个 IP 地址。该 IP 地址与子接口所属的 VLAN 位于同一网段。

② 需要在子接口上配置 IEEE 802.1q 封装。

③ 在子接口上执行【arp broadcast enable】命令启用子接口的 ARP 广播功能。本例中，PC1 发送数据给 PC2 时，路由器 R1 会通过 GE0/0/1.1 子接口收到此数据，并查找路由表，将数据从 GE0/0/1.2 子接口发送给 PC2，这样就实现了 VLAN 2 和 VLAN 3 之间的主机的通信。

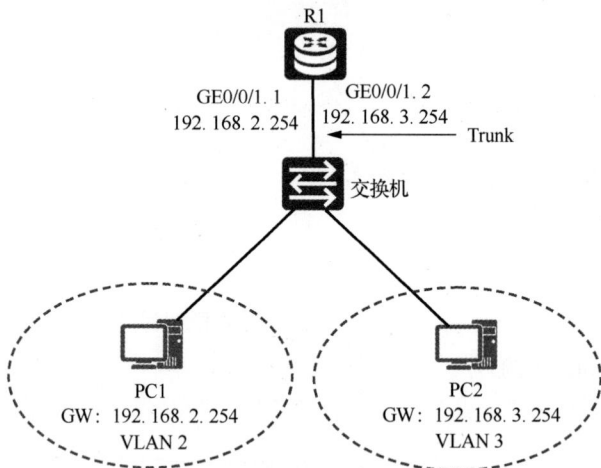

R1

GE0/0/1.1
192.168.2.254

GE0/0/1.2
192.168.3.254

Trunk

交换机

PC1
GW：192.168.2.254
VLAN 2

PC2
GW：192.168.3.254
VLAN 3

图 3-18　单臂路由

（3）三层交换

相对于多臂路由，单臂路由可以节约路由器的接口资源，但当 VLAN 数量较多，VLAN 间的通信流量很大时，单臂链路所能提供的带宽有可能无法支撑这些通信流量。而三层交换设备较好地解决了接口数量和交换带宽问题。

三层交换是在交换机中引入路由模块取代"路由器+二层交换机"的网络技术。集成了三层数据包转发功能的交换机被称为三层交换机。三层交换机中每个 VLAN 对应一个 IP 网段，VLAN 之间还是隔离的，不同 IP 网段之间的访问要跨越 VLAN，它需要使用三层转发引擎提供的 VLAN 间路由功能来实现。该三层转发引擎相当于传统组网中的路由器，当需要与其他 VLAN 通信时，要在三层转发引擎上分配一个路由接口（逻辑接口 VLANIF），用来作为 VLAN 的网关。

三层交换机本身提供了路由功能，因此它不需要借助路由器来转发不同 VLAN 间的流量。三层交换机本身就拥有大量的高速端口，它可以直接连接大量的终端设备。因此，一台三层交换机就可以将终端隔离在不同的 VLAN 中，同时为这些终端提供 VLAN 间路由的功能。

如图 3-19 所示，在三层交换机上配置 VLANIF 接口来实现 VLAN 间路由。如果网络中有多个 VLAN，则需要给每个 VLAN 配置一个 VLANIF 接口，并给每个 VLANIF 接口配置一个 IP 地址。用户设置的默认网关就是三层交换机中 VLANIF 接口的 IP 地址。

图 3-19　三层交换

3.4.2　通过单臂路由实现 VLAN 间的三层通信

【案例 3-5】单臂路由的配置。

1. 案例背景与要求

根据图 3-20 所示的网络拓扑，在路由器上配置单臂路由，实现 VLAN 10 和 VLAN 20 的互联互通。

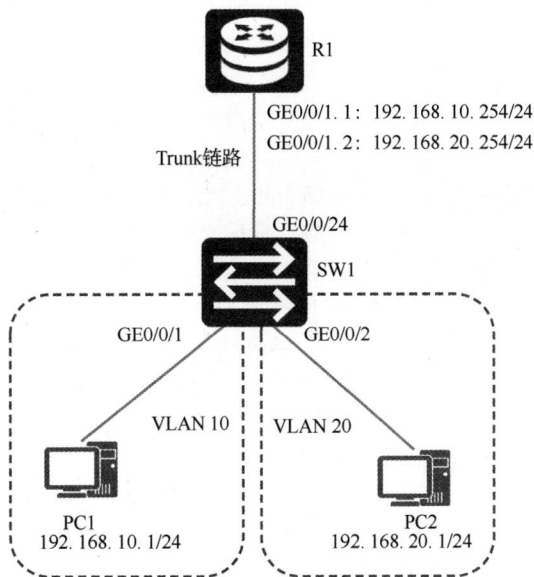

图 3-20　单臂路由网络拓扑

2. 案例配置思路

（1）在交换机 SW1 上创建 VLAN，并将相应端口加入对应的 VLAN 中。

（2）配置交换机与路由器相连的端口为 Trunk 模式。

（3）在路由器 R1 上创建子接口，并配置子接口的 IP 地址，配置子接口的 IEEE 802.1q（DOT1Q）封装，配置允许终结子接口转发广播报文。

3. 案例配置过程

（1）配置交换机 SW1，在交换机 SW1 上创建 VLAN 10 和 VLAN 20，并配置 Trunk 端口。

```
<Huawei>system-view
[Huawei]sysname SW1
[SW1]vlan batch 10 20
[SW1-GigabitEthernet0/0/24]port link-type trunk
[SW1-GigabitEthernet0/0/24]port trunk allow-pass vlan 10 20
//配置交换机 SW1 的 GE0/0/24 端口允许 VLAN 10 和 VLAN 20 的数据通过
[SW1-GigabitEthernet0/0/1]port link-type access
[SW1-GigabitEthernet0/0/1]port default vlan 10
[SW1-GigabitEthernet0/0/2]port link-type access
[SW1-GigabitEthernet0/0/2]port default vlan 20
```

（2）配置路由器 R1，主要配置子接口 IP 地址及配置 IEEE 802.1q（DOT1Q）封装。

```
[R1]interface g0/0/1.1
[R1-GigabitEthernet0/0/1.1]dot1q termination vid 10
[R1-GigabitEthernet0/0/1.1]ip address 192.168.10.254 24
[R1-GigabitEthernet0/0/1.1]arp broadcast enable
[R1-GigabitEthernet0/0/1.1]quit
[R1]interface g0/0/1.2
[R1-GigabitEthernet0/0/1.2]dot1q termination vid 20
[R1-GigabitEthernet0/0/1.2]ip address 192.168.20.254 24
[R1-GigabitEthernet0/0/1.2]arp broadcast enable
```

在上述命令中，【interface g0/0/1.1】命令用来创建子接口，GE0/0/1.1 代表物理接口 GE0/0/1 内的逻辑接口通道。【dot1q termination vid】命令用来配置子接口 IEEE 802.1q 封装的单层 VLAN ID。默认情况，子接口没有配置 IEEE 802.1q 封装的单层 VLAN ID。此命令执行成功后，终结子接口对报文的处理如下：接收报文时，剥掉报文中携带的 Tag 后进行三层转发，转发出去的报文是否带 Tag 由出接口决定；发送报文时，将相应的 VLAN 信息添加到报文中再发送。【arp broadcast enable】命令用来启用终结子接口的 ARP 广播功能。默认情况下，终结子接口没有启用 ARP 广播功能。终结子接口不能转发广播报文时，收到广播报文后会直接丢弃该报文。为了允许终结子接口转发广播报文，可以在子接口上执行此命令。

4. 案例验证

将 PC1 的 IP 地址配置为 192.168.10.1/24，并将其默认网关地址配置为路由器 R1 子接口 GE0/0/1.1 的 IP 地址 192.168.10.254/24。将 PC2 的 IP 地址配置为 192.168.20.1/24，并将其默认网关地址配置为路由器 R1 子接口 GE0/0/1.2 的 IP 地址 192.168.20.254/24。配置完成后，在 PC1 上执行【ping 192.168.20.1】命令，测试结果如下。

```
PC>ping 192.168.20.1
Ping 192.168.20.1: 32 data bytes, Press Ctrl_C to break
From 192.168.20.1: bytes=32 seq=1 ttl=127 time<1 ms
From 192.168.20.1: bytes=32 seq=2 ttl=127 time<1 ms
From 192.168.20.1: bytes=32 seq=3 ttl=127 time<1 ms
From 192.168.20.1: bytes=32 seq=4 ttl=127 time<1 ms
From 192.168.20.1: bytes=32 seq=5 ttl=127 time<1 ms
--- 192.168.20.1 ping statistics ---
  5 packet(s) transmitted
  5 packet(s) received
```

```
0.00% packet loss
round-trip min/avg/max = 0/0/0 ms
```

从回显信息中可以看到，PC1 收到了 PC2 的响应，表示 PC1 可以连通 PC2，这说明通过单臂路由成功地实现了 VLAN 10 与 VLAN 20 之间的三层通信。

3.4.3　通过三层交换机实现 VLAN 间的三层通信

【案例 3-6】三层交换 VLAN 间路由的配置。

1．案例背景与要求

根据图 3-21 所示的网络拓扑，在三层交换机上配置三层路由，实现 VLAN 10 和 VLAN 20 的互联互通。

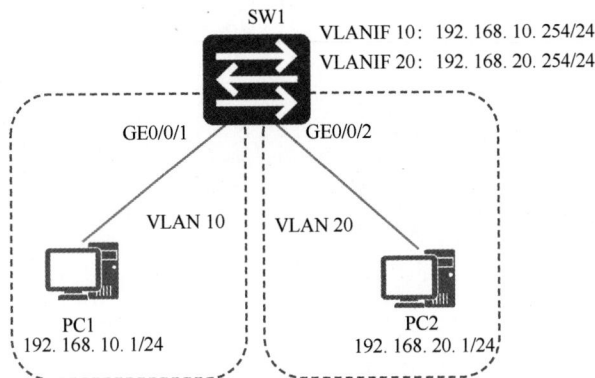

SW1

VLANIF 10：192.168.10.254/24
VLANIF 20：192.168.20.254/24

GE0/0/1　　GE0/0/2

VLAN 10　　VLAN 20

PC1　　　　　　　　　　PC2
192.168.10.1/24　　　　192.168.20.1/24

图 3-21　三层交换网络拓扑

2．案例配置思路

（1）在三层交换机上创建 VLAN 10 和 VLAN 20。

（2）将交换机的对应端口添加到 VLAN 10 和 VLAN 20 中。

（3）在交换机上配置三层接口 VLANIF 的 IP 地址。

（4）在 PC1 和 PC2 上配置对应的 IP 地址及网关，并测试 VLAN 间的连通性。

3．案例配置过程

（1）在交换机 SW1 上创建 VLAN 10 和 VLAN 20。

```
<Huawei>system-view
[Huawei]sysname SW1
[SW1]vlan batch 10 20
```

（2）在交换机 SW1 上进行端口配置。

```
[SW1]interface GigabitEthernet0/0/1
[SW1-GigabitEthernet0/0/1]port link-type access
[SW1-GigabitEthernet0/0/1]port default vlan 10
[SW1-GigabitEthernet0/0/1]quit
[SW1]interface GigabitEthernet0/0/2
[SW1-GigabitEthernet0/0/2]port link-type access
[SW1-GigabitEthernet0/0/2]port default vlan 20
[SW1-GigabitEthernet0/0/2]quit
```

（3）在交换机 SW1 上配置 VLANIF 接口。执行【interface vlanif *vlan-id*】命令，进入 VLANIF 接口视图，执行【ip address *ip-address* {*mask*|*mask-length*}】命令，为 VLANIF 接口配置 IP 地址。

```
[SW1]interface vlanif 10
[SW1-Vlanif10]ip address 192.168.10.254 24
[SW1-Vlanif10]quit
[SW1]interface vlanif 20
[SW1-Vlanif20]ip address 192.168.20.254 24
[SW1-Vlanif20]quit
```

4. 案例验证

将 PC1 的 IP 地址配置为 192.168.10.1/24，网关地址配置为 192.168.10.254/24。将 PC2 的 IP 地址配置为 192.168.20.1/24，网关地址配置为 192.168.20.254/24。配置完成后，在 PC1 上执行【ping 192.168.20.1】命令，测试结果如下。

```
PC>ping 192.168.20.1
Ping 192.168.20.1: 32 data bytes, Press Ctrl_C to break
From 192.168.20.1: bytes=32 seq=1 ttl=127 time<1 ms
From 192.168.20.1: bytes=32 seq=2 ttl=127 time<1 ms
From 192.168.20.1: bytes=32 seq=3 ttl=127 time<1 ms
From 192.168.20.1: bytes=32 seq=4 ttl=127 time<1 ms
From 192.168.20.1: bytes=32 seq=5 ttl=127 time<1 ms
--- 192.168.20.1 ping statistics ---
  5 packet(s) transmitted
  5 packet(s) received
  0.00% packet loss
  round-trip min/avg/max = 0/0/0 ms
```

从回显信息中可以看到，PC1 收到了 PC2 的响应，表示 PC1 可以连通 PC2，这说明三层交换机 SW1 成功地实现了 VLAN 10 与 VLAN 20 之间的三层通信。

本章总结

本章介绍了路由的基本概念、静态路由和默认路由的工作原理和基本配置、OSPF 协议的相关概念及单区域 OSPF 协议的基本配置，还介绍了 VLAN 间路由概述、单臂路由和三层交换的工作原理及相关配置。

通过对本章的学习，读者应该对路由技术有一定的了解，能够充分理解静态路由和默认路由的基本原理，可以熟练地配置单区域 OSPF 协议和 VLAN 间路由。

习题

一、选择题

1. 浮动静态路由是指（　　　）。
   A. 对比路由优先级值，数值最小的路由会被放入路由表
   B. 对比路由优先级值，数值最大的路由会被放入路由表
   C. 对比路由开销值，数值最小的路由会被放入路由表
   D. 对比路由开销值，数值最大的路由会被放入路由表

2. 对 192.168.16.0/24、192.168.17.0/24、192.168.18.0/24、192.168.19.0/24 等 4 个子网进行汇总后的网络是（　　　）。
   A. 192.168.16.0/20　B. 192.168.16.0/21　　C. 192.168.16.0/22　D. 192.168.16.0/23

3. 对 172.16.1.0/24～172.16.65.0/24 的 65 个子网进行汇总后的网络是（   ）。

    A. 172.16.0.0/17   B. 172.16.0.0/18   C. 172.16.0.0/19   D. 172.16.0.0/16

4. 以下针对路由优先级和路由开销值的说法错误的是（   ）。

    A. 路由优先级用来从多种不同路由协议之间选择最终使用的路由

    B. 路由开销值用来从同一种路由协议获得的多条路由中选择最终使用的路由

    C. 默认的路由优先级值和路由开销值都可以由网络管理员手动修改

    D. 路由优先级和路由开销值都是选择路由的参数，但适用于不同的场合

5. 下列路由中，属于静态路由的是（   ）。

    A. 路由器为本地接口生成的路由

    B. 路由器上手动配置的路由

    C. 路由器通过路由协议学习而来的路由

    D. 路由器从多条路由中选出的最优路由

6. （   ）命令用于配置 OSPF 协议的接口参数。

    A. ospf   B. area   C. network   D. interface

7. 华为路由器支持（   ），用于 IPv6 网络的路由选择。

    A. RIPng   B. EIGRP   C. IS-IS   D. OSPFv3

8. （   ）命令用于引入一条静态路由到 OSPF 区域。

    A. ospf network import-route static   B. import-route static ospf

    C. ospf import-route static   D. network import-route static

9. （   ）不是实现 VLAN 间路由的方法。

    A. 单臂路由   B. OSPF   C. 三层交换   D. 多臂路由

10. 执行 OSPF 协议命令时，如果不输入 OSPF 协议的进程编号，则默认取值为（   ）。

    A. 0   B. 1   C. 10   D. 100

二、判断题

1. 0.0.0.0/32 为默认路由。（   ）

2. Network LSA 是 Type-1 LSA。（   ）

3. OSPF 协议支持 P2MP 网络类型。（   ）

4. 当链路层协议是 HDLC 时，OSPF 默认的网络类型为广播。（   ）

5. 在点到点网络类型中，不存在备份指定路由器。（   ）

第4章

网络可靠性

网络可靠性是影响网络运行质量的重要指标，一个可靠性强的网络既要有很强的网络弹性以保证故障的快速复原，又要有很高的吞吐量以保证出/入流量的负载均衡。

本章将详细介绍 VRRP 的工作原理与配置方法、链路聚合的工作原理与配置方法、堆叠技术的基本原理与应用，使读者快速熟悉网络可靠性的相关原理和基本配置。

学习目标

① 掌握 VRRP 的工作原理。

② 掌握 VRRP 的配置方法。

③ 理解链路聚合的作用与工作原理。

④ 掌握链路聚合的配置方法。

⑤ 了解堆叠技术的基本原理与常见应用。

素质目标

① 培养读者的爱国情怀和工匠精神。

② 树立读者的操作安全意识。

③ 培养读者分析问题的能力。

4.1 第一跳冗余协议

第一跳冗余协议（First Hop Redundancy Protocol，FHRP）是一类协议的总称，这类协议所提供服务的共同特点就是为终端设备提供了网关的冗余。对于局域网中的终端设备来说，局域网的网关就是它们经历的第一跳路由设备，配置在终端设备上的默认网关其实就是一条将下一跳指向网关设备连接局域网接口的默认路由。

V4-1 第一跳冗余协议

通常情况下，局域网中的所有主机都设置了一条相同的默认路由，指向出口网关，实现主机与外部网络的通信。当出口网关发生故障时，主机与外部网络的通信就会中断。因此，配置多个出口网关是提高系统可靠性的常见方法，但局域网内的主机设备通常不支持动态路由协议，如何在多个出口网关之间进行选路是一个需要解决的问题。虚拟路由冗余协议（Virtual Router Redundancy Protocol，VRRP）是一种部署冗余网关时最常用的 FHRP。

4.1.1 VRRP 的概念

VRRP 是一种容错协议，它通过把几台路由设备联合起来组成一台虚拟的路由设备，并通过一定的机制来保证当主机的下一跳设备出现故障时，可以及时地将业务切换到其他设备，从而保持通信的连续性和可靠性。

VRRP 在不需要改变组网的情况下，提供了一个虚拟网关指向两个物理网关，实现网关冗余，提高了网络可靠性。

图 4-1 所示为一个典型的双出口网络拓扑，交换机的两条线路分别连接了两台路由器，此时，交换机有两个出口（网关）接入 Internet。

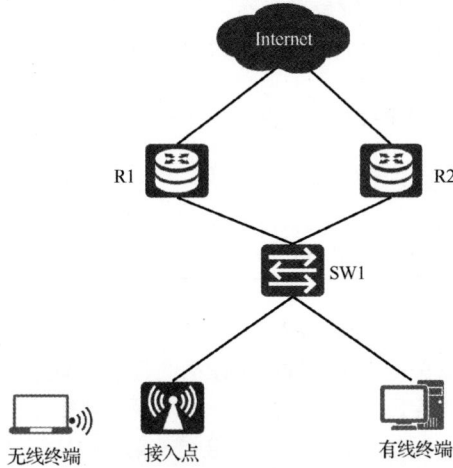

图 4-1　一个典型的双出口网络拓扑

从功能上看，以上拓扑能够避免与网关相关的单点故障，但如果没有配套机制，这种设计方案就存在以下两个问题。

（1）系统只能配置一个默认网关，这表示每个网络只能选择其中一个出口接入 Internet，且实现网关切换需要网络管理员手动更改。

（2）当其中一个出口路由器出现故障时，该出口对应的网络将无法接入 Internet。

因此，网络中需要一种机制使两台网关工作起来就像一台网关，VRRP 就提供了这种机制。

VRRP 提供了将多台路由器虚拟成一台路由器的服务，它通过虚拟化技术，将多台物理设备在逻辑上合并为一台虚拟设备，同时使物理路由器对外隐藏各自的信息，以便针对其他设备提供一致的服务。图 4-1 应用 VRRP 后的网络拓扑如图 4-2 所示。

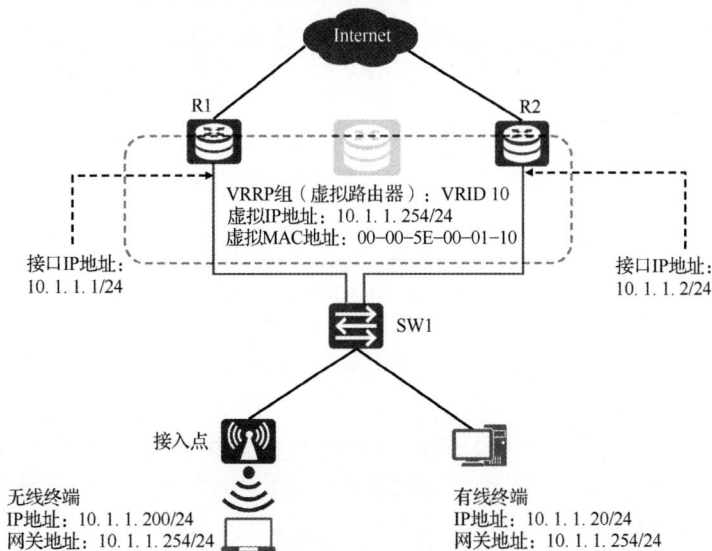

图 4-2　应用 VRRP 后的网络拓扑

将 VRRP 路由器 R1 和 VRRP 路由器 R2 连接交换机的接口配置成一个 VRRP 组，两台路由器的接口就会对外使用相同的 IP 地址（10.1.1.254/24）和 MAC 地址（00-00-5E-00-01-10）进行通信。此时，管理员只需要在所有终端设备上将这个 IP 地址（10.1.1.254/24）设置为默认网关的地址，就可以实现网关设备的冗余。

当其中一台路由器出现故障时，该局域网发往 Internet 的数据包会全部由另一台路由器转发，此时，局域网终端完全感知不到出口的变化，因为局域网的网关 IP 地址始终不变。

4.1.2　VRRP 的工作原理

VRRP 可以通过把多台设备（路由器、交换机等）虚拟化成一台设备，并为其配置虚拟 IP 地址作为网关的方法实现对网关的备份（这里的虚拟 IP 地址代表整个 VRRP 组内的所有设备），当其中一台设备出现故障之后，VRRP 组内的其他设备会通过某些机制来接替故障设备的工作。

1. VRRP 相关术语

参照图 4-2 对 VRRP 相关术语进行说明。

（1）VRRP 组：当网络管理员为了实现网关设备的冗余，通过配置的手段将连接在同一个局域网中的一组 VRRP 路由器（接口）划分到同一个逻辑网关（接口）组中，使它们充当这个局域网中终端设备的主用或备用网关时，网络管理员所创建的这个逻辑组就是 VRRP 组。这些由 VRRP 路由器（连接在相同局域网中的接口）所组成的逻辑组，在这个局域网中的终端看来就像是一台网关路由器，因此 VRRP 组也称为虚拟路由器。例如，在图 4-2 中，VRRP 路由器 R1 和 VRRP 路由器 R2 连接局域网交换机的接口就被划分到了同一个 VRRP 组中，这个 VRRP 组在终端设备看来就是一台虚拟路由器。

（2）虚拟 IP 地址：在一个 VRRP 组中，多个路由器（接口）需要作为一台虚拟路由器对外提供服务，因此，这些路由器（接口）需要对外使用相同的 IP 地址来响应终端发送给默认网关目的 IP 地址的流量，这个 IP 地址就是 VRRP 组的虚拟 IP 地址。在图 4-2 中，VRRP 组的虚拟 IP 地址为 10.1.1.254/24。同一个 VRRP 组中可以有多个虚拟 IP 地址，但不同 VRRP 组的虚拟 IP 地址不能相同。

（3）虚拟 MAC 地址：在一个 VRRP 组中，多个路由器（接口）需要作为一台虚拟路由器对外提供服务，因此，这些路由器（接口）需要对外使用一致的虚拟 MAC 地址（不同于自己的实际 MAC 地址）来响应终端发送给默认网关目的 MAC 地址的流量，这个 MAC 地址就是 VRRP 组的虚拟 MAC 地址，所以虚拟 MAC 地址与 VRRP 组或组 ID 之间存在对应关系。在图 4-2 中，VRRP 组的虚拟 MAC 地址为 00-00-5E-00-01-10。

（4）VRID：同一个 VRRP 路由器（接口）有时需要参与多个 VRRP 组，因此需要有一个标识以区分每个 VRRP 组，VRID 就是标识不同 VRRP 组的标识符。例如，图 4-2 所示的 VRRP 组的 VRID 为"10"。

（5）主用（Master）路由器与备用（Backup）路由器：每个 VRRP 组中会有一个 VRRP 路由器（接口）充当主用路由器，这个主用路由器会承担局域网网关的角色，负责转发数据报文和周期性地向备用路由器发送 VRRP 报文；其他参与此 VRRP 组的 VRRP 路由器（接口）则充当备用路由器，备用路由器不负责转发数据报文，在主用路由器发生故障的时候，备用路由器会通过选举成为新的主用路由器。

（6）优先级：优先级是网络管理员在每个 VRRP 组中分配给各个 VRRP 路由器（接口）的参数，一个 VRRP 组中优先级最高的那个 VRRP 路由器（接口）会在主用路由器选举中胜出，承担主用路由器的角色。

（7）抢占：如果一台 VRRP 路由器工作在抢占模式（Preempt Mode）下，那么当这台 VRRP

路由器（接口）的 VRRP 优先级高于 VRRP 组中当前主用路由器的 VRRP 优先级时，这台 VRRP 路由器（接口）就会成为主用路由器；如果一台 VRRP 路由器工作在非抢占模式下，那么即使这台 VRRP 路由器（接口）的 VRRP 优先级高于 VRRP 组中当前主用路由器的 VRRP 优先级，这个 VRRP 路由器也不会在该主用路由器失效之前就成为主用路由器。

2. VRRP 封装格式

VRRP 当前包含 VRRPv2 和 VRRPv3 两个版本，前者仅适用于 IPv4 环境，后者则同时适用于 IPv4 和 IPv6 环境。VRRP 消息是封装在 IP 头部之内的，当内部封装的消息是 VRRP 消息时，IP 头部的协议字段的值取"112"，表示 IP 数据包内部封装的上层协议是 VRRP。同时 IP 头部的目的 IP 地址封装的地址为组播地址 224.0.0.18。下面介绍 VRRP 消息中包含的字段内容。VRRPv2 的头部封装格式如图 4-3 所示。

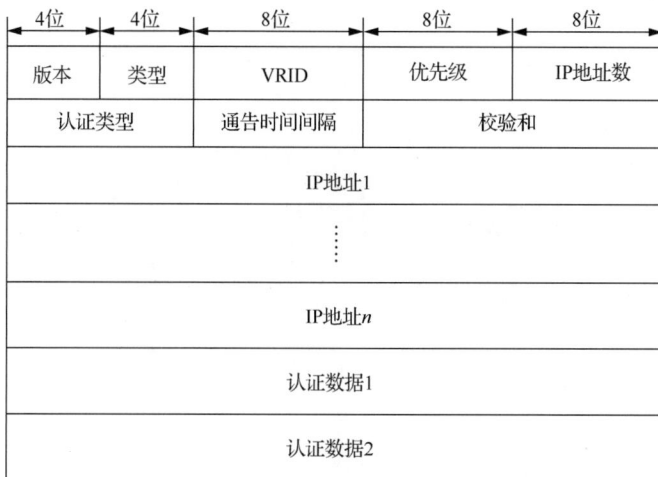

图 4-3　VRRPv2 的头部封装格式

通过图 4-3 可以看到，VRRP 消息中会携带前文介绍的 VRID 和优先级值，这两个字段在 VRRPv2 封装中定义的长度皆为 8 位，因此 VRID 和优先级取值的上限皆为"255"，即 8 位二进制数全部取"1"时对应的十进制数。其中，VRID 的取值范围是 1～255，而优先级的取值范围是 0～255，优先级值越大，表示这个接口在主用路由器选举中的优先级越高，"0"表示 VRRP 路由器接口立刻停止参与 VRRP 组，如果网络管理员给主用路由器赋优先级值为"0"，那么优先级最高的备用路由器就会被选举成为新的主用路由器，而 IP 地址拥有者的优先级值为"255"时，该设备会直接成为主用路由器，华为路由器接口默认的优先级值为"100"。

除了包含这两个字段之外，VRRP 封装中还包含下列字段。

（1）版本：对于 VRRPv2 的消息，这个字段的取值都为"2"。

（2）类型：这个字段的取值都为"1"，表示这是一个 VRRP 通告消息。目前，VRRPv2 只定义了通告消息这一种类型的消息。

（3）IP 地址数：同一个 VRRP 组可以有多个虚拟 IP 地址。这个字段的作用就是标识 VRRP 组的虚拟 IP 地址数量。

（4）认证类型：VRRPv2 定义了 3 种类型的认证，当这个字段取"0"时，表示该消息的始发 VRRP 设备未配置认证；当这个字段取"1"时，表示其采用了明文认证；当这个字段取"2"时，表示其采用了 MD5 认证。

（5）通告时间间隔：这个字段标识了 VRRP 设备发送 VRRP 通告的时间间隔，单位为 s。

（6）校验和：这个字段的作用是让接收方 VRRP 设备检测 VRRP 消息是否与始发时一致。

（7）IP 地址：这个字段的作用是标识 VRRP 组的虚拟 IP 地址。IP 地址数字段显示 VRRP 组中有多少个虚拟 IP 地址，消息的头部封装中就会包含多少个 IP 地址。

（8）认证数据：即 VRRP 消息的认证字段。

3. VRRP 的工作过程

VRRP 为局域网提供冗余网关时的步骤如下。

（1）VRRP 组选举出主用路由器，如图 4-4 所示。

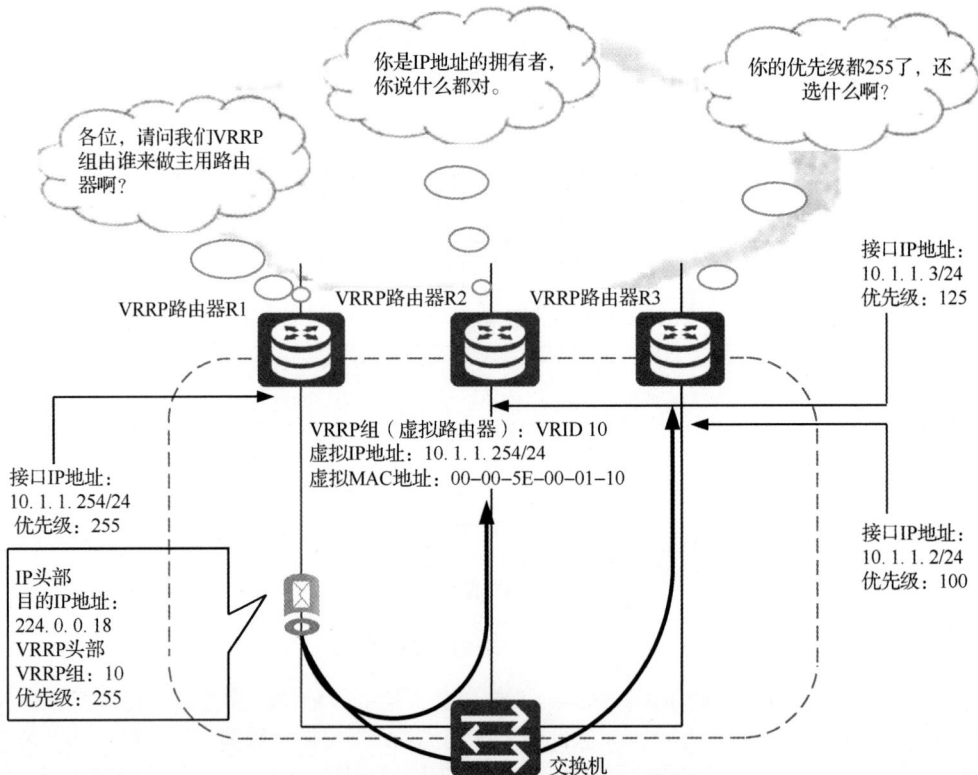

图 4-4　VRRP 组选举出主用路由器

VRRP 组中的路由器在选举主用路由器时，会先对比优先级，优先级最高的接口会成为主用路由器。如果多个 VRRP 路由器接口的优先级相同，则它们会继续对比接口的 IP 地址，IP 地址最高的接口会成为主用路由器。

（2）主用路由器主动在局域网中发送 ARP 响应消息来通告 VRRP 组中的虚拟 MAC 地址，并开始周期性地向 VRRP 组中的其他路由器发送 VRRP 通告以告知自己的信息和状态，如图 4-5 所示。

当局域网中的终端都获得了网关地址（即 VRRP 组虚拟 IP 地址）所对应的 MAC 地址（即 VRRP 组虚拟 MAC 地址）之后，它们就会使用虚拟 IP 地址和虚拟 MAC 地址封装数据。同时，所有 VRRP 组成员设备会接收到其他设备发送给网关虚拟地址的数据，但在所有 VRRP 组成员设备中，只有主用路由器会对这些数据进行处理或转发，备用路由器会丢弃发送给网关虚拟地址的数据，如图 4-6 所示。

如果主用路由器出现故障，那么 VRRP 组中的备用路由器就会因为在指定时间内没有接收到来自主用路由器的 VRRP 通告消息而发觉主用路由器已经无法为局域网提供网关服务，于是它们会重新选举新的主用路由器，并且开始为这个局域网中的终端转发往返于外部网络的数据。对于物理网关设备切换的过程，终端并不知情，这个过程也不会影响终端设备继续使用 VRRP 虚拟地址来封装发送给网关设备和外部网络的数据包，尽管此时对终端设备发送的数据包做出响应的物理设备已经不是以前那台网关设备了。

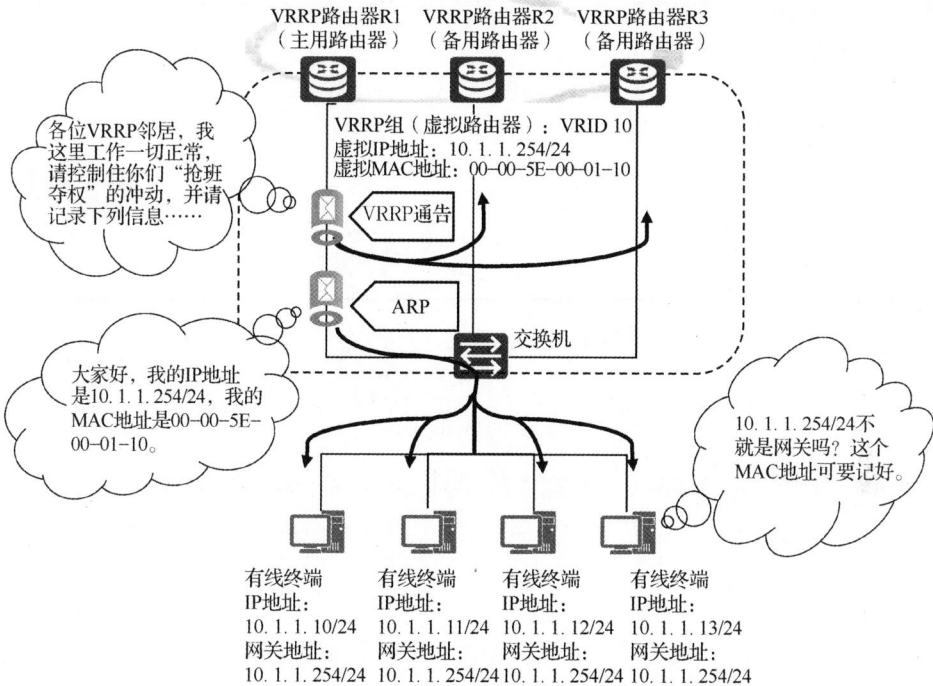

图 4-5　主用路由器在局域网中发送 ARP 和 VRRP 通告

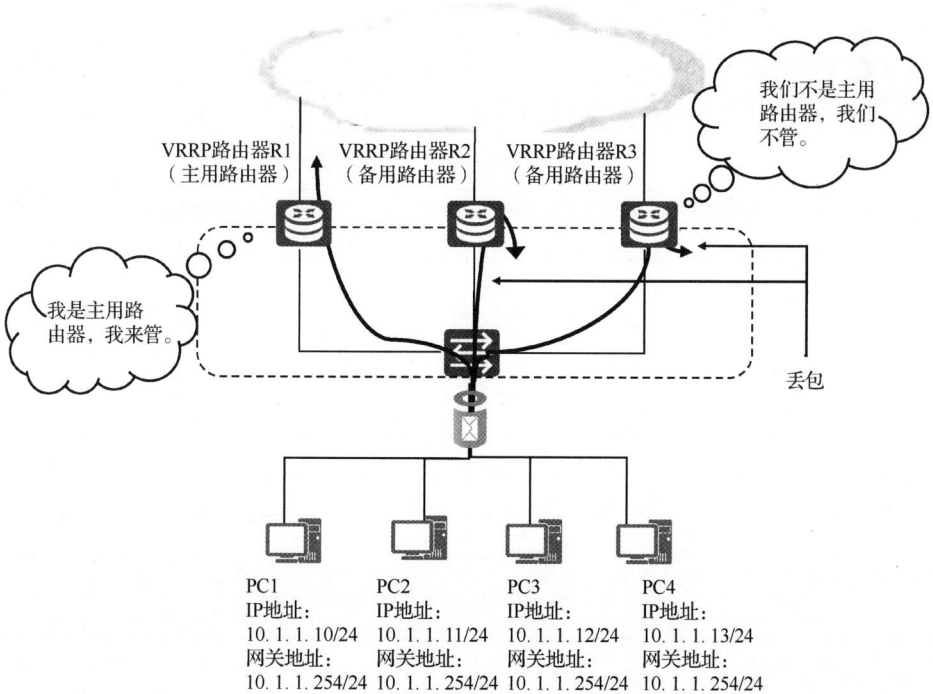

图 4-6　VRRP 主用路由器负责数据处理或转发

4.1.3 VRRP 的配置

1. VRRP 的基本配置

【案例 4-1】VRRP 的基本配置。

（1）案例背景与要求

在图 4-7 所示的某企业网络拓扑中，路由器 R1 和 R2 是两台连接企业网关（Gateway，GW）的路由器，GW 通过 ISP 接入 Internet。

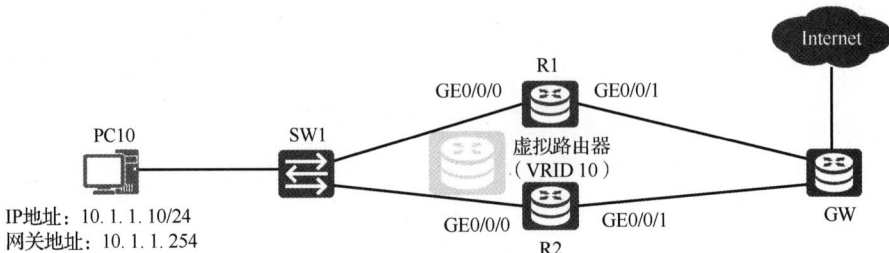

图 4-7 某企业网络拓扑

企业网要求网络管理员使用 VRRP 实现路由器 R1 和 R2 的路由备份，提高外网接入的可靠性。在默认情况下，路由器 R1 为主用路由器，路由器 R2 为备用路由器，企业内部用户（见图 4-7 中的 PC10）使用虚拟路由器的 IP 地址（10.1.1.254）作为网关地址。

> **补充说明：**
> 为了在本案例网络中实现任意节点之间的路由，在所有接口上都启用了 OSPF 协议。为了实现全网互通而实施的接口 IP 地址和 OSPF 协议的配置这里不再演示。本书在后文的配置案例中也不再演示诸如接口配置和动态路由协议配置等内容，而是把重点放在新功能和新协议的配置上。

（2）案例接口与地址规划

本案例的接口和 IP 地址规划如表 4-1 所示。

表 4-1 接口和 IP 地址规划

接口	IP 地址
VRRP 虚拟路由器 VRID 10	10.1.1.254
路由器 R1 接口 GE0/0/0	10.1.1.251/24
路由器 R1 接口 GE0/0/1	1.1.1.1/30
路由器 R2 接口 GE0/0/0	10.1.1.252/24
路由器 R2 接口 GE0/0/1	2.1.1.1/30
PC10 的 IP 地址	10.1.1.10/24
PC10 的网关地址	10.1.1.254
GW 与路由器 R1 相连的接口	1.1.1.2/30
GW 与路由器 R2 相连的接口	2.1.1.2/30
模拟 Internet 设备	172.16.1.1

（3）案例配置过程

在本案例中，管理员把 VRRP 的 VRID 设置为 10，并且把虚拟路由器 IP 地址设置为 10.1.1.254。

为了使路由器 R1 成为 VRRP 的主用路由器，路由器 R2 成为 VRRP 的备用路由器，网络管理员在路由器 R1 和 R2 的 GE0/0/0 接口上分别配置了以下信息。

① 在路由器接口上添加如下 VRRP 配置。

```
[R1]interface GigabitEthernet 0/0/0
[R1-GigabitEthernet0/0/0]vrrp vrid 10 virtual-ip 10.1.1.254
[R1-GignbitEthernet0/0/0]vrrp vrid 10 priority 150
[R2]interface GigabitEthernet 0/0/0
[R2-GigahitEthernet0/0/0]vrrp vrid 10 virtual-ip 10.1.1.254
```

以上配置中，在路由器 R1 的接口 GE0/0/0 上执行了【vrrp vrid 10 virtual-ip 10.1.1.254】命令，这条命令指定了 VRRP 备份组为 VRID 10，虚拟 IP 地址为 10.1.1.254。在实际工作中，网络管理员可以根据 VLAN ID 来设置 VRRP 备份组的 VRID。路由器 R1 的 GE0/0/0 接口上还执行了【vrrp vrid 10 priority 150】命令，这条命令会把此接口在 VRID 10 中的优先级值调整为 150，使其大于默认值 100，从而令路由器 R1 成为 VRID 10 的主用路由器。

在路由器 R2 的接口 GE0/0/0 上也指定了 VRID 10 和虚拟 IP 地址 10.1.1.254，没有配置优先级是为了保留 VRRP 优先级值为 100 的默认设置。

② 检查 VRRP 状态。

执行【display vrrp brief】命令，查看两台路由器上的 VRRP 简化信息。

```
[R1]display vrrp brief
Total:1   Master:1   Backup:0    Non-active:0
VRID State    Interface           Type    Virtual IP
-------------------------------------------------------------------------
10   Master   GE0/0/0             Normal  10.1.1.254
-------------------------------------------------------------------------
[R2]display vrrp brief
Total:1   Master:0   Backup:1    Non-active:0
VRID State    Interface           Type     Virtual IP
-------------------------------------------------------------------------
10   Backup   GE0/0/0             Normal   10.1.1.254
```

从上面的回显信息中可以看出，在路由器 R1 和 R2 上执行了【display vrrp brief】命令，不仅可以看到接口上配置的 VRID 和虚拟 IP 地址，还可以看到接口的角色。路由器 R1 上显示的"Master"表示本地路由器是 VRRP 的主用路由器，用来传输数据流量；路由器 R2 上显示的"Backup"表示本地路由器是 VRRP 的备用路由器，当主用路由器失效时，它能够成为 VRRP 的主用路由器。

③ 查看 VRRP 版本。

要查看当前路由器上运行的 VRRP 版本，可以执行【display vrrp protocol-information】命令。在路由器 R1 上执行这条命令，以下输出信息中第三行粗体部分表示 VRRP 版本为 VRRPv2。

```
[R1]display vrrp protocol-information
VRRP protocol information is shown as below
VRRP protocol version: v2
Send advertisement packet node send v2 only
```

④ 检测 VRRP 连通性及访问路径。

将 PC10 的网关地址设置为虚拟路由器 IP 地址 10.1.1.254。配置 VRRP 后，PC10 通过网络中的虚拟设备做网关访问 Internet。下面展示 PC10 和 Internet 的连通性测试情况（通过启用环回接口 172.16.1.1 模拟 Internet 设备），并通过执行【tracert】命令查看 PC10 访问 Internet 的路径追踪结果。

```
PC10>ping 172.16.1.1
PING 172.16.1.1: 32 data bytes, press CTRL_C to break
Reply from 172.16.1.1: bytes=32 Sequence=1 ttl=254 time=57 ms
Reply from 172.16.1.1: bytes=32 Sequence=2 ttl=254 time=45ms
Reply from 172.16.1.1: bytes=32 Sequence=3 ttl=254 time=47ms
Reply from 172.16.1.1: bytes=32 Sequence=4 ttl=254 time=42 ms
Reply from 172.16.1.1: bytes=32 Sequence=5 ttl=254 time=46 ms
-------------------------------------------------------------------------
PC10>tracert 172.16.1.1
traceroute to 172.16.1.1 , 8 hops max
（ICMP），press Ctrl+C to stop
1  10.1.1.251   32ms  43ms  32ms
2  172.16.1.1   56ms  48ms  42ms
```

从执行【ping】命令的结果中可以看出，PC10能够成功访问Internet。从执行【tracert】命令输出结果的粗体部分可以确认数据包传输的路径是PC10→R1→GW，从而验证了VRRP的配置效果，即路由器R1为VRRP的主用路由器，负责传输PC10的数据流量。

⑤ 配置VRRP使其能追踪上行接口状态。

在路由器R1和R2的GE0/0/0接口上配置好VRRP的相关设置后，VRRP即可正常工作，在网络一切正常的情况下，VRRP主用路由器（路由器R1）会通过GE0/0/0接口周期性地发送VRRP消息，这使路由器R2能够检测到10.1.1.0/24网络中的路由器R1是否出现了故障，例如，路由器R1的GE0/0/0接口出现问题无法发送数据包，或者路由器R1整体宕机。

如果路由器R1与GW相连的链路出现问题而中断，则路由器R2是无法获得任何通知的，此时，路由器R1仍是VRRP的主用路由器，仍负责转发PC10发送过来的数据流量，但由于上行链路中断，PC10实际上是无法通过GW访问Internet的。

既然配置VRRP的目的是确保局域网中的主机能够在一台网关设备出现问题时，仍可以通过另一台网关设备进行通信，那么需要让VRRP根据上行链路的状态进行相应切换，因此，网络管理员在路由器R1的GE0/0/0接口上配置了以下命令，以实现VRRP追踪上行接口状态这一目标。

```
[R1]interface GigabitEthernet 0/0/0
[R1-GigabitEthernet0/0/0]vrrp vrid 10 track interface GE0/0/1 reduced 100
```

从配置命令可以看出：路由器R1要在VRRP VRID 10中追踪接口GE0/0/1的状态，当GE0/0/0的状态变为Down时，把VRRP VRID 10的优先级值减少100。如果将路由器R1接口GE0/0/0的VRID 10优先级值配置为150，则当其优先级值减少100后会变为50，从而低于路由器R2接口GE0/0/0的优先级值100。这样，路由器R2就可以通过优先级抢占主用路由器这一角色。

手动关闭路由器R1的接口GE0/0/1来模拟上行链路故障，观察路由器R1上的VRRP相关状态变化信息，操作方法如下。

```
[R1]interface GigabitEthernet 0/0/1
[R1-GigabitEthernet0/0/1]shutdown
Jan 20 2020 05:50:09-08:00 ARI  %%01IFPDT/4/IF_STATE(l)[0]:Interface GigabitEther
net0/0/1 has turned into DOWN state.
Jan 20 2020 05:50:09-08:00 R1  %%01IFNET/4/LINK_STATE(l)[1]:The line protocol IP
 on the interface GigabitEthernet0/0/1 has entered the DOWN state.
Jan 20 2020 05:50:09-08:00 R1  %%01VRRP/4/STATEWARNINGEXTEND(l)[2]:Virtual Route
r state MASTER changed to BACKUP, because of priority calculation. (Interface=
```

```
Giga
   bitEthernet0/0/0, VrId=167772160, InetType=IPv4)
   [R1-GigabitEthernet0/0/1]
   Jan 20 2020 05:50:09-08:00 R1 VRRP/2/ VRRPMASTERDOWN:OID 16777216. 50331648.10066
3296.16777216.67108864.16777216.3674669056.83886080.419430400.2130706432.33
55443
   2.503316480.16777216 The state of VRRP changed from master to other state. (Vrrp
   IfIndex=50331648, VrId=167772160, IfIndex=50331648, IPAddress=251.1.1.10, NodeNa
   me=R1, IfName=GigabitEthernet0/0/0, CurrentState=Backup, ChangeReason=priority
Calculation(GE0/0/1 down))
```

从以上回显信息中可以看出，在路由器 R1 的接口 GE0/0/1 上执行了【shutdown】命令后，自动弹出的提示信息显示路由器 R1 接口状态从 Up 变为 Down，由于优先级值重新计算，VRRP 状态也从 Master 变为 Backup，从回显信息中的粗体部分可以看出变化的原因是 GE0/0/1 接口状态变为了 Down。

查看路由器 R2 上的提示信息，可以看出路由器 R2 成为 VRRP 的主用路由器。

```
[R2]
   Jan  20  2020  06:50:09-08:00  R2  VRRP/2/VRRPCHANGETOMASTER:OID  16777216.
50331648.1
   00663296.16777216.33554432.16777216.1140850688.0.16777216 The status of VRRP cha
   nged  to  master.  (VrrpIfIndex=50331648,  VrId=167772160,  IfIndex=50331648,
IPAddre
   ss=252.1.1.10, NodeName=R2, IfName=GigabitEthernet0/0/0, ChangeReason=priority
   Calculation)
   [R2]
   Jan 20 2020 06:50:09-08:00 R2 %%01VRRP/4/STATEWARNINGEXTEND(l)[0]:Virtual Route
   r state BACKUP changed to MASTER, because of protocol timer expired. (Interface=
   GigabitEthernet0/0/0, VrId=167772160, InetType=IPv4)
```

为了验证效果，再次在 PC 上执行【tracert】命令进行路径跟踪测试，并观察如下测试结果。

```
PC10>tracert 172.16.1.1
traceroute to 172.16.1.1 , 8 hops max
（ICMP），press Ctrl+C to stop
1  10.1.1.252   92ms   45ms   30ms
2  172.16.1.1   46ms   42ms   46ms
```

从路径跟踪回显信息的粗体部分中可以清楚地知道，当前 PC10 已经开始通过路由器 R2 的 GE0/0/0 接口来访问 Internet，因此，VRRP 的主用路由器与备用路由器切换成功。

⑥ 配置 VRRP 的抢占。

华为设备默认启用 VRRP 抢占功能，当路由器 R1 的 VRRP 优先级降低时，路由器 R2 能够自动抢占路由器 R1 成为 VRRP 主用路由器。当路由器 R1 的接口 GE0/0/1 的故障解除、功能恢复后，路由器 R1 将从路由器 R2 中重新夺回 VRRP 主用路由器的角色。开启路由器 R1 接口 GE0/0/1 的 VRRP 抢占功能，并观察 VRRP 状态变化，具体命令如下。

```
[R1]interface GigabitEthernet 0/0/1
   [R1-GigabitEthernet0/0/1]undo shutdown
   [R1-GigabitEthernet0/0/1]
   Jan 20 2020 07:41:17-08:00 R1 %%01IFPDT/4/IF_STATE(l)[4]:Interface
GigabitEthernet 0/0/1 has turned into UP state.
   [R1-GigabitEthernet0/0/1]
   Jan 20 2020 07:41:17-08:00 R1%%01IFNET/4/LINK_STATE(l)[5]:The line protocol IP
```

```
on the interface GigabitEthernet0/0/1 has entered the UP state.
  [R1-GigabitEthernet0/0/1]
  Jan 20 2020 07:41:17-08:00 R1 %%01VRRP/4/STATEWARNINGEXTEND(1)[6]: Virtual
Router state BACKUP changed to MASTER, because of priority calculation. (Interface=
GigabitEthernet0/0/0, VrId=167772160, InetType=IPv4)
```

从路由器 R1 的回显信息可以看出，执行【undo shutdown】命令启用了接口 GE0/0/1 后，路由器 R1 马上从路由器 R2 中夺回了 VRRP 主用路由器的角色。执行【display vrrp 10】命令，查看路由器 R1 上 VRRP 的抢占状态。

```
[R1]display vrrp 10
GigabitEthernet0/0/0 │Virtual Router 10
State : master
Virtual IP : 10.1.1.254
Master IP : 10.1.1.251
PriorityRun: 150
PriorityConfig : 150
MasterPriority: 150
Preempt: YES  Delay Time: 0 s
TimerRun: 1 s
Timer Config: 1 s
```

从回显信息的粗体部分中可以看到，抢占功能是开启的，并且延迟时间为 0s（默认设置）。也就是说，当路由器感知到需要切换 VRRP 状态的事件后，它会立即进行切换。除此之外，这条命令的输出内容中还包括接口上有关 VRRP 的其他配置信息。

为了查看路由器 R1 的 GE0/0/0 接口在 VRID 10 中的 VRRP 状态变化情况，可以执行【display vrrp state-change interface GigabitEthernet 0/0/0 vrid 10】命令。回显信息展示的正是关闭和启用路由器 R1 的接口 GE0/0/1 导致的 VRRP 状态切换事件。

```
[R1]display vrrp state-change interface GigabitEthernet 0/0/0 vrid 10
Time                         Sourcestate DestState   Reason
-----------------------------------------------------------------
2020-01-20 05:42:00 UTC-08:00 Iinitialist Backup     Interface up
2020-01-20 05:42:03 UTC-08:00 Backup      Master     Protocol timer expired
2020-01-20 06:32:00 UTC-08:00 Master      Backup     Priority calculation
2020-01-20 07:42:08 UTC-08:00 Backup      Master     Priority calculation
```

2. VRRP 的认证配置

VRRP 认证的目的是加强 VRRP 的安全性，VRRP 认证指在 VRRP 设备的协商消息中添加认证参数，使具有相同认证配置的设备之间能够进行 VRRP 协商。

【案例 4-2】VRRP 的认证配置。

（1）案例背景与要求

在图 4-7 所示的网络拓扑中添加一台 PC20，设置其 IP 地址为 10.1.1.20/24、网关地址为 10.1.1.253。管理员要在路由器 R1 和 R2 上添加一个 VRRP 备份组，将 VRID 设置为 20，虚拟 IP 地址设置为 10.1.1.253，主用路由器为路由器 R2，备用路由器为路由器 R1，并且它们之间需要使用密码进行 VRRP 通信，具体网络拓扑如图 4-8 所示。

（2）案例配置过程

分别在路由器 R1 和 R2 上配置 VRRP VRID 20 并启用认证功能。

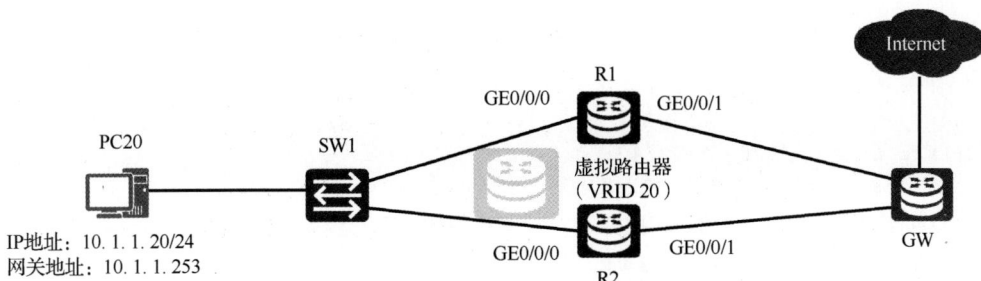

图 4-8　VRRP 的认证网络拓扑

```
[R1]interface GigabitEthernet 0/0/0
[R1-GigabitEthernet0/0/0]vrrp vrid 20 virtual-ip 10.1.1.253
[R1-GigabitEthernet0/0/0]vrrp vrid 20 authentication-mode simple plain huawei
------------------------------------------------------------------------
[R2]interface GigabitEthernet 0/0/0
[R2-GigabitEthernet0/0/0]vrrp vrid 20 virtual-ip 10.1.1.253
[R2-GigabitEthernet0/0/0]vrrp vrid 20 priority 150
[R2-GigabitEthernet0/0/0]vrrp vrid 20 authentication-mode simple plain huawei
```

执行【vrrp vrid 20 priority 150】命令可将路由器 R2 在 VRID 20 中的优先级值调整为 150，使路由器 R2 成为主用路由器。启用 VRRP 认证的命令为【vrrp vrid 20 authentication-mode simple plain huawei】，此命令的完整语法是【vrrp vrid *virtual-router-id* authentication-mode{simple {key| plain *key* | cipher *cipher-key*}|md5 *md5-key*} 】，其中，重要的可选参数如下。

① simple | md5：指定认证密码在网络中的传输模式，"simple"表示以明文进行传输，"md5"表示以密文进行传输，后者更为安全。

② simple { key | plain *key* | cipher *cipher-key*}：在关键字 simple 后面可以直接配置执行认证所使用的密码，长度为 1～8 字符，plain 和 cipher 指定了认证密码在配置中的保存模式，"plain"表示以明文保存在配置中，"cipher"表示以密文保存在配置中，后者更为安全。

为了更清晰地展示配置命令与【display】命令输出内容之间的关系，这里使用了加密认证配置的所有组合中最不安全的做法，即认证密码在网络中以明文的形式传输，并在路由器配置中以明文的形式保存密码。在实际工作中，建议网络管理员使用更安全的配置选项。

（3）案例验证

以路由器 R1 为例进行 VRRP 认证功能的验证，在路由器 R1 上执行【display vrrp 20】命令，验证 VRRP VRID 20 的状态。

```
[R1]display vrrp 20
GigabitEthernet0/0/0 | Virtual Router 20
State : Backup
Virtual IP: 10.1.1.253
Master ip: 10.1.1.252
PriorityRun : 100
PriorityConfig : 100
MasterPriority : 150
Preempt : YES   Delay Time : 0 s
TimerRun : 1 s
TimerConfig : 1 s
Auth type : SIMPLE   Auth key : huawei
```

```
Virtual MAC : 0000-5e00-0120
Check TTL : YES
Config type : normal-vrrp
Backup-forward : disabled
Create time : 2020-01-20 13:20:14 UTC-08:00
Last change time : 2020-01-20 13:31:59 UTC-08:00
```

从认证状态信息的粗体部分可以知道，在路由器 R1 上已经启用了 VRRP 认证功能，认证模式为"SIMPLE"，认证密码为"huawei"。

对比分析 VRRP 的 VRID 10 和 VRID 20 的配置，可以知道，VRRP 的认证是基于 VRRP 备份组进行设置的，认证模式和密码不是固定的，可以为不同的 VRRP 备份组设置不同的认证模式和不同的认证密码。

3. VRRP 的负载均衡

（1）VRRP 负载均衡的概念

从图 4-9 所示网络拓扑的流量路径可以看出，基于前面的配置，网络环境中已经通过 VRRP 实现了流量的负载均衡，PC10 和 PC20 分别通过路由器 R1 和 R2 成功访问 Internet。

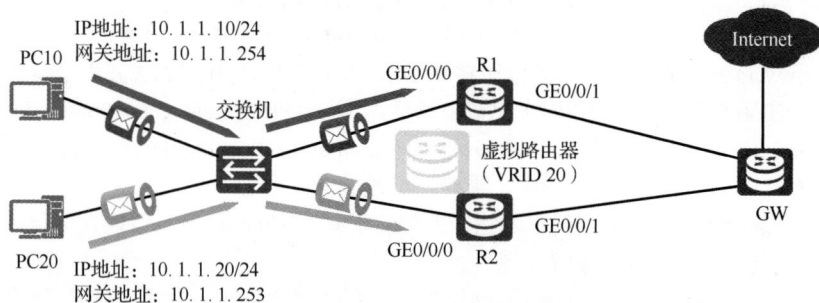

图 4-9　VRRP 负载均衡网络拓扑

（2）VRRP 负载均衡的验证

从 PC10 和 PC20 发往 Internet 的数据包的路径认证 VRRP 的负载均衡：PC10 的数据包会去往路由器 R1，PC20 的数据包会去往路由器 R2。分别在 PC10 和 PC20 上执行【tracert】命令验证负载均衡的结果。

```
PC10>tracert 172.16.1.1
traceroute to 172.16.1.1 , 8 hops max
（ICMP），press Ctrl+C to stop
1  10.1.1.251   95ms  47ms  43ms
2  172.16.1.1   46ms  48ms  40ms
--------------------------------------------------------------------
PC20>tracert 172.16.1.1
traceroute to 172.16.1.1 , 8 hops max
（ICMP），press Ctrl+C to stop
1  10.1.1.252   75ms  64ms  46ms
2  172.16.1.1   64ms  72ms  67ms
```

通过在路由器 R1 和 R2 上执行【display vrrp brief】命令查看 VRRP 的状态信息。

```
[R1]display vrrp brief
Total:2   Master:1   Backup:1   Non-active:0
VRID  State    Interface            Type      Virtual IP
```

```
--------------------------------------------------------------------
10    Master    GE0/0/0              Normal    10.1.1.254
20    Backup    GE0/0/0              Normal    10.1.1.253

[R2]display vrrp brief
Total:2    Master:1    Backup:1 Non-active:0
VRID  State    Interface           Type      Virtual IP
--------------------------------------------------------------------
10    Backup    GE0/0/0              Normal    10.1.1.254
20    Master    GE0/0/0              Normal    10.1.1.253
```

从执行【display vrrp brief】命令的回显信息中可以明确看出，路由器 R1 是 VRID 10 的主用路由器，是 VRID 20 的备用路由器；路由器 R2 是 VRID 20 的主用路由器，是 VRID 10 的备用路由器。当为用户设置网关时，类似 PC10 和 PC20 的两部分用户主机分别以 10.1.1.254 和 10.1.1.253 作为网关地址，实现了负载均衡。

4.2 链路聚合

随着企业网络访问量的不断增大，用户对骨干链路的带宽和可靠性提出了更高的要求。虽然针对网络中的关键节点部署 VRRP 技术提供的网关冗余方案可以为网络中的终端提供设备层面的冗余，但是无法实现端口层面和链路层面的冗余。通过更换高速率接口模块、支持高速率接口板的设备等传统方式增加带宽需要付出高昂的费用，且灵活性差。因此，针对网络中的非关键节点部署设备层面的冗余并不合理。此时，采用链路聚合部署端口或链路的冗余技术显得尤为重要。链路聚合技术可以在不依赖硬件升级的条件下，将多个物理接口捆绑为一个逻辑接口，不但增加了链路带宽，而且有效地提高了设备间链路的可靠性。

V4-2　链路聚合

4.2.1 链路聚合概述

1. 链路聚合的含义

在企业网三层设计方案的拓扑结构中，接入层交换机的端口占用率最高，因为接入层交换机需要为大量的终端设备提供连接，并且将大多数往返于这些终端的流量转发给汇聚层交换机，这意味着接入层交换机和汇聚层交换机之间的链路需要承载更大的流量。所以，接入层交换机与汇聚层交换机之间的链路应该拥有更高的速率。

在汇聚层或核心层，如果希望扩展设备之间的链路带宽，则面临着类似的问题。如果采用高速率端口，则会提高设备成本，扩展性又差。采用多条平行链路连接两台路由设备的做法虽然不会受到 STP 的影响而导致只有一条链路可用，但是网络管理员必须在每条链路上为两端的端口分别分配一个 IP 地址，而这样势必会增加 IP 地址资源的消耗，IP 网络的复杂性也会增加，如图 4-10 所示。

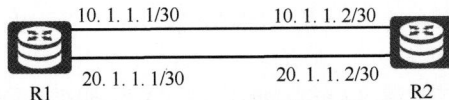

图 4-10　三层设计方案中的链路增加了 IP 地址资源的消耗

通过上面的描述，可以得出这样的结论：无论在接入层、汇聚层还是核心层，链路聚合这种捆绑技术可以将多个以太网链路捆绑为一条逻辑以太网链路。因此，当采用多条以太网链路连接两台设备的链路聚合设计方案时，所有链路的带宽都可以充分用来转发两台设备之间的流量，如果使用三层链路连接两台设备，则可以起到节省 IP 地址的作用。

2. 链路聚合的基本概念

（1）聚合组

聚合组是一组以太网端口的集合。聚合组是随着聚合端口的创建自动生成的，其编号与聚合端口编号相同。

根据加入聚合组中的以太网端口的类型，聚合组可以分为以下两类。

① 二层聚合组：随着二层聚合端口的创建自动生成，只包含二层以太网端口。

② 三层聚合组：随着三层聚合端口的创建自动生成，只包含三层以太网端口。

（2）聚合组中成员的端口状态

聚合组中成员的端口包含以下两种状态。

① Selected 状态：端口处于此状态时可以参与转发用户业务流量。聚合端口的速率、双工状态由其 Selected 成员端口决定，其速率是各成员端口的速率和，其双工状态与成员端口的双工状态一致。

② Unselect 状态：端口处于此状态时不可以参与转发用户业务流量。

（3）链路聚合的实现方式

目前，华为设备的不同系列产品和系统版本对应的配置命令有所不同。链路聚合可以通过以下 3 种方式实现。

① link-aggregation group 组，主要用于交换机上的以太网链路聚合。

② IP-Trunk 组，主要用于带 POS（Packet Over SONET/SDH）接口的路由器、交换机、宽带接入服务器（Broadband Access Server，BAS）的链路聚合。

③ Eth-Trunk 组，主要用于交换机、路由器、BAS 的以太网接口聚合。

4.2.2 链路聚合的模式

建立链路聚合也像设置端口速率一样有手动配置和动态协商两种方式。在华为的 Eth-Trunk 组中，前者称为手动模式（Manual Mode），后者则根据协商协议——链路聚合控制协议（Link Aggregation Control Protocol，LACP）被命名为 LACP 模式（LACP Mode）。

1. 手动模式

配置手动模式的 Eth-Trunk 就像配置静态路由，或者在本地设置端口速率一样，是一种把功能设置本地化、静态化的操作方式。具体来说，就是网络管理员在一台设备上创建 Eth-Trunk，根据自己的需求将多个连接同一台交换机的端口都添加到此 Eth-Trunk 中，并在对端交换机上执行对应的操作。因此，对于采用手动模式配置的 Eth-Trunk，设备之间不会就建立 Eth-Trunk 而交互信息，它们只会按照网络管理员的操作执行链路捆绑操作，并采用负载均衡的方式通过捆绑的链路发送数据。

采用手动模式建立的 Eth-Trunk 就像静态添加到路由表中的路由条目一样，它比动态学习到的路由更加稳定，但缺乏灵活性。如果静态路由的出接口处于“Down”状态，那么路由器会将这条静态路由从路由表中暂时删除，直至出接口的状态恢复为止，否则即使这条静态路由是一个“路由黑洞”，路由器也会进行转发。

同理，如果采用手动模式配置的 Eth-Trunk 中有一条链路出现了故障，那么双方设备可以检测到这一点，并不再使用故障链路，而继续使用其他正常的链路来发送数据。尽管因为链路故障导致一部分带宽无法使用，但是通信的效果仍然可以得到保障，如图 4-11 所示。

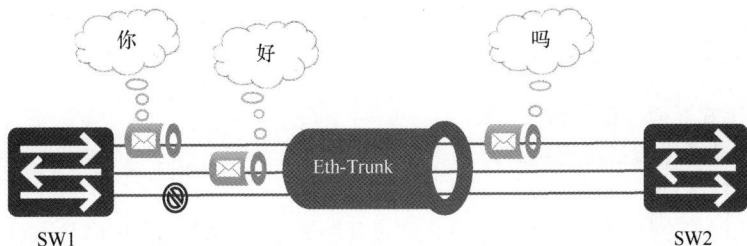

图 4-11　出现故障后，采用手动模式配置的 Eth-Trunk 使用其他链路发送数据

2. LACP 模式

LACP 模式旨在为建立链路聚合的设备提供协商和维护 Eth-Trunk 的标准。网络管理员配置 LACP 模式的 Eth-Trunk 时，需要先在两边的设备上创建 Eth-Trunk 逻辑端口，再将这个端口配置为 LACP 模式，最后把需要捆绑的物理端口添加到 Eth-Trunk 中。

在 Eth-Trunk 环境中，有时也存在以下需求：对于捆绑在 Eth-Trunk 中的链路，有时候希望两台设备只将其中的 M 条链路作为主用链路来负载均衡流量，另外的 N 条链路则等待主用链路出现故障时进行替换。这种需求可以通过 LACP 模式提供的一种称为 $M:N$ 模式的备份链路机制来实现。下面介绍两台设备是如何协商建立 LACP 模式的 Eth-Trunk 的。

首先，两台设备会分别在网络管理员完成 LACP 配置之后，开始向对端发送 LACP 数据单元（即 LACPDU），在双方交换的 LACPDU 中，包含一个称为系统优先级的参数。在完成 LACPDU 的交换之后，双方交换机会使用系统优先级来判断谁充当两者中的 LACP 主动端。如双方系统优先级相同，则 MAC 地址较小的交换机会成为 LACP 主动端。

其次，在确定 LACP 主动端之后，双方会继续依次比较 LACP 主动端设备各个端口的 LACP 优先级。端口优先级同样包含在各个端口发出的 LACPDU 中，其中，端口优先级最高（端口优先级的数值越低，代表优先级越高）的 N 个端口会与对端建立 Eth-Trunk 主用链路，其余端口则会与对端建立 Eth-Trunk 备用链路。在图 4-12 中，交换机 SW1 的系统优先级高于交换机 SW2，因此，交换机 SW1 成为 LACP 主动端。又因为网络管理员将主用链路的数量设置为两条，而交换机 SW1 的端口 1、3 的优先级最高，所以 Eth-Trunk 中的端口 1、3 所连接的链路为主用链路，而端口 2 连接的链路为备用链路。此时，交换机 SW2 上端口 2 的优先级最高也无法成为主用链路，因为主备链路的选举只由主动端交换机根据自身端口优先级来决定。

图 4-12　LACP 模式 Eth-Trunk 的主用链路和备用链路

在图 4-12 中，如果交换机 SW1 的端口 1 或端口 3 无法通信，那么端口 2 所连接的链路就会被激活并开始承担流量负载，这就是 LACP 模式 Eth-Trunk 提供的 $M:N$ 备份机制。

最后，在 Eth-Trunk 的 LACP 主动端上，当有一个比主用链路端口优先级更高的端口被添加进来，或者故障端口得到恢复后，这个端口所连接的链路是否作为主用链路被添加到 Eth-Trunk 中，取决于 Eth-Trunk 是否配置了抢占模式。即如果网络管理员没有配置抢占模式，那么即使新加入或恢复的端口优先级比当前主用链路所连端口的优先级更高，这些端口所在的链路也不会成为主用链路。

4.2.3　链路聚合的配置

1.用手动模式配置链路聚合

【案例4-3】用手动模式配置链路聚合。

（1）案例背景与要求

按图4-13所示的网络拓扑，用手动模式配置交换机SW1、SW2的GE0/0/1、GE0/0/2端口来进行链路聚合。

图4-13　链路聚合网络拓扑

（2）案例配置过程

在交换机SW1和SW2上执行如下命令。

```
[SW1]interface eth-trunk 1
[SW1-Eth-Trunk1]trunkport GigabitEthernet0/0/1 to 0/0/2
[SW1-Eth-Trunk1]port link-type trunk
[SW1-Eth-Trunk1]port trunk allow-pass vlan all
----------------------------------------------------------------
[SW2]interface eth-trunk 1
[SW2-Eth-Trunk1]trunkport GigabitEthernet0/0/1 to 0/0/2
[SW2-Eth-Trunk1]port link-type trunk
[SW2-Eth-Trunk1]port trunk allow-pass vlan all
```

命令注释如下。

① interface eth-trunk 1：系统视图命令，用来创建并进入Eth-Trunk端口，可以指定Eth-Trunk端口的编号，取值范围视设备类型而不尽相同，一般为0～63，此处为1。

② trunkport GigabitEthernet0/0/1 to 0/0/2：Eth-Trunk端口视图命令，作用是向Eth-Trunk端口中添加成员端口，网络管理员可以使用关键字"to"快速添加多个编号连续的端口。需要注意的是，在一个Eth-Trunk中，网络管理员必须指定类型相同的端口。此处是把端口GE0/0/1和GE0/0/2作为成员端口添加到Eth-Trunk 1中。

③ port link-type trunk：Eth-Trunk端口视图命令，作用是设置端口的链路类型为Trunk，这与普通物理端口的命令相同。

④ port trunk allow-pass vlan all：Eth-Trunk端口视图命令，作用是允许这个Trunk链路发送VLAN流量，这与普通物理端口的命令相同。此处用"all"表示放行所有VLAN的流量，可以执行【display eth-trunk 1】命令来检查Eth-Trunk及其成员端口的状态。

2.用LACP模式配置链路聚合

【案例4-4】用LACP模式配置链路聚合。

（1）案例背景与要求

按图4-13所示的网络拓扑，用LACP模式配置交换机SW1和SW2的链路聚合。

（2）案例配置过程

在交换机SW1和SW2上执行如下命令。

```
[SW1]interface eth-trunk 2
[SW1-Eth-Trunk2]mode lacp-static
[SW1-Eth-Trunk2]trunkport GigabitEthernet0/0/1 to 0/0/2
```

```
--------------------------------------------------------------------------------
[SW2]interface eth-trunk 2
[SW2-Eth-Trunk2]mode lacp-static
[SW2-Eth-Trunk2]trunkport GigabitEthernet0/0/1 to 0/0/2
```

命令注释如下。

① interface eth-trunk 2：系统视图命令，用来创建并进入 Eth-Trunk 端口，这条命令与用手动模式配置相同，可以指定 Eth-Trunk 端口的编号，取值范围是 0～63，本例中选择 2。

② mode lacp-static：Eth-Trunk 端口视图命令，用来启用 LACP 模式。默认情况下，Eth-Trunk 的工作模式是手动模式，如果需要把当前为 LACP 模式的 Eth-Trunk 接口更改为手动模式，则需要在 Eth-Trunk 端口视图中执行【mode manual】命令。两端设备的 Eth-Trunk 的工作模式必须相同，需要注意的是，将 Eth-Trunk 端口更改为 LACP 模式时，Eth-Trunk 中可以包含成员接口，但将 Eth-Trunk 端口更改为手动模式时，Eth-Trunk 端口中不能有任何成员端口。

③ trunkport GigabitEthernet0/0/1 to 0/0/2：Eth-Trunk 端口视图命令，用来向 Eth-Trunk 端口中添加成员端口，这条命令与用手动模式配置相同。网络管理员可以在两个端口编号之间使用关键字 "to" 来快速添加多个编号连续的端口。需要注意的是，在一个 Eth-Trunk 中，网络管理员必须指定类型相同的端口，在本例中，网络管理员把端口 GE0/0/1 和 GE0/0/2 作为成员端口添加到 Eth-Trunk 2 中。除了以这种方式添加成员端口外，网络管理员还可以在成员端口视图中执行【eth-trunk *trunk-id*】命令，使当前端口加入某个 Eth-Trunk。在将成员端口加入 Eth-Trunk 中时，要注意以下事项。

a. 每个 Eth-Trunk 端口最多支持 8 个成员端口。

b. 在把成员端口加入 Eth-Trunk 中时，成员端口必须为默认的端口类型。

c. 加入 Eth-Trunk 的成员端口不能是 Eth-Trunk 端口。

d. 一个以太网端口只能加入一个 Eth-Trunk，如果网络管理员要将它添加到其他 Eth-Trunk 中，则需要使其退出当前的 Eth-Trunk。

e. 一个 Eth-Trunk 中的所有成员端口必须为相同类型。

f. 一条链路两端的端口必须都加入同一个 Eth-Trunk，这样两端设备才能够正常通信。

g. Eth-Trunk 链路两端的物理端口的数量、速率、双工模式等参数必须保持一致。

（3）案例验证

网络管理员可以执行【display eth-trunk 2】命令来检查 Eth-Trunk 及其成员端口的状态，详见下列配置。

```
[SW1]display eth-trunk 2
Eth-Trunk 2's state information is:
Local:
LAG ID:2                       WorkingMode:  STATIC
Preempt Delay: Disabled        Hash arithmetic: According to SIP-XOR-DIP
System Priority: 32768         System ID: 4cbf-ecc1-344a
Least Active-link number: 1    Max Active-link number: 8
Operate status: up             Number of Up Port In Trunk: 2
--------------------------------------------------------------------------------
ActorPortName            Status  PortType PortPri PortNo PortKey PortState Weight
GigabitEthernet0/0/1     Selected 1GE      32768   2      7729    10111100  1
GigabitEthernet0/0/2     Selected 1GE      32768   3      7729    10111100  1
Partner:
--------------------------------------------------------------------------------
```

ActorPortName	SysPri	SystemID	PortPri	PortNo	PortKey	PortState
GigabitEthernet0/0/1	32768	4c1f-cc75-3550	32768	2	7729	10111100
GigabitEthernet0/0/2	32768	4c1f-cc75-3550	32768	3	7729	10111100

此处执行【display eth-trunk 2】命令的输出信息比用手动模式配置时的信息丰富很多，并且显示信息分为两部分，前一部分为本地成员端口信息，后面的粗体部分为对端成员端口信息。部分输出字段的含义如下。

① ActorPortName：本地成员端口或对端成员端口的名称。

② Status：本地成员端口的状态，在 LACP 模式下，状态分为 Selected（表示端口被选中并成为主用端口）和 Unselect（表示端口未被选中并成为备用端口）；在手动模式下，状态分为 Up（表示端口状态正常）和 Down（表示端口出现物理故障）。

③ PortType：本地成员端口的类型。

④ PortPri：本地成员端口或对端成员端口的 LACP 端口优先级。

3. LACP 系统优先级

在 LACP 模式下，两端设备的活动端口必须保持一致，这样才能正常建立 Eth-Trunk，为了让两端设备动态地确定活动端口，LACP 会根据系统优先级确定主动端，并让主动端来选择活动端口。网络管理员可以手动更改这个参数，优先级的取值范围是 0～65535，默认值为 32768，数值越小，优先级越高。在默认情况下，两端优先级相同，此时，会使用系统 MAC 地址来确定谁是主动端（MAC 地址小的为主动端）。在案例 4-4 中，要让交换机 SW1 成为主动端，需要将其 LACP 系统优先级值设置为 3000。在交换机 SW1 上设置 LACP 系统优先级的值并查看相关信息的命令如下。

```
[SW1]lacp priority 3000
[SW1]display eth-trunk 2
Eth-Trunk 2's state information is:
Local:
LAG ID:2                         WorkingMode: STATIC
Preempt Delay: Disabled          Hash arithmetic: According to SIP-XOR-DIP
System Priority: 3000            System ID: 4cbf-ecc1-344a
Least Active-link number: 1      Max Active-link number: 8
Operate status: up               Number of Up Port In Trunk: 2
--------------------------------------------------------------
ActorPortName         Status    PortType PortPri PortNo PortKey PortState Weight
GigabitEthernet0/0/1  Selected  1GE      32768   2      7729    10111100  1
GigabitEthernet0/0/2  Selected  1GE      32768   3      7729    10111100  1
```

在上面的配置中，执行【lacp priority 3000】命令，将交换机 SW1 的 LACP 系统优先级值更改为 3000，执行【display eth-trunk 2】命令，确认配置的变更结果，回显信息的粗体部分显示了交换机 SW1 本地的 LACP 系统优先级值为 3000。

4. LACP 端口优先级

LACP 端口优先级的配置命令与 LACP 系统优先级类似，不同之处在于需要网络管理员在成员端口的端口视图中进行配置。在交换机 SW1 上设置 LACP 端口优先级并查看相关信息的命令如下。

```
[SW1]interface GigabitEthernet 0/0/1
[SW1-GigabitEthernet0/0/1]lacp priority 1000
[SW1]interface GigabitEthernet 0/0/2
[SW1-GigabitEthernet0/0/2]lacp priority 2000
[SW1-GigabitEthernet0/0/2]quit
```

```
[SW1]display eth-trunk 2
Eth-Trunk 2's state information is:
Local:
LAG ID:2                      WorkingMode: STATIC
Preempt Delay: Disabled       Hash arithmetic: According to SIP-XOR-DIP
System Priority: 2000         System ID: 4cbf-ecc1-344a
Least Active-link number: 1   Max Active-link number: 8
Operate status: up            Number of Up Port In Trunk: 2
--------------------------------------------------------------
ActorPortName         Status    PortType PortPri PortNo PortKey PortState Weight
GigabitEthernet0/0/1  Selected  1GE      1000    2      7729    10111100  1
GigabitEthernet0/0/2  Selected  1GE      2000    3      7729    10111100  1
```

在上面的配置中，先在交换机 SW1 上对端口 GE0/0/1 和 GE0/0/2 的 LACP 优先级值进行了设置，分别配置为 1000 和 2000，然后执行【display eth-trunk 2】命令确认了配置的变更结果，回显信息中的粗体部分显示了交换机 SW1 本地成员端口的 LACP 优先级值。

5. Eth-Trunk 中活动端口的数量

LACP 端口优先级的工作与活动端口的数量及 LACP 抢占功能相关。在每个 Eth-Trunk 中，默认的活动端口有 8 个，网络管理员可以根据实际需求更改此参数，取值范围是 1～8。下面把 Eth-Trunk 2 中的活动端口数量更改为 1。配置 Eth-Trunk 2 中的活动端口数量并查看相关信息的命令如下。

```
[SW1]interface eth-trunk 2
[SW1-Eth-Trunk2]max active-link number 1
[SW1-Eth-Trunk2]quit
[SW1]display eth-trunk 2
Eth-Trunk 2's state information is:
Local:
LAG ID:2                      WorkingMode: STATIC
Preempt Delay: Disabled       Hash arithmetic: According to SIP-XOR-DIP
System Priority: 2000         System ID: 4cbf-ecc1-344a
Least Active-link number: 1   Max Active-link number: 1
Operate status: up            Number of Up Port In Trunk: 1
--------------------------------------------------------------
ActorPortName         Status    PortType PortPri PortNo PortKey PortState Weight
GigabitEthernet0/0/1  Selected  1GE      1000    2      7729    10111100  1
GigabitEthernet0/0/2  Unselect  1GE      2000    3      7729    10111100  1
```

首先，在交换机 SW1 的 Eth-Trunk 端口视图下执行【max active-link number 1】命令更改 Eth-Trunk 2 中的活动端口数量。

其次，执行【display eth-trunk 2】命令确认配置的变更结果，由回显信息中的 "Max Active-link number：1" 可以看出 Max Active-link number（最大活动链路数量）已经由默认的 8 更改为 1。同时，由 "Unselect" 可以看出，LACP 端口优先级最低的端口成为备用端口。

最后，执行【shutdown】命令，在交换机 SW1 上关闭 GE0/0/1 端口来模拟端口的物理故障，查看抢占结果。

```
[SW1]interface GigabitEthernet 0/0/1
[SW1-GigabitEthernet0/0/1]shutdown
```

```
[SW1-GigabitEthernet0/0/1]quit
[SW1]display eth-trunk 2
Eth-Trunk 2's state information is:
Local:
LAG ID:2                       WorkingMode: STATIC
Preempt Delay: Disabled        Hash arithmetic: According to SIP-XOR-DIP
System Priority: 2000          System ID: 4cbf-ecc1-344a
Least Active-link number: 1  Max Active-link number: 1
Operate status: up             Number of Up Port In Trunk: 1
--------------------------------------------------------
ActorPortName        Status   PortType PortPri PortNo PortKey PortState Weight
GigabitEthernet0/0/1 Unselect 1GE       1000    2      7729    10111100  1
GigabitEthernet0/0/2 Selected 1GE       2000    3      7729    10111100  1
```

从以上回显信息中可以看出，GE0/0/1端口不是活动端口，而GE0/0/2由备用端口变为活动端口，承担流量转发的任务。

6. LACP抢占功能

要想在端口GE0/0/1恢复正常工作后，使交换机SW1自动切换回端口GE0/0/1，则网络管理员需要启用LACP抢占功能。在交换机SW1上配置LACP抢占功能并查看相关信息的命令如下。

```
[SW1]interface eth-trunk 2
[SW1-Eth-Trunk2]lacp preempt enable
[SW1-Eth-Trunk2]lacp preempt delay 10
[SW1-Eth-Trunk2]quit
[SW1-GagibitEthernet0/0/1]undo shutdown
[SW1-GagibitEthernet0/0/1]quit
[SW1]display eth-trunk 2
Eth-Trunk 2's state information is:
Local:
LAG ID:2                       WorkingMode: STATIC
Preempt Delay Time: 10         Hash arithmetic: According to SIP-XOR-DIP
System Priority: 2000          System ID: 4cbf-ecc1-344a
Least Active-link number: 1  Max Active-link number: 1
Operate status: up             Number of Up Port In Trunk: 1
--------------------------------------------------------
ActorPortName        Status   PortType PortPri PortNo PortKey PortState Weight
GigabitEthernet0/0/1 Selected 1GE       1000    2      7729    10111100  1
GigabitEthernet0/0/2 Unselect 1GE       2000    3      7729    10111100  1
```

在交换机SW1的Eth-Trunk端口视图下执行【lacp preempt enable】命令，为Eth-Trunk 2启用抢占功能，执行【lacp preempt delay 10】命令更改抢占延迟时间，这个参数以秒为单位，取值范围是10~180，默认值为30。

启用端口GE0/0/1，并执行【display eth-trunk 2】命令验证当前的Eth-Trunk状态。回显信息中的第一个粗体部分"Preempt Delay Time:10"表示启用了抢占功能，并且延迟时间为10s；第二个粗体部分显示了端口GE0/0/1在启用后已经再次抢占成为活动端口，抢占功能测试成功。

4.3 堆叠技术

随着数据中心数据访问量的逐渐增大，以及网络可靠性的要求越来越高，除了使用 VRRP 和链路聚合实现网络可靠性外，还常用到堆叠技术。堆叠技术是现网中应用广泛的可靠性技术之一。堆叠技术与 VLAN 技术比较类似，VLAN 技术可以理解为把一台物理交换机虚拟为多台交换机，将一个大的广播域分为多个小的广播域；而堆叠技术刚好相反，它是指将多台使用堆叠线缆互连的交换机组合在一起，虚拟成一台交换机。

V4-3 堆叠技术

4.3.1 堆叠技术的基本原理

1. 堆叠技术的概念

华为设备的堆叠技术包括集群交换机系统（Cluster Switch System，CSS）和智能堆叠（intelligent Stack，iStack）。在华为交换机中，iStack 最多支持 9 台交换机堆叠，而 CSS 只支持两台交换机堆叠。

通过专用堆叠模块和堆叠线缆将多台交换机堆叠互连后，具有以下好处。

（1）简化了交换机的本地管理，将一组交换机作为一个对象进行管理。

（2）提升了交换机之间的级联带宽和大规模局域网终端间的连接带宽。

2. 堆叠的基本原理

（1）堆叠交换机的角色

交换机堆叠系统由多台成员交换机组成，每台成员交换机对应一个角色。建立堆叠时，成员交换机间相互发送堆叠竞争报文，选举出主用交换机、备用交换机。堆叠交换机有以下 3 种角色。

① 主用交换机：负责管理整个堆叠系统，一个堆叠系统中有且只有一台主用交换机。

② 备用交换机：充当主用交换机的备份角色，负责在主用交换机出现故障时接替其所有业务，一个堆叠系统中有且只有一台备用交换机。

③ 从交换机：负责业务转发，一个堆叠系统中的从交换机越多，其转发能力就越强，除了主用交换机、备用交换机，其他成员交换机都是从交换机。

（2）选举主用交换机的规则

① 比较交换机的运行状态，最先处于启动状态的交换机将被选举为主用交换机。

② 如果有多台成员交换机都已处于启动状态，则进行堆叠优先级比较，优先级最高的交换机被选举为主用交换机。

③ 如果堆叠优先级相同，则 MAC 地址最小的交换机优先被选举为主用交换机。

（3）选举备用交换机的规则

① 除主用交换机外，其他各成员交换机中最先处于启动状态的交换机成为备用交换机。

② 如果有多台除主用交换机外的其他交换机同时完成启动，则堆叠优先级最高的交换机成为备用交换机。

③ 如果交换机的堆叠优先级相同，则 MAC 地址最小的交换机优先被选举为备用交换机。

4.3.2 堆叠技术在交换机上的实现原理

下面以 iStack 为例介绍堆叠技术在交换机上的实现原理。

1. 堆叠连接拓扑结构

华为 S 系列交换机 iStack 的连接拓扑结构有环形连接和链形连接两种。环形连接拓扑结构是指堆叠成员交换机通过堆叠端交叉相连形成一个"环"形结构，如图 4-14 所示。

图 4-14　环形堆叠

如图 4-15 所示，链形堆叠中处于链两端的交换机只使用一个堆叠端口与邻居交换机相连，最终形成一个"链"形结构（类似于交换机"级联"）。

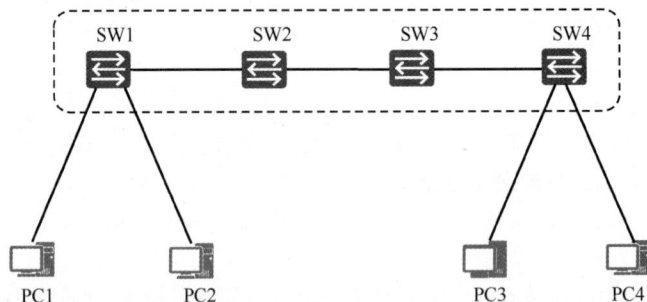

图 4-15　链形堆叠

就可靠性而言，环形堆叠比链形堆叠的可靠性更高，因为当链形堆叠中的链路出现故障时会引起堆叠分裂，导致堆叠失败；而当环形堆叠中某条链路出现故障时会形成链形连接，不会影响整体的堆叠业务。所以，在实际部署业务时，环形堆叠最为常见。

2．堆叠的管理和维护

（1）管理规则

iStack 建立后，所有的成员交换机形成一台逻辑交换机存在于网络中，所有成员交换机的资源都由堆叠主用交换机统一管理。用户可以通过任意一台成员交换机的网管接口或串口登录堆叠系统，对整个堆叠系统进行管理和维护。但同一时刻只能有一个网管接口或串口登录。

（2）端口管理

多台交换机堆叠后在逻辑上变成一台交换机，其成员交换机的端口编号与单台交换机单独使用时的编号是有区别的。一台没有进行堆叠的交换机，端口编号采用 0/子卡号/端口号的形式，而这台交换机加入堆叠后，端口编号采用堆叠 ID/子卡号/端口号的形式。例如，交换机 SW1 在堆叠之前，某个端口的编号为 GE0/0/1，加入堆叠后，如果为该交换机配置堆叠 ID 为 2，则该端口的编号将变为 GE2/0/1。这样将确保整个堆叠交换机中的各端口编号唯一。

（3）堆叠成员加入

在 iStack 的维护和使用过程中会继续进行拓扑收集工作，当发现有新的成员交换机（已配置了堆叠连接和堆叠功能）加入时，会根据新加入交换机的状态采取不同的处理方式。

① 如果新加入的交换机本身未形成堆叠，则新加入的交换机会被选为从交换机，堆叠系统中原有主、备角色不变。

② 如果新加入的交换机本身已经形成了堆叠，则此时相当于两个堆叠合并。在这种情况下，将从两个堆叠系统的主用交换机中选举出一台更优的交换机作为新堆叠系统的主用交换机。其中，一个堆叠系统（新主用交换机之前所在的堆叠系统）将保持不变，业务也不会受到影响；而另一个堆叠系统的所有交换机将重新启动后加入新堆叠，并同步主用交换机的配置，该堆叠的原有业务也将中断。

（4）堆叠成员退出

iStack 成员退出是指成员交换机从堆叠系统中离开，断开堆叠连接。堆叠系统会因退出成员的角色不同而产生不同的影响。具体如下。

① 主用交换机退出：备用交换机升级为主用交换机，更新堆叠拓扑结构并指定一台新的备用交换机。

② 备用交换机退出：主用交换机更新堆叠拓扑结构并指定一台新的备用交换机。

（5）堆叠主用交换机、备用交换机的切换和堆叠系统 MAC 地址的切换

当 iStack 成功建立后，如果主用交换机因故障脱离堆叠系统，则备用交换机会自动提升为主用交换机，再由新的主用交换机指定新的备用交换机，并进行主用交换机、备用交换机数据同步。堆叠主用交换机、备用交换机的切换和堆叠系统 MAC 地址的切换主要有以下 3 种情况。

① 当堆叠系统第一次成功建立之后，堆叠系统的 MAC 地址是主用交换机的 MAC 地址。当主用交换机因故障脱离堆叠系统时，在原堆叠系统 MAC 地址延时切换的情况下，系统 MAC 地址会立刻切换为新的主用交换机的 MAC 地址。默认堆叠系统 MAC 地址的延迟时间为 10min。

② 当主用交换机因故障脱离堆叠系统时，如果堆叠系统配置了系统 MAC 地址切换时间，且在切换定时器超时时间内原来的主用交换机还没有重新加入堆叠系统，则新主用交换机将堆叠系统的 MAC 地址切换为自己的 MAC 地址；反之，如果在切换定时器超时时间内原来的主用交换机重新加入堆叠，则系统原来的主用交换机变为从交换机，但堆叠系统的 MAC 地址不切换，即此时堆叠系统的 MAC 地址为从交换机的 MAC 地址。

③ 当堆叠系统中有从交换机离开时，如果离开的从交换机的 MAC 地址是堆叠系统的 MAC 地址，且该交换机在切换定时器超时时间内没有重新加入堆叠系统，则主用交换机将堆叠系统的 MAC 地址切换为自己的 MAC 地址。

4.3.3　堆叠技术的常见应用

堆叠技术主要应用于接入端口密度要求较高且需要统一管理与维护多台交换机的场景。堆叠方式比传统的级联方式优势更明显，因为专门的堆叠模块能够提供 10Gbit/s 甚至更高的带宽，带宽的优势是企业组网采用堆叠技术的一个重要原因。

iStack 技术适用于华为 S6700、S5700 和 S3700 等中低端交换机，CSS 技术适用于华为 S9700、S9300 和 S7700 等高端交换机。实施堆叠前要准备的安装部件主要是专用堆叠线缆，如华为 QSFP-40G-CU 万兆（10Gbit/s）高速堆叠线缆，要准备的安装工具是防静电腕带或防静电手套。

堆叠技术主要应用在教育和医疗等行业及一些中小企业中。华为常见堆叠技术的应用场景拓扑结构如图 4-16 所示。在接入层，每个楼层的用户通过二层交换机接入汇聚层网络，将相距较远楼层的两台二层交换机连接起来组成堆叠，这相当于减少了接入设备的数量，使网络结构变得更加简单。每栋楼有多条链路到达汇聚层网络，大大提高了网络的健壮性和可靠性。同时，将多台二层交换机的配置简化成堆叠系统的配置，大大降低了管理和维护的成本。

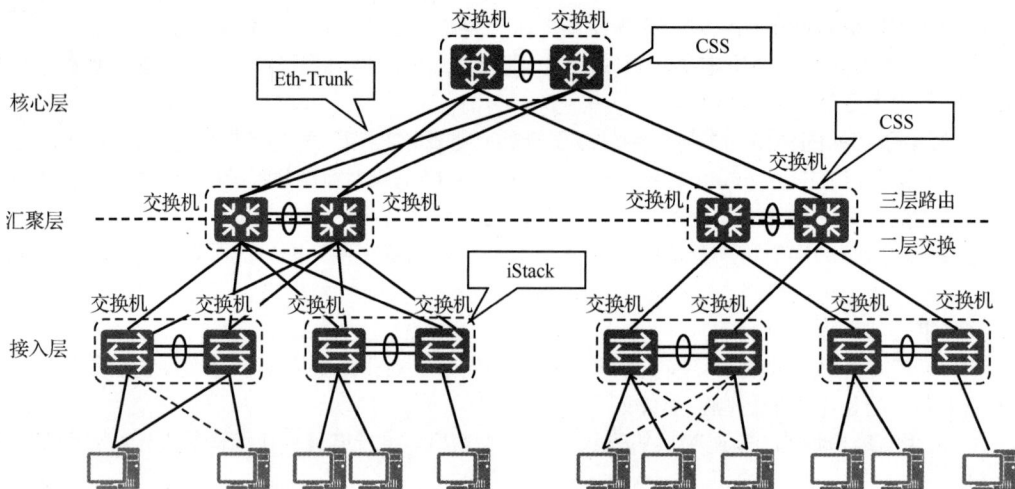

图 4-16　华为常见堆叠技术的应用场景拓扑结构

本章总结

本章介绍了与网络可靠性有关的技术，4.1 节和 4.2 节介绍的是冗余技术，4.3 节介绍的是堆叠技术。其中，4.1 节为 VRRP 技术，介绍了 VRRP 的工作原理，并演示了 VRRP 的配置方法。4.2 节为链路聚合技术，介绍了链路聚合的模式和配置方法。4.3 节以华为的 iStack 技术为例介绍了堆叠技术的基本原理和常见应用。

通过对本章的学习，读者应该对网络可靠性技术有一定的了解，能够充分理解 VRRP 和链路聚合实现网络可靠性的原理，可以熟练地配置 VRRP 和链路聚合，并对堆叠技术的基本原理和常见应用有一定的了解。

习题

一、选择题

1. VRRP 组中路由器的默认优先级值是（　　　）。

    A. 120　　　　　　　　　B. 150　　　　　　　　　C. 255　　　　　　　　　D. 100

2. 下列有关 VRRP 组的说法正确的是（　　　）。

    A. VRRP 组的虚拟 IP 地址必须为组中某个物理接口的 IP 地址

    B. 不同的 VRRP 组可以使用同一个虚拟 IP 地址，只要虚拟 MAC 地址不同即可

    C. 同一个物理接口可以同时参与多个 VRRP 组

    D. 一个 VRRP 组中可以有多台主路由器

3. 下列关于配置的说法正确的是（　　　）。

```
[R1]interface GigabitEthernet 0/0/0
[R1-GigabitEthernet0/0/0]vrrp vrid 10 virtual-ip 10.1.1.254
[R1-GigabitEthernet0/0/0]vrrp vrid 10 priority 150
--------------------------------------------------------------------
[R2]interface GigabitEthernet 0/0/0
[R2-GigabitEthernet0/0/0]vrrp vrid 10 virtual-ip 10.1.1.254
```

    A．VRRP 的组号为 150

    B．路由器 R2 在 VRRP 组中的优先级值为 150

    C．路由器 R2 在 VRRP 组中的优先级值为 100

    D．路由器 R1 在 VRRP 组中的优先级值和组号都为 150

4．路由器 R1 的 GE0/0/0 接口的 IP 地址为 10.1.1.1，加入了 VRID 10，该组的 VRRP 虚拟 IP 地址为 10.1.1.1，则此时路由器 R1 的优先级值应为（　　）。

    A.0   B．100   C．254   D．255

5．在路由器上开启 VRRP 功能，若备用路由器从 Backup 状态转换为 Master 状态，则最可能的原因是（　　）。

    A．Master 与 Backup 之间的链路掉线   B．Master 的优先级低于 Backup 的优先级

    C．Master 的优先级值变为 0   D．Master_down_time 计时器超时

6．（　　）技术可以实现网关设备的高可用性。

    A．IRF   B．VRRP   C．BFD   D．OSPF

7．（　　）用于快速检测链路故障。

    A．OSPF 协议   B．HSRP   C．BFD 协议   D．VRRP

8．要实现网络冗余，通常采取（　　）的方式。

    A．增加设备端口数量   B．使用堆叠技术

    C．配置静态路由   D．升级设备硬件

9．（　　）功能可以帮助网络管理员监控和管理网络设备的状态和性能。

    A．SNMP   B．IRF   C．HSRP   D．BFD

10．（　　）可以确保在网络设备故障时，流量能够自动切换到备份设备上。

    A．配置静态路由协议   B．配置动态路由协议

    C．启用 VRRP   D．增加设备端口带宽

二、判断题

1．使用 VRRP 可以实现网关的高可用性。（　　）

2．华为设备支持 BFD 技术，可以快速检测链路故障。（　　）

3．部署多个核心交换机并通过 IRF 技术连接它们可以实现网络冗余。（　　）

4．通过配置 VRRP 可以实现网关的备份和故障切换。（　　）

5．同一个 VRRP 组只能有一个虚拟 IP 地址。（　　）

第5章

广域网技术

随着云化和 SDN 等新技术的蓬勃发展，信息化的巨大变革正在重构传统广域网，广域网正经历着"云时代"的变革。我们知道，第一代广域网关注的是连接，用户只关心网络的连通性问题，第二代广域网关注网络业务的丰富性和多业务处理能力，而在当前云时代和"全连接时代"，广域网正向着更敏捷、更安全、更注重用户体验的方向发展，当今的网络需求对传统广域网提出了越来越高的要求。

本章将详细介绍广域网的基本概念、PPP 的基本概念和配置、PPPoE 的基本概念和配置。

学习目标

① 理解广域网的基本概念。

② 理解 PPP 的基本概念和配置。

③ 理解 PPPoE 的基本概念和配置。

素质目标

① 激发读者的求真求实意识。

② 提升读者的灵活应变能力。

5.1 广域网概述

相对于局域网来说，广域网除了地域覆盖范围比较广之外，对接入技术的要求也比较高。下面将从广域网的基本概念入手，介绍广域网的链路类型、相关协议及接入技术。

V5-1 广域网概述

5.1.1 广域网的基本概念

1. 什么是广域网

广域网（Wide Area Network，WAN）是指跨越很大地域范围的数据通信网络。广域网通常使用 ISP 提供的设备作为信息传输平台，对网络通信的要求较高。在企业网中，广域网主要用来连接距离较远的多个局域网，实现网络通信。广域网技术在 OSI 参考模型中主要位于物理层、数据链路层和网络层，如图 5-1 所示。

2. 广域网的链路类型

广域网的链路类型可以分为宽带广域网和窄带广域网，宽带广域网包括 ATM 网和同步数字系列（Synchronous Digital Hierarchy，SDH）网，窄带广域网包括综合业务数字网（Integrated Service Digital Network，ISDN）、数字数据网（Digital Data Network，DDN）、帧中继（Frame Relay）网、X.25 公用分组交换网和公用电话交换网（Public Switched Telephone Network，PSTN）。

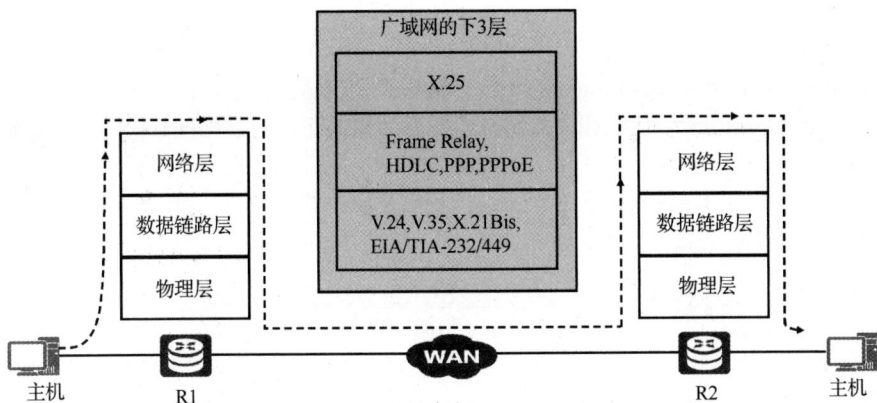

图 5-1　广域网对应 OSI 参考模型的下 3 层

广域网的接口类型主要包括同步串口和异步串口。同步串口有数据终端设备（Data Terminal Equipment，DTE）和数据通信设备（Data Communication Equipment，DCE）两种工作方式，可以支持多种链路层协议，可以支持网络层的 IP 和 IPX，也可以支持多种类型的线缆。异步串口分为手动设置的异步串口和专用异步串口，可以设置为专线方式和拨号方式。

3. 广域网的相关协议

广域网的相关协议通常是指在 Internet 上负责路由器之间连接的数据链路层协议。广域网数据封装协议包括点到点型的 PPP、以太网上的点对点协议（Point-to-Point Protocol over Ethernet，PPPoE）和 HDLC 协议，也包括逐渐被淘汰的电路交换型的 ISDN 协议和分组交换型的 ATM、帧中继协议。其中，HDLC 协议工作在数据链路层，是 ISO 以 IBM 公司系统网络架构的同步数据链路控制（Synchronous Data Link Control，SDLC）协议作为基础开发出来的协议。PPP 和 PPPoE 将在 5.2 节和 5.3 节中进行详细介绍。

5.1.2　广域网的接入

1. DDN 接入

DDN 由光纤、数字微波或卫星等数字传输通道和数字交叉复用设备组成，为用户提供高质量的数据传输通道，以传送各种数据业务。

2. 电缆调制解调器远程接入

电缆调制解调器运行在有线电视的同轴电缆上，可以提供比传统电话线更高的传输速率，它不需要拨号就能实现远程站点的访问。

3. PSTN 接入

PSTN 接入的优点是覆盖区域广、易于使用、价格较低，缺点是网络线路质量较差，传输速率较低。PSTN 适用于对通信质量要求较低的场景，目前常见的速率是 33.6kbit/s 或 56kbit/s，接入速率会受解调器性能和电话线路质量的影响。

4. DSL 远程接入

数字用户线（Digital Subscriber Line，DSL）远程接入方式是指通过 DSL 调制解调器实现用户数据在传统电话线上的高速传输。DSL 技术常见的类型有 ADSL、VDSL、SDSL 和 HDSL 等。其中，ADSL 已经成为广域网接入的主要技术。

123

5.2 点对点协议

点对点协议（Point-to-Point Protocol，PPP）是基于物理链路上传输网络层的报文而设计的，它的校验、认证和连接协商机制有效解决了串行线路网际协议（Serial Line Internet Protocol，SLIP）的无容错控制机制、无授权和协议运行单一的问题。PPP 的可靠性和安全性较高，且支持各类网络层协议，可以运行在不同类型的接口和链路上。

V5-2 点对点协议

5.2.1 PPP 的基本概念

1. PPP 的应用

PPP 也叫作 P2P，是 TCP/IP 网络中最重要的点到点数据链路层协议。

PPP 主要被用来在支持全双工的同/异步链路上进行点到点的数据传输。PPP 是一种适用于通过调制解调器、点到点专线、HDLC 比特串行线路和其他物理层的多协议帧机制，它支持错误检测、选项商定、头部压缩等机制，在当今的网络中得到了普遍应用。

如图 5-2 所示，PPP 主要工作在串行接口和串行链路上，利用调制解调器进行拨号上网就是其典型应用。

图 5-2 PPP 在点到点专线中的应用

PPP 在物理上可使用不同的传输介质，包括双绞线、光纤及无线传输介质；其在数据链路层上提供了一套解决链路建立、维护、拆除和上层协议协商、认证等问题的方案；其支持同步串行连接、异步串行连接、ISDN 连接、高速串行接口（High-Speed Serial Interface，HSSI）连接等，PPP 具有以下特性。

（1）能够控制数据链路的建立。

（2）能够对 IP 地址进行分配和使用。

（3）允许同时采用多种网络层协议。

（4）能够配置和测试数据链路。

（5）能够进行错误检测。

（6）有协商选项，能够对网络层的地址和数据压缩等进行协商。

PPP 还包含若干个附属协议，这些附属协议也称为成员协议。PPP 的成员协议主要包括链路控制协议（Link Control Protocol，LCP）和网络控制协议（Network Control Protocol，NCP）。

（1）LCP

LCP 主要用于数据链路连接的建立、拆除和监控；LCP 主要完成最大传输单元（Maximum Transmission Unit，MTU）、质量协议、认证协议、魔术字、协议域压缩、地址和控制域压缩等参数的协商。

（2）NCP

NCP 主要用于协商在链路上所传输的数据包的格式与类型，以及建立和配置不同网络层协议。

2. PPP 帧的格式

PPP 帧的格式如图 5-3 所示。

1字节	1字节	1字节	2字节	＜1500字节	2字节	1字节
标志字段 （Flag） 01111110	地址字段 （Address）	控制字段 （Control）	协议字段 （Protocol）	信息字段 （Information）	帧校验和字段 （FCS）	标志字段 （Flag） 01111110

图 5-3　PPP 帧的格式

PPP 帧格式中各字段的含义如下。

（1）标志字段

该字段的长度为 1 字节，标识了一个物理帧的起始和结束。PPP 帧都是以 01111110（0x7E）开始的。

（2）地址字段

该字段的长度为 1 字节，字节固定值为 11111111（0xFF），该字段并非一个 MAC 地址，它表明了主/从端的状态都为接收状态，可以理解为"所有的接口"。

PPP 帧会在一条单一的 PPP 链路上固定地从此接口传输到对端接口，因此 PPP 帧不像以太帧那样包含源 MAC 地址和目的 MAC 地址信息。事实上，PPP 接口根本就不需要属于自己的 MAC 地址，MAC 地址对于 PPP 接口来说毫无意义。

（3）控制字段

该字段的长度为 1 字节，取值固定为 00000011（0x03）。该字段并没有特别的作用，只是表明为无序号帧。

（4）协议字段

该字段的长度为 2 字节，用于告知信息字段中使用的是哪类报文，其针对 LCP、NCP、IP、IPX、AppleTalk 及其他协议定义了相应的代码。例如，当协议字段的取值为 0xC021 时，表明信息字段是一个 LCP 报文；当协议字段的取值为 0x0021 时，表明信息字段是一个 IP 报文。

（5）信息字段

该字段是 PPP 帧的载荷数据，其长度是可变的。信息字段包含协议字段中指定协议的数据包。数据字段的默认最大长度（不包括协议字段）称为最大接收单元（Maximum Receive Unit，MRU），MRU 的默认值为 1500 字节。

（6）帧校验和字段

帧校验和字段的长度为 2 字节，其作用是对 PPP 帧进行差错校验。

3．PPP 的基本建链过程

PPP 链路的建立是通过一系列的协商完成的。其中，LCP 除了用于建立、拆除和监控 PPP 数据链路外，还要进行数据链路层特性的协商，如 MTU、认证方式等的协商；NCP 协议簇主要用于协商在该数据链路上所传输的数据的格式和类型，如 IP 地址。

PPP 链路建立大致可以分为如下几个阶段：Dead（链路不可用）阶段、Establish（链路建立）阶段、Authenticate（验证）阶段、Network-Layer Protocol（网络层协议）阶段、Link Terminate（链路终止）阶段，如图 5-4 所示。

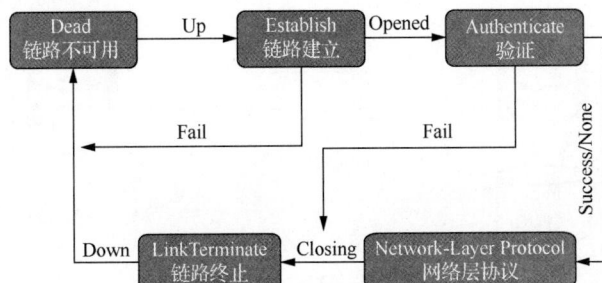

图 5-4　PPP 链路建立的流程

125

（1）Dead 阶段：链路必须从此阶段开始和结束。当一个外部事件（如一个载波信号或网络管理员配置）检测到物理层可用时，PPP 就会进入 Establish 阶段。在此阶段，LCP 状态机有两个状态：Initial 和 Starting。从这个阶段迁移到 Establish 阶段会给 LCP 状态机发送一个 Up 事件。断开连接后，链路会自动回到这个状态。在一般情况下，此阶段是很短的，仅仅只是检测到设备在线。

（2）Establish 阶段：在此阶段中，PPP 链路将进行 LCP 参数协商，协商内容包括 MRU、认证方式、魔术字等。LCP 参数协商成功后会进入 Opened 状态，表示底层链路已经建立。

（3）Authenticate 阶段：某些链路可能会在对端验证自己之后才允许网络层协议数据包在链路上传输，在默认情况下链路不做验证要求。如果某个应用要求对端采用特定的验证协议进行验证，则必须在 Establish 阶段发出使用这种协议的请求。只有当验证通过时才可以进入 Network-Layer Protocol 阶段，如果验证不通过，则应继续验证而不是转到 Link Terminate 阶段。在此阶段中，只允许 LCP、验证协议和链路质量检测的数据包进行传输，其他的数据包都应丢弃。

（4）Network-Layer Protocol 阶段：在此阶段中，PPP 链路将进行 NCP 协商，通过协商来选择和配置一个网络层协议及相关参数。只有相应的网络层协议协商成功后，才可以通过这条 PPP 链路发送报文。NCP 协商成功后，PPP 链路将保持通信状态。

（5）Link Terminate 阶段：即 PPP 终止链路，可能会由于载波信号的丢失、验证不通过、链路质量不好、定时器超时或网络管理员操作而关闭链路。PPP 通过交换终止链路的数据包来关闭链路，当交换结束时，应用就会告诉物理层拆除连接从而强行终止链路。但验证失败时，发出终止请求的一方必须等到收到终止应答，或者重启计数器超过最大终止计数次数后再断开连接。收到终止请求的一方必须等对方先断开连接，且在发送终止应答以及等至少一次重启计数器超时之后才能断开连接，之后 PPP 回到链路不可用状态。

4. PPP 的身份认证

PPP 包含通信双方身份认证的安全性协议，即在网络层协商 IP 地址之前，必须先通过身份认证。PPP 的身份认证有两种方式：PAP 和 CHAP。

（1）PAP

密码认证协议（Password Authentication Protocol，PAP）是两次握手协议，它通过用户名及密码来进行用户身份认证，其认证过程如下。

① 开始认证时，被认证方先将自己的用户名及密码发送到认证方，认证方根据本端的用户数据库（或 RADIUS 服务器）查看是否有此用户，以及密码是否正确。

② 如果密码正确，则发送 Ack 报文通知对端进入下一阶段协商，否则发送 Nak 报文通知对端认证失败。

此时，并不直接将链路关闭。只有当认证失败达到一定次数时才关闭链路，以防止因网络误传、网络干扰等因素造成不必要的 LCP 重新协商。PAP 在网络中以明文的方式传送用户名及密码，所以安全性不高。其认证过程如图 5-5 所示。

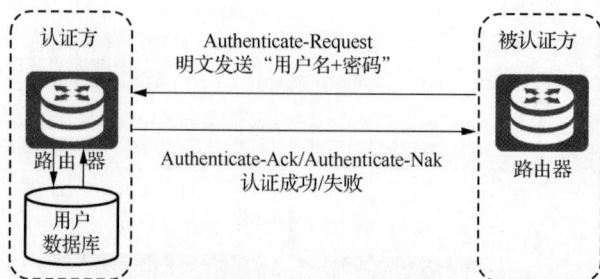

图 5-5 PAP 认证过程

（2）CHAP

挑战握手认证协议（Challenge Handshake Authentication Protocol，CHAP）为三次握手协议，它只在网络中传送用户名而不传送密码，因此安全性比 PAP 高。其认证过程如下。

① 认证方向被认证方发送一些随机的报文，并加上自己的主机名。

② 被认证方收到认证方的认证请求，通过收到的主机名和本端的用户数据库查找用户密钥，如果找到用户数据库中和认证方主机名相同的用户，则将接收到的随机报文、此用户的密钥和报文 ID 用 MD5 加密算法生成应答报文，随后将应答报文和自己的主机名送回。

③ 认证方收到此应答报文后，利用对端的用户名在本端的用户数据库中查找本方保留的密钥，将本方保留的用户的密钥、随机报文和报文 ID 用 MD5 加密算法生成结果，与被认证方的应答报文进行比较，相同则返回 Ack，否则返回 Nak。其验证过程如图 5-6 所示。

图 5-6　CHAP 验证过程

CHAP 不仅可以在连接建立阶段进行，在以后的数据传输阶段也可以按随机间隔继续进行，但每次认证方和被认证方的随机数据都应不同，以防被第三方猜出密钥。如果认证方发现结果不一致，则应立即切断线路。

5.2.2　PPP 的配置

建立 PPP 链路之前，必须先在串行接口上配置链路层协议。华为 ARG3 系列路由器默认在串行接口上使能 PPP。如果接口运行的不是 PPP，则需要执行【link-protocol ppp】命令来使能数据链路层的 PPP。

1. PPP 的基本配置示例

【案例 5-1】PPP 的基本配置。

（1）案例背景与要求

根据图 5-7 所示的网络拓扑，完成两台路由器的 PPP 通信配置，实现路由器 R1 和 R2 的互通。

图 5-7　PPP 的基本配置网络拓扑

（2）案例配置思路

① 在路由器 R1 和 R2 的串行接口上启用 PPP 功能。

② 在网络拓扑中的所有设备上配置 IP 地址。

（3）案例配置过程

① 配置路由器 R1 的串口 IP 地址和 PPP。

```
<R1>system-view
[R1] interface serial 0/0/1
[R1-Serial0/0/1] ip address 10.10.10.1 24
[R1-Serial0/0/1] link-protocol ppp
```

② 配置路由器 R2 的串口 IP 地址和 PPP。

```
<R2>system-view
[R2] interface serial 0/0/1
[R2-Serial0/0/1] ip address 10.10.10.2 24
[R2-Serial0/0/1] link-protocol ppp
```

（4）案例验证

在路由器 R1 的 S0/0/1 接口上执行【display int serial 0/0/1】命令，测试 PPP 封装情况，测试结果如下。

```
[R1-Serial0/0/1]display int serial 0/0/1
Serial0/0/1 current state : UP
Line protocol current state : UP
Last line protocol up time : 2020-01-20 15:44:49 UTC-08:00
Description:HUAWEI, AR Series, Serial0/0/1 Interface
Route Port,The Maximum Transmit Unit is 1500, Hold timer is 10(sec)
Internet Address is 10.10.10.1/24
Link layer protocol is PPP
LCP opened, IPCP opened
---省略部分显示内容---
```

在回显信息中，"Internet Address is 10.10.10.1/24"表示路由器 R1 的 S0/0/1 接口的 IP 地址为 10.10.10.1/24；"Link layer protocol is PPP"表示路由器 R1 的 S0/0/1 接口的数据链路层协议为 PPP；"LCP opened,IPCP opened"表示 LCP 和 IPCP 协商已经成功。注意，既然 NCP 采用的是 IPCP，就说明在 PPP 链路上已经可以传递 IP 报文了。

2. PAP 配置示例

【案例 5-2】PAP 配置。

（1）案例背景与要求

根据图 5-8 所示的网络拓扑，完成两台路由器的 PAP 配置，认证的用户名为"jan16"，密码为"huawei"，采用加密方式以密文传送。

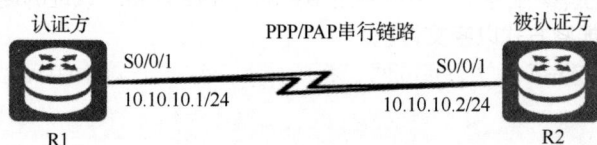

图 5-8　PAP 配置网络拓扑

（2）案例配置思路

① 配置路由器 R1 和 R2 的接口 IP 地址。

② 在路由器 R1 上配置认证的用户名和密码，并指定该用户名和密码用于 PPP 的 PAP 认证。

③ 在路由器 R2 上启用 PPP 功能，并设置 PAP 认证的用户名和密码。

（3）案例配置过程

① 认证方路由器 R1 的配置如下。

```
//在路由器 R1 上配置 PAP 认证的用户名和密码
[R1]aaa
```

```
[R1-aaa]local-user jan16 password cipher huawei
```
//在路由器 R1 上指定该密码应用于 PPP 认证
```
[R1-aaa]local-user jan16 service-type ppp
```
//配置路由器 R1 的 S0/0/1 接口的 IP 地址
```
[R1] interface Serial 0/0/1
[R1-Serial0/0/1] ip address 10.10.10.1 24
```
//在 S0/0/1 接口上启用 PPP 功能，并指定认证方式为 PAP
```
[R1-Serial0/0/1]link-protocol ppp
[R1-Serial0/0/1]ppp authentication-mode pap
```
② 被认证方路由器 R2 的配置如下。

//在路由器 R2 上配置 S0/0/1 接口的 IP 地址
```
[R2]interface serial 0/0/1
[R2-Serial0/0/1] ip address 10.10.10.2 24
```
//在接口 S0/0/1 上启用 PPP 功能，并指定 PAP 认证的用户名和密码
```
[R2-Serial0/0/1]link-protocol ppp
[R2-Serial0/0/1]ppp pap local-user jan16 password cipher huawei
```
（4）案例验证

在路由器 R2 上执行【debugging ppp pap all】命令，查看 PAP 认证的详细信息。

```
<R2>debugging ppp pap all
Aug 25 2019 05:30:24.280.4+00:00 R2 PPP/7/debug2:
   PPP State Change:
       Serial4/0/0 PAP : Initial -->SendRequest
Aug 25 2019 05:30:24.290.3+00:00 R2 PPP/7/debug2:
   PPP State Change:
       Serial4/0/0 PAP : SendRequest -->ClientSuccess
......
```

从回显信息中可以看到，PAP 认证已成功配置。

3．CHAP 配置示例

【案例 5-3】CHAP 配置。

（1）案例背景与要求

根据图 5-9 所示的网络拓扑，完成两台路由器的 CHAP 配置，认证的用户名为“jan16”，密码为“huawei”，采用加密方式以密文传送。

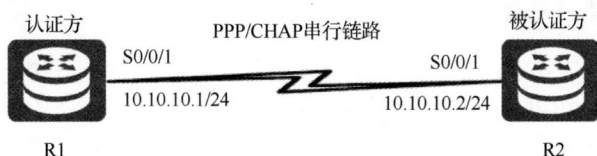

图 5-9 CHAP 配置网络拓扑

（2）案例配置思路

① 配置路由器 R1 和 R2 的接口 IP 地址。

② 在路由器 R1 上配置认证的用户名和密码，并指定该用户名和密码用于 PPP 的 CHAP 认证。

③ 在路由器 R2 上启用 PPP 功能，并设置 CHAP 认证的用户名和密码。

（3）案例配置过程

① 路由器 R1 的配置如下。

```
//在路由器 R1 上配置 CHAP 认证的用户名和密码
[R1]aaa
[R1-aaa]local-user jan16 password cipher huawei
//在路由器 R1 上指定该密码应用于 PPP 认证
[R1-aaa]local-user jan16 service-type ppp
//配置路由器 R1 的 S0/0/1 接口的 IP 地址
[R1]interface serial 0/0/1
[R1-Serial0/0/1] ip address 10.10.10.1 24
//在 S0/0/1 接口启用 PPP 功能，并指定认证方式为 CHAP
[R1-Serial0/0/1]link-protocol ppp
[R1-Serial0/0/1]ppp authentication-mode chap
```

② 路由器 R2 的配置如下。

```
//在路由器 R2 上配置 S0/0/1 接口的 IP 地址
[R2]interface serial 0/0/1
[R2-Serial0/0/1] ip address 10.10.10.2 24
//在接口 S0/0/1 上启用 PPP 功能，并指定 CHAP 认证的用户名和密码
[R2-Serial0/0/1]link-protocol ppp
[R2-Serial0/0/1]ppp chap local-user jan16 password cipher huawei
```

（4）案例验证

```
<R2>debugging ppp chap all
Aug 26 2019 05:15:54.230.1+00:00 RTB PPP/7/debug2:
PPP State Change:
     Serial0/0/1 CHAP : Initial -->ListenChallenge
Aug 20 2019 05:15:54.230.7+00:00 R2 PPP/7/debug2:
  PPP State Change:
     Serial0/0/1 CHAP : ListenChallenge -->SendResponse
Aug 20 2019 05:15:54.250.3+00:00 R2 PPP/7/debug2:
  PPP State Change:
     Serial0/0/1 CHAP : SendResponse -->ClientSuccess
......
```

从回显信息中可以看到，CPAP 认证已成功配置。

5.3 以太网上的点对点协议

一般来说，运营商希望把一个站点上的多台主机连接到同一台远程接入设备上，同时接入设备能够提供与拨号上网类似的访问控制和计费功能。在众多的接入技术中，把多台主机连接到接入设备最经济的方法就是以太网，而 PPP 可以提供良好的访问控制和计费功能，于是产生了在以太网上传输 PPP 报文的技术，即以太网上的点对点协议（Point-to-Point Protocol over Ethernet，PPPoE）。下面从 PPPoE 的基本概念入手，介绍 PPPoE 的报文格式及配置方法。

5.3.1 PPPoE 的基本概念

1. PPPoE 的作用

从本质上讲，PPPoE 是一种允许在以太广播域中的两个以太网接口之间创建点对点隧道的协议，它描述了如何将 PPP 帧封装在以太帧中。

V5-3　PPPoE

图 5-10 所示为一个典型的 PPPoE 网络模型，多个 PPPoE 客户端通过以太网（同一个广播域）接入 PPPoE 服务器，建立了各自的安全传输链路，提高了二层网络传输的安全性。

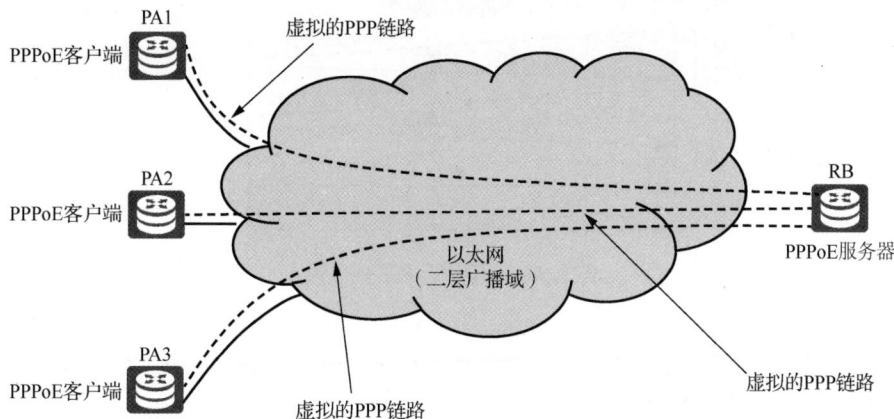

图 5-10　一个典型的 PPPoE 网络模型

2．PPPoE 报文的格式

PPPoE 报文的格式如图 5-11 所示，PPPoE 报文中各字段的含义如下。

（1）DMAC：表示以太网目的设备的 MAC 地址，通常为以太网单播目的地址或者以太网广播地址（0xFFFFFFFF）。

（2）SMAC：表示以太网源设备的 MAC 地址。

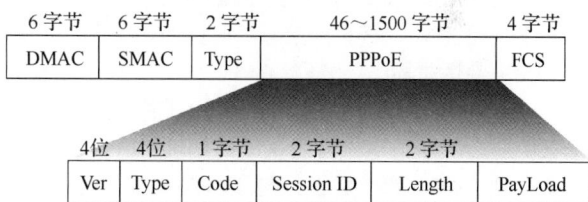

图 5-11　PPPoE 报文的格式

（3）Type：表示协议类型字段，当值为 0x8863 时，表示承载的是 PPPoE 发现阶段的报文；当值为 0x8864 时，表示承载的是 PPPoE 会话阶段的报文。

（4）FCS：表示校验域，用来确保数据链路层数据帧传输的正确性。

（5）PPPoE 字段。

① Ver：表示 PPPoE 版本号，协议规定固定为 0x01。

② Type：表示类型，协议规定固定为 0x01。

③ Code：表示 PPPoE 报文类型，其不同的取值标识了不同的 PPPoE 报文类型。

④ Session ID：当访问集中器（PPPoE 服务器）还未分配唯一的会话 ID 给用户主机时，该字段填充为 0x0000，一旦主机获取了会话 ID，就会在后续的所有报文中填充此会话 ID。

⑤ Length：表示 PPPoE 报文的 PayLoad（有效载荷）长度。

3．PPPoE 的工作过程

PPPoE 的工作过程如图 5-12 所示，分为 3 个不同的阶段，即发现阶段（Discovery 阶段）、会话阶段（Session 阶段）和会话终结阶段（Session Terminate 阶段）。

（1）发现阶段

在此阶段中，刚开始时，由于客户端并不知道服务器端的 MAC 地址，它将使用类似于 ARP 解析的机制来获取服务器端的 MAC 地址，并建立连接，这个过程中主要产生以下 4 个报文。

① PADI（PPPoE Active Discovery Initiation）报文：PPPoE 客户端发起的 PPPoE 服务器探测报文，目的 MAC 地址为广播地址，通过以太网广播寻找服务器。

② PADO（PPPoE Active Discovery Offer）报文：PPPoE 服务器收到 PADI 报文之后给发起方的回应报文，目的地址为 PPPoE 客户端的 MAC 地址，源地址为 PPPoE 服务器的 MAC 地址。

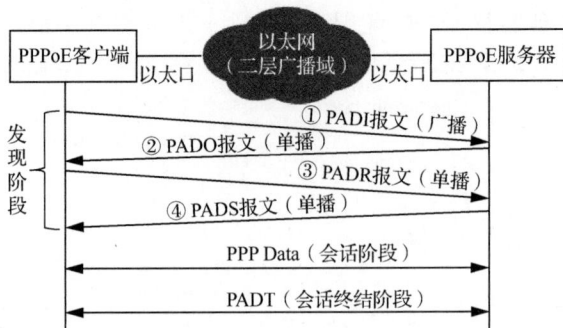

图 5-12　PPPoE 的工作过程

③ PADR（PPPoE Active Discovery Request）报文：PPPoE 客户端收到 PADO 报文后，将通过 PADR 报文向 PPPoE 服务器发起建立会话的请求报文，目的地址为 PPPoE 服务器的 MAC 地址，源地址为 PPPoE 客户端的 MAC 地址。

④ PADS（PPPoE Active Discovery Session-confirmation）报文：PPPoE 服务器收到 PPPoE 客户端的 PADR 报文时，如果该 PPPoE 客户端满足建立会话连接的条件，它将为这个会话分配一个唯一的会话 ID，并发送会话建立确认报文 PADS 给 PPPoE 客户端；否则将发送会话终止报文 PADS 给 PPPoE 客户端，终止连接。

（2）会话阶段

一旦 PPPoE 进入会话阶段，PPP 的数据报文就会被填充在 PPPoE 的净载荷中被传送，此时，两者所发送的所有以太网包是单目地址。PPPoE 会话阶段以太网帧的协议域填充为 0x8864，代码域填充为 0x00，整个会话的过程就是 PPP 的会话过程，它可分为两部分：PPP 协商阶段和 PPP 报文传输阶段。

PPPoE 协商阶段和普通的 PPP 协商方式一致，具体流程如图 5-4 所示。PPPoE 会话阶段的 PPP 协商成功后，就可以承载 PPP 数据报文。在此阶段中，传输的数据包中必须出现在发现阶段确定的会话 ID，并保持不变。

（3）会话终结阶段

PPPoE 中定义了一个 PADT（PPPoE Active Discovery Terminate）报文用来结束会话，PPPoE 客户端或者 PPPoE 服务器可以在会话开始后的任何时候通过发送 PADT 报文来结束会话。

5.3.2　PPPoE 的配置

【案例 5-4】PPPoE 的配置。

1. 案例背景与要求

路由器 R1 是 Jan16 工作室的路由器，路由器 R2 是 ISP 的 PPPoE 服务器，路由器 R1 和 R2 通过以太网连接。路由器 R1 通过 PPPoE 拨号连接到路由器 R2，并接入 Internet。PC 通过路由器 R1 的网络地址转换（Network Address Translation，NAT）服务接入 Internet。PPPoE 配置的网络拓扑如图 5-13 所示，需求如下。

① 路由器 R2 作为 PPPoE 服务器，其 IP 地址为 1.1.1.254/24，它通过 GE0/0/0 接口与路由器 R1 相连。

② PPPoE 采用 PPP 的 CHAP 认证，用户名为"jan16"，密码为"huawei@123"。

③ 本案例仅实现路由器 R1 通过 PPPoE 与路由器 R2 互连。

④ PC 的 IP 地址为 192.168.1.1/24，网关为 192.168.1.254，路由器 R2 的 LoopBack0 接口的 IP 地址为 2.2.2.2/24。

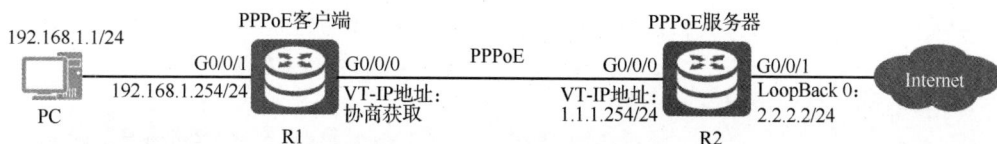

图 5-13　PPPoE 配置的网络拓扑

2．案例配置思路

（1）PPPoE 服务器路由器 R2 的配置

① 配置虚拟模板（Virtual-Template，VT）接口。为了让以太网承载 PPP，需要配置 VT 接口，VT 接口就是一条链路上可以封装多种同层协议的虚拟接口。因为现在的以太网物理接口已经默认封装了以太网协议，无法再封装其他协议，所以需要通过 VT 来模拟一个 PPP 接口，再封装其他协议（如 PPP），并把 VT 绑定到物理接口上，实现 PPP 和以太网协议的嵌套。

② 配置 PPP 的其他选项。其中包括为 PPPoE 客户端分配的 IP 地址、DNS、网关及用于 PPP 认证的用户名和密码等。

③ 将 VT 接口和 PPPoE 服务器以太网接口绑定。把 VT 接口和连接 PPPoE 服务器的物理以太网接口绑定，完成 PPPoE 的封装。

④ 配置从 PPPoE 服务器到 PPPoE 客户端的默认路由，实现网络互通。

（2）PPPoE 客户端路由器 R1 的配置

① 拨号控制中心（Dial Control Center，DCC）虚拟拨号接口的配置。

DCC 虚拟拨号接口就是专门用来控制拨号的接口，封装协议、PPP 认证、自动获得 IP 地址、拨号使用的用户名、查看 PPPoE 连接建立的等待时间、查看拨号接口所属的组、指定拨号接口的编号（此编号在和物理接口绑定时需要用到）、NAT 等都是在该拨号接口下完成的。

② 将 DCC 的虚拟拨号接口和 PPPoE 客户端以太网接口绑定，完成 PPPoE 的封装。

③ 指定配置的拨号访问控制列表（Access Control List，ACL）允许的 IPv4 数据报文。

④ 配置从 PPPoE 客户端到 PPPoE 服务器的默认路由，实现网络互通。

> **补充说明：**
> 　　PPPoE 客户端路由器 R1 需要配置 NAT 服务才能让 PC 连接到 Internet，同时，可以配置拨号规则、ACL 规则等进一步约束拨号方式和进行流量控制（本案例中没有配置 NAT 服务，配置默认路由仅为了实现网络互通）。

3．案例配置过程

（1）PPPoE 服务器路由器 R2 的配置

① 配置 VT 接口及 PPP 的各种参数。

```
<Huawei>system-view
[Huawei]sysname R2
[R2] interface Virtual-Template 1     //创建 VT 接口，编号可自定义，这里设置为 1
[R2-Virtual-Template1]ppp authentication-mode chap //定义 PPP 采用 CHAP 认证方式
[R2-Virtual-Template1]remote address pool jan16ippool
          //为 PPPoE 客户端指定 IP 地址池，将其名称自定义为"jan16ippool"
[R2-Virtual-Template1]ip address 1.1.1.254 24 //设置 VT 接口的 IP 地址
[R2-Virtual-Template1]quit
```

② 配置 PPP 的其他选项。

```
[R2]ip pool jan16ippool                           //创建 IP 地址池"jan16ippool"
[R2-ip-pool-jan16ippool]gateway-list 1.1.1.254   //为客户端指定网关
```

```
[R2-ip-pool-jan16ippool]network 1.1.1.0 mask 24   //指定客户端分配的 IP 地址范围
[R2-ip-pool-jan16ippool]dns-list 114.114.114.114 //为客户端指定 DNS
[R2-ip-pool-jan16ippool]quit
[R2]aaa                                //进入 AAA 本地用户数据库
[R2-aaa]local-user jan16 password cipher huawei@123//创建用于 PPP 认证的用户
[R2-aaa]local-user jan16 service-type ppp          //指定用户"jan16"用于 PPP 认证
[R2-aaa]quit
```

③ 将物理接口与 VT 接口绑定，实现 PPPoE 的封装。

```
[R2]int GigabitEthernet 0/0/0
[R2-GigabitEthernet0/0/0]pppoe-server bind virtual-template 1
                                 //将 GE0/0/0 接口与 VT 1 接口绑定
```

④ 配置从 PPPoE 服务器到 PPPoE 客户端的默认路由。

```
[R2]ip route-static 0.0.0.0 0.0.0.0 Virtual-Template1
```

⑤ 配置路由器 R2 的 LoopBack0 接口的 IP 地址。

```
[R2]int LoopBack 0
[R2-LoopBack0]ip address 2.2.2.2 24
[R2-LoopBack0]quit
```

（2）PPPoE 客户端路由器 R1 的配置

① 配置路由器 R1 的 GE0/0/1 接口的 IP 地址。

```
<Huawei>system-view
[Huawei]sysname R1
[R1]int GigabitEthernet 0/0/1
[R1-GigabitEthernet0/0/1]ip address 192.168.1.254 24
[R1-GigabitEthernet0/0/1]quit
```

② DCC 虚拟拨号接口的配置如下。

```
[R1]int Dialer 1          //创建 DCC 的 Dialer 接口，编号可自定义，这里定义为 1
[R1-Dialer1]link-protocol ppp              //封装 PPP
[R1-Dialer1]ppp chap user jan16            //配置 PPP 的 CHAP 认证的用户名
[R1-Dialer1]ppp chap password simple huawei@123 //配置 CHAP 认证的密码
[R1-Dialer1]ip address ppp-negotiate       //设置 PPPoE 客户端自动获取 IP 地址
[R1-Dialer1]dialer user jan16              //指定 Dialer 接口拨号使用的用户名
[R1-Dialer1]dialer bundle 1                //指定 Dialer 接口的编号
[R1-Dialer1]dialer-group 1                 //将该接口置于一个拨号组，并进行编号
[R1-Dialer1]quit
```

③ 将 DCC 的 Dialer 接口和 PPPoE 客户端以太网接口绑定。

```
[R1]int GigabitEthernet 0/0/0
[R1-GigabitEthernet0/0/0]pppoe-client dial-bundle-number 1
                         //将 GE0/0/0 接口与 Dialer 1 接口绑定
```

④ 指定配置的拨号 ACL 允许的 IPv4 数据报文。

```
[R1]dialer-rule
[R1]dialer-rule 1 ip permit
```

⑤ 配置从 PPPoE 客户端到 PPPoE 服务器的默认路由。

```
[R1]ip route-static 0.0.0.0 0 dialer 1
[R1]quit
```

4. 案例验证

① 在 PPPoE 客户端路由器 R1 上执行【display pppoe-client session summary】命令，查看 PPPoE 客户端会话的状态和配置信息。

```
[R1]display pppoe-client session summary
PPPoE Client Session:
ID   Bundle  Dialer  Intf          Client-MAC     Server-MAC     State
1    1       1       GE0/0/0       00e0fc385510   00e0fc8c5842   UP
```

② 在 PPPoE 服务器路由器 R2 上执行【display pppoe-server session all】命令，查看 PPPoE 服务器会话的状态和配置信息。

```
[R2]display pppoe-server session all
SID Intf                State  OIntf      RemMAC           LocMAC
1   Virtual-Template1:0 UP     GE0/0/0    00e0.fc38.5510   00e0.fc8c.5842
```

③ 在 PC 上执行【ping 2.2.2.2】命令，测试其与路由器 R2 的 LoopBack0 接口的连通性。

```
PC>ping 2.2.2.2

Ping 2.2.2.2: 32 data bytes, Press Ctrl_C to break
From 2.2.2.2: bytes=32 seq=1 ttl=254 time=32 ms
From 2.2.2.2: bytes=32 seq=2 ttl=254 time=31 ms
From 2.2.2.2: bytes=32 seq=3 ttl=254 time=16 ms
From 2.2.2.2: bytes=32 seq=4 ttl=254 time=15 ms
From 2.2.2.2: bytes=32 seq=5 ttl=254 time=31 ms

--- 2.2.2.2 ping statistics ---
  5 packet(s) transmitted
  5 packet(s) received
  0.00% packet loss
  round-trip min/avg/max = 15/25/32 ms
```

回显信息显示，PC 成功连接了路由器 R2 的 LoopBack0 接口。

本章总结

本章首先介绍了广域网的基本概念和广域网的接入方式；然后介绍了 PPP 的基本概念、工作原理，以及 PAP 和 CHAP 的工作原理及配置；最后介绍了 PPPoE 的基本概念、报文格式及基本配置。

通过对本章的学习，读者应该对广域网技术有一定的了解，能够充分理解 PPP 和 PPPoE 的基本原理，可以熟练地配置 PPP 和 PPPoE。

习题

一、选择题

1. 下列可以用来检查 PPPoE 客户端会话状态的命令是（　　）。

    A. display ip interface brief   B. display current-configuration

    C. display pppoe-client session packet   D. display pppoe-client session summary

2. 设置一台 AR2200 路由器为 PPPoE 客户端时，下列配置中不需要的是（　　　）。

    A. 配置拨号规则 　　　　　　　　　　B. 配置拨号接口

    C. 在拨号接口上配置 IP 地址 　　　　D. 在拨号接口上配置密码

3. PPPoE 的工作过程分为（　　　）。

    A. PPPoE 发现阶段，PPP 链路建立阶段

    B. PPPoE 发现阶段，PPP 会话阶段

    C. PPPoE 发现阶段，PPPoE 认证阶段

    D. PPPoE 发现阶段，PPPoE 会话阶段

4. PPPoE 发现阶段会使用到（　　　）。

    A. PADI 报文、PADO 报文、PADR 报文、PADT 报文

    B. PADI 报文、PADO 报文、PADR 报文、PADS 报文

    C. PADI 报文、PADO 报文、PADS 报文、PADT 报文

    D. PADI 报文、PADR 报文、PADS 报文、PADT 报文

5. 关于 PPPoE，以下说法正确的是（　　　）。

    A. 在 PPPoE 的 PPP 会话阶段，IP 报文是封装在 PPP 帧中的，PPP 帧是封装在以太帧中的，以太帧是封装在 PPPoE 报文中的

    B. 在 PPPoE 的发现阶段，IP 报文是封装在 PPP 帧中的，PPP 帧是封装在 PPPoE 报文中的，PPPoE 报文是封装在以太帧中的

    C. 在 PPPoE 的发现阶段，IP 报文是封装在 PPP 帧中的，PPP 帧是封装在以太帧中的，以太帧是封装在 PPPoE 报文中的

    D. 在 PPPoE 的 PPP 会话阶段，IP 报文是封装在 PPP 帧中的，PPP 帧是封装在 PPPoE 报文中的，PPPoE 报文是封装在以太帧中的

6. CHAP 的中文名称为（　　　）。

    A. 挑战握手认证协议 　　　　　　　　B. 挑战响应认证协议

    C. 认证握手挑战协议 　　　　　　　　D. 握手挑战认证协议

7. CHAP 与 PAP 的主要区别是（　　　）。

    A. CHAP 使用明文密码，而 PAP 使用加密密码

    B. CHAP 在链路建立后进行周期性校验，而 PAP 只在初始链路建立时校验

    C. CHAP 和 PAP 在安全性上没有区别

    D. CHAP 仅适用于 PPP，而 PAP 适用于所有协议

8. CHAP 通常用于（　　　）。

    A. 局域网　　　　　B. 广域网　　　　　C. 城域网　　　　　D. 无线网络

9. 在 CHAP 认证过程中，哪一方首先发送挑战消息？（　　　）

    A. 认证方 　　　　　　　　　　　　　B. 被认证方

    C. 双方同时发送 　　　　　　　　　　D. 这取决于特定的网络配置

10. CHAP 在受到攻击时，可以自动终止（　　　）会话。

    A. PPP　　　　　　B. IP　　　　　　C. TCP　　　　　D. HTTP

二、判断题

1. 广域网与局域网在物理层和数据链路层使用的协议和技术是完全相同的。（　　　）

2. CHAP 认证只能应用于 PPPoE 环境。（　　　）

3. CHAP 使用三次握手过程来完成认证。（　　　）

4. CHAP 是一种基于对称加密的认证协议。（　　　）

5. 一个 Eth-Trunk 最多可以添加 4 个物理端口。（　　　）

第6章
网络安全技术

随着云计算、物联网、大数据、人工智能、5G甚至6G技术的出现，万物互联、万物皆是数据源的时代已经开启。但是，由于网络系统具有开放和可渗透等特性，重要信息和数据面临的安全问题越来越突出，网络系统瘫痪、数据泄露的情况时有发生。因此，运用网络安全技术构建一个保障系统和数据安全的网络至关重要。

网络安全技术涵盖了物理层、数据链路层、网络层和应用层等各个层面的技术，本章主要从网络层出发，详细介绍ACL、NAT和认证-授权-计费（Authentication-Authorization-Accounting，AAA）等技术的原理及应用。

学习目标

① 理解ACL的基本原理和典型应用。
② 掌握ACL的分类及其配置。
③ 理解NAT的基本知识。

④ 掌握NAT的分类及其配置。
⑤ 理解AAA的基本知识。
⑥ 掌握AAA的基本配置。

素质目标

① 培养读者的爱国情怀和工匠精神。
② 培养读者的网络安全意识。

③ 提升读者的灵活应变能力。

6.1 访问控制列表技术

访问控制列表（ACL）技术总是与防火墙（Firewall）、路由策略（Routing Policy）、服务质量（Quality of Service，QoS）、流量过滤（Traffic Filtering）等技术结合使用。下面仅从网络安全的角度对ACL的基本知识进行简单讲解。不同厂商的网络设备在ACL技术的实现细节上不同，这里对ACL的描述及技术实现均基于华为网络设备。

V6-1 访问控制
列表技术

6.1.1 ACL的基本原理

1. ACL的基本概念

ACL是由一系列规则组成的集合，ACL通过这些规则对报文进行分类，从而使设备可以对不同类型的报文进行不同的处理。

一个ACL通常由若干条"deny | permit"语句组成，每条语句都是该ACL的一条规则，每条语句中的"deny | permit"就是与这条规则对应的处理动作。处理动作"permit"的含义是"允许"，

处理动作"deny"的含义是"拒绝"。特别需要说明的是，ACL 技术总是与其他技术结合使用，因此，所结合的技术不同，"permit"及"deny"的内涵及作用也不同。例如，当 ACL 技术与流量过滤技术结合使用时，"permit"就是"允许通行"的意思，"deny"就是"拒绝通行"的意思。

ACL 是一种应用非常广泛的网络安全技术，配置了 ACL 的网络设备的工作过程可以分为以下两个步骤。

（1）根据事先设定好的报文匹配规则对经过该设备的报文进行匹配。

（2）对匹配的报文执行事先设定好的处理动作。

> **补充说明：**
> 这些匹配规则及相应的处理动作是根据具体的网络需求而设定的。处理动作的不同及匹配规则的多样性，使 ACL 可以发挥出各种各样的功效。

2．ACL 的规则管理

ACL 负责管理用户配置的所有规则，并提供报文匹配规则的算法。ACL 规则管理的基本思想如下。

（1）每个 ACL 作为一个规则组存在，一般可以包含多条规则。

（2）ACL 中的各条规则都通过规则 ID 来标识，规则 ID 可以自行设置，也可以由系统根据步长自动生成，即设备会在创建 ACL 的过程中自动为每一条规则分配一个 ID。

（3）默认情况下，ACL 中的所有规则按照规则 ID 从小到大的顺序与规则进行匹配。

（4）规则 ID 之间会留一定的间隔。如果不指定规则 ID 的步长，则具体间隔大小由"ACL 的步长"来设定。例如，将规则 ID 的步长设定为 10（注意，规则 ID 步长的默认值为 5），则规则 ID 将按照 10、20、30、40……的规律自动进行分配。如果将规则 ID 的步长设定为 2，则规则 ID 将按照 2、4、6、8……的规律自动进行分配。步长的大小反映了相邻规则 ID 之间的间隔大小。间隔的作用是方便在两个相邻的规则之间插入新的规则。

3．ACL 的规则匹配

配置了 ACL 的设备在接收到一个报文之后，会将该报文与 ACL 中的规则逐条进行匹配。如果无法匹配当前规则，则会继续尝试匹配下一条规则。一旦报文匹配上了某条规则，设备就会对该报文执行这条规则中定义的处理动作（permit 或 deny），并且不再继续尝试与后续规则进行匹配。如果报文无法匹配 ACL 中的任何一条规则，则设备会对该报文执行"permit"动作。

在对一个数据包和 ACL 的规则进行匹配的时候，规则的匹配顺序决定了规则的优先级。华为设备支持以下两种匹配顺序。

（1）按照用户配置 ACL 规则的先后顺序进行匹配，先配置的规则先匹配。根据 ACL 中语句的顺序，对数据包和判断条件进行比较。一旦匹配，就采用语句中的动作并结束比较过程，不再检查以后的其他条件判断语句。如果没有任何语句匹配，则数据包将被放行。

（2）自动排序，即使用"深度优先"的原则进行匹配。"深度优先"原则指根据 ACL 规则的精确度进行排序，匹配条件（如协议类型、源 IP 地址和目的 IP 地址范围等）限制越严格，规则就越先匹配。基本 IPv4 的 ACL 按照"深度优先"顺序进行匹配的步骤如下。

① 判断规则中是否带有虚拟专用网络（Virtual Private Network，VPN）实例，带 VPN 实例的规则优先匹配。

② 比较源 IP 地址范围，源 IP 地址范围小（即通配符掩码中"0"的数量多）的规则优先匹配。例如，"1.1.1.1 0.0.0.0"指定了一个 IP 地址 1.1.1.1，而"1.1.1.0 0.0.0.255"指定了一个网段 1.1.1.1～1.1.1.255，前者指定的地址范围比后者小，所以前者在规则中优先匹配。如果源 IP 地址范围相同，则规则 ID 小的规则优先匹配。

4．ACL 的分类

根据 ACL 具有的特性不同，可以将 ACL 分成不同的类型，分别是基本 ACL、高级 ACL、二层 ACL、用户自定义 ACL。其中，应用最为广泛的是基本 ACL 和高级 ACL。

在网络设备上配置 ACL 时，每一个 ACL 都需要分配一个编号，称为 ACL 编号。基本 ACL、高级 ACL、二层 ACL、用户自定义 ACL 的编号范围分别为 2000～2999、3000～3999、4000～4999、5000～5999。配置 ACL 时，ACL 的类型应该与相应的编号范围保持一致。各种类型的 ACL 的区别如表 6-1 所示。

表 6-1　各种类型的 ACL 的区别

ACL 的类型	编号范围	规则制定的主要依据
基本 ACL	2000～2999	报文的源 IP 地址等信息
高级 ACL	3000～3999	报文的源 IP 地址、目的 IP 地址、报文优先级、IP 承载的协议类型及特性等三、四层信息
二层 ACL	4000～4999	报文的源 MAC 地址、目的 MAC 地址、IEEE 802.1p 优先级、数据链路层协议类型等二层信息
用户自定义 ACL	5000～5999	用户自定义报文的偏移位置和偏移量、从报文中提取出的相关内容等信息

6.1.2　基本 ACL 和高级 ACL

1．基本 ACL 的命令格式

基本 ACL 只能基于 IP 报文的源 IP 地址、报文分片标记和时间段信息来定义规则。配置基本 ACL 规则的命令格式如下。

```
rule[rule-id]{permit|deny}[source{source-address source-wildcard|any}|
fragment|logging|time-range time-name]
```

对命令中各个组成项的解释如下。

① rule 表示这是一条规则。

② *rule-id* 表示这条规则的编号。

③ permit|deny 是一个"二选一"选项，表示与这条规则相关联的处理动作。"deny"表示"拒绝"；permit 表示"允许"。

④ source 表示源 IP 地址信息。

⑤ *source-address* 表示具体的源 IP 地址。

⑥ *source-wildcard* 表示与 *source-address* 对应的通配符。*source-wildcard* 和 *source-address* 结合使用，可以确定一个 IP 地址的集合。特殊情况下，该集合中可以只包含一个 IP 地址。

⑦ any 表示源 IP 地址可以是任意地址。

⑧ fragment 表示该规则只对非首片分片报文有效。

⑨ logging 表示需要对匹配该规则的 IP 报文进行日志记录。

⑩ time-range *time-name* 表示该规则的生效时间段为 *time-name*，具体的使用方法这里不做描述。

2．基本 ACL 的配置

【案例 6-1】基本 ACL 的配置。

（1）案例背景与要求

如图 6-1 所示，某公司网络包含外来人员办公区、项目部办公区和财务部办公区。在外来人员办公区中，有一台专门供外来人员使用的计算机 PC2，IP 地址为 192.168.2.1/24，出于网络安全方面的考虑，需要禁止财务部办公区接收外来人员发送的 IP 报文。为了满足这样的网络需求，可以在路由器 R1 上配置基本 ACL。基本 ACL 可以根据源 IP 地址信息识别出外来办公人员发出的 IP 报文，并在 GE0/0/3 接口的出方向（Outbound 方向）上拒绝放行这样的 IP 报文。

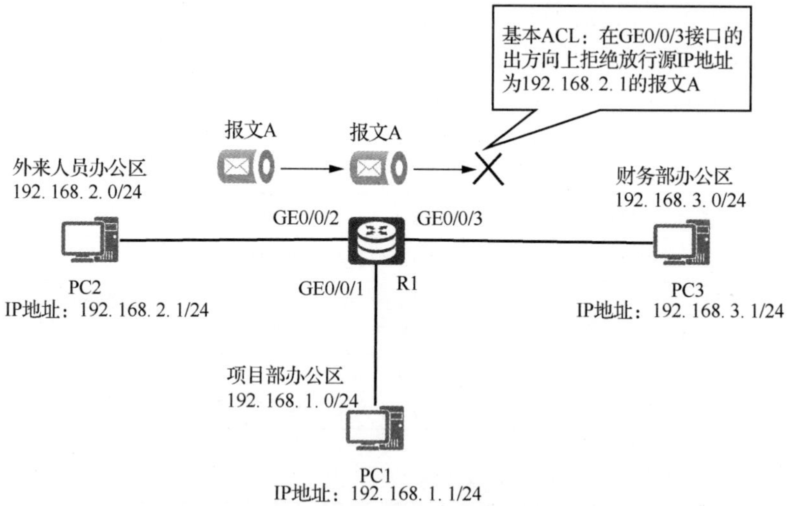

图 6-1 基本 ACL 配置网络拓扑

（2）案例配置过程

根据图 6-1 所示的网络拓扑配置路由器 R1。首先，在路由器 R1 的系统视图下创建一个编号为 2000 的基本 ACL。

```
[R1]acl 2000
[R1-acl-basic-2000]
```

其次，在 ACL 2000 的视图下创建如下规则。

```
[R1-acl-basic-2000]rule deny source 192.168.2.1 0.0.0.0
[R1-acl-basic-2000]
```

这条规则的含义是拒绝放行源 IP 地址为 192.168.2.1 的 IP 报文。

最后，使用报文过滤技术中的【traffic-filter】命令将 ACL 2000 应用在路由器 R1 的 GE0/0/3 接口的出方向上。

```
[R1-acl-basic-2000]quit
[R1]interface GigabitEthernet 0/0/3
[R1-GigabitEthernet0/0/3]traffic-filter outbound acl 2000
[R1-GigabitEthernet0/0/3]
```

通过上面的配置，源 IP 地址为 192.168.2.1 的 IP 报文将无法在出方向上通过路由器 R1 的 GE0/0/3 接口，这样就满足了安全策略的要求。

3. 高级 ACL 的命令格式

高级 ACL 可以根据 IP 报文的源 IP 地址、IP 报文的目的 IP 地址、IP 报文的协议字段的值、IP 报文的优先级的值、IP 报文的长度值、TCP 报文的源端口号、TCP 报文的目的端口号、UDP 报文的源端口号、UDP 报文的目的端口号等信息来定义规则。基本 ACL 的功能只是高级 ACL 功能的一个子集，高级 ACL 可定义出更精准、更复杂、更灵活的规则。

高级 ACL 中规则的配置比基本 ACL 中规则的配置复杂得多，且配置命令的格式也会因 IP 报文的载荷数据类型的不同而不同。例如，针对 ICMP 报文、TCP 报文、UDP 报文等不同类型的报文，其相应的配置命令的格式也是不同的。下面是高级 ACL 针对所有 IP 报文的一种简化的命令格式。

```
rule[rule-id]{permit|deny}ip[destination{destination-address destination-
wildcard|any}][source{source-address source-wildcard|any}]
```

对命令中各个组成项的解释如下。

① destination 表示目的 IP 地址信息。

② *destination-address* 表示具体的目的 IP 地址。

③ *destination-wildcard* 表示与 *destination-address* 对应的通配符。*destination-wildcard* 与 *destination-address* 结合使用，可以确定一个 IP 地址的集合。特殊情况下，该集合中可以只包含一个 IP 地址。

高级 ACL 与基本 ACL 命令格式相同部分的使用方法这里不做描述。

4. 高级 ACL 的配置

【案例 6-2】高级 ACL 的配置。

（1）案例背景与要求

如图 6-2 所示，该网络拓扑与图 6-1 所示的网络拓扑基本相同，不同的是，要求外来人员无法接收到来自财务部办公区的报文 B。在这种情况下，可以在路由器 R1 上配置高级 ACL。高级 ACL 可以根据目的 IP 地址信息识别去往目的地为外来人员办公区的 IP 报文，并在 GE0/0/3 接口的入方向（Inbound 方向）上拒绝放行这样的 IP 报文。

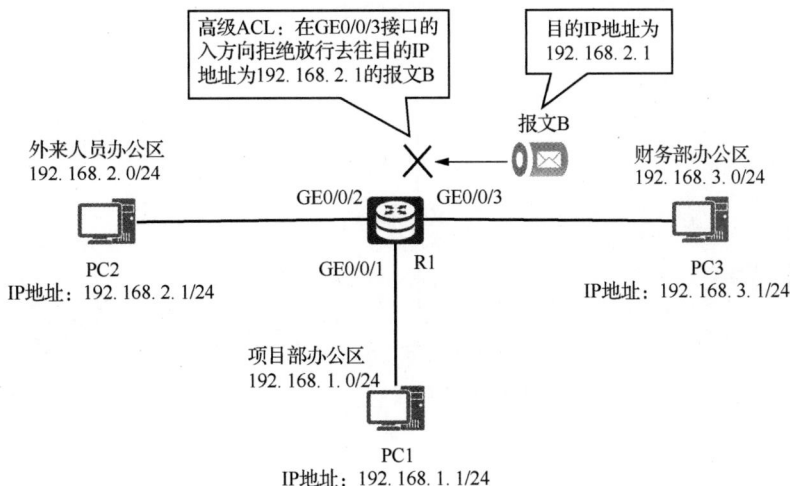

图 6-2　高级 ACL 配置网络拓扑

（2）案例配置过程

根据图 6-2 所示的网络拓扑应该如何配置路由器 R1 呢？首先，在路由器 R1 的系统视图下创建一个编号为 3000 的 ACL。

```
[R1]acl 3000
[R1-acl-adv-3000]
```

其次，在 ACL 3000 的视图下创建如下规则。

```
[R1-acl-adv-3000]rule deny destination 192.168.2.1 0.0.0.0
[R1-acl-adv-3000]
```

这条规则的含义是拒绝放行目的 IP 地址为 192.168.2.1 的 IP 报文。

最后，使用报文过滤技术中的【traffic-filter】命令将 ACL 3000 应用在路由器 R1 的 GE0/0/3

接口的入方向上。

```
[R1-acl-adv-3000]quit
[R1]interface GigabitEthernet 0/0/3
[R1-GigabitEthernet0/0/3]traffic-filter inbound acl 3000
[R1-GigabitEthernet0/0/3]
```

通过上面的配置，目的 IP 地址为 192.168.2.1 的 IP 报文将无法在入方向上通过路由器 R1 的 GE0/0/3 接口，这样就满足了安全策略的要求。

6.1.3　ACL 的典型应用

1. 基本 ACL 配置示例

【案例 6-3】基本 ACL 配置示例。

（1）案例背景与要求

Jan16 公司网络中有网管办公区、市场部办公区、项目部办公区、财务部办公区和公司服务器区。出于网络安全方面的考虑，只有网管办公区的 PC1 才能通过 Telnet 方式登录路由器 R1，其他区域的 PC 都不能通过 Telnet 方式登录路由器 R1。基本 ACL 配置示例网络拓扑如图 6-3 所示。

V6-2　ACL 的
典型应用

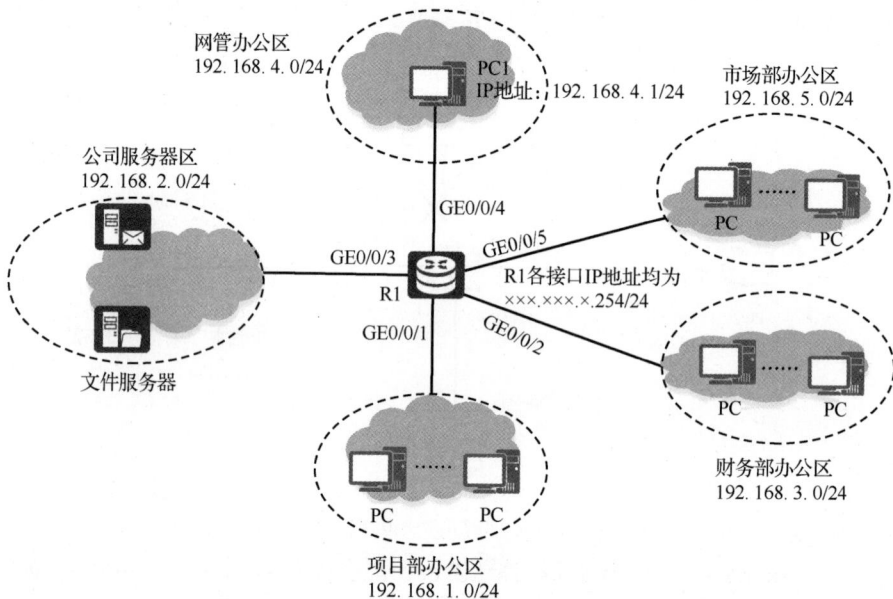

图 6-3　基本 ACL 配置示例网络拓扑

（2）案例配置思路

① 在路由器 R1 上创建基本 ACL。

② 制定基本 ACL 规则。

③ 在路由器的虚拟类型终端（Virtual Type Terminal，VTY）上应用所配置的基本 ACL。

（3）案例配置过程

要想在路由器 R1 上创建 ACL，必须先进入系统视图，再执行【acl *acl-number*】命令。对于基本 ACL，*acl-number* 的值必须在 2000～2999，这里设置为 2000。

① 在路由器 R1 上创建 ACL。

```
<R1>system-view
[R1]acl 2000
[R1-acl-basic-2000]
```

② 创建了基本 ACL 2000 后，可以使用【rule】命令来制定相应的规则。首先，制定一条规则——允许放行源 IP 地址为 192.168.4.1 的 PC1 的 IP 报文；其次，制定一条规则——拒绝放行源 IP 地址为任意地址的 IP 报文。

配置路由器 R1 的规则。

```
[R1-acl-basic-2000]rule permit source 192.168.4.1 0
[R1-acl-basic-2000]rule deny source any
```

制定完规则之后，执行【display acl 2000】命令查看 ACL 2000 的配置信息。

```
[R1-acl-basic-2000]quit
[R1]quit
<R1>display acl 2000
Basic ACL 2000,2 rules
ACL's step is 5
rule 5 permit source 192.168.4.1 0(0 times matched)
rule 10 deny(0 times matched)
```

从回显信息中可以看到，基本 ACL 2000 中已经存在两条规则，路由器 R1 为这两条规则自动分配的规则 ID 分别是 5 和 10。另外，回显信息中的"ACL's step is 5"表示该 ACL 的规则 ID 的步长为 5，两个"0 times matched"表示该 ACL 的两条规则的匹配次数都为 0（这是因为还没有将此 ACL 应用到路由器上）。

③ 在路由器 R1 的 VTY 上应用 ACL。

```
<R1>system-view
[R1]user-interface vty 0 4
[R1-ui-vty0-4]acl 2000 inbound
```

（4）案例验证

这里主要从匹配规则和不匹配规则两个方面进行验证，先在网管办公区的 PC1 上使用 Telnet 方式登录路由器，发现可以正常登录。

① 在 PC1 上验证 Telnet 功能。

```
<PC>telnet 192.168.4.254
Trying 192.168.4.254 . . .
Press CTRL+K to abort
Connected to 192.168.4.254 . . .
Info: The max number of VTY users is 10, and the number of current VTY users
on line is 1
The current login time is 2020-01-22 09: 08: 00
```

② 在路由器 R1 上查看 ACL 2000 的配置信息。

```
<R1>display acl 2000
Basic ACL 2000, 2 rules
ACL's step is 5
rule 5 permit source 192.168.4.1 0(1 times matched)
rule 10 deny(0 times matched)
```

从回显信息中可以看到，第一条规则的匹配次数为 1，这说明网管办公区的 PC1 所发出的 IP 报文已经匹配上了这条规则。

③ 下面验证不匹配规则的主机登录情况，在市场部办公区的 PC 上使用【telnet】命令登录路

由器，发现无法正常登录。

```
<PC>telnet 192.168.5.254
Trying 192.168.5.254 . . .
Press CTRL+K to abort
Error: Failed to connect to the remote host.
```

④ 再次在路由器 R1 上查看 ACL 2000 的配置信息。

```
<R1>display acl 2000
Basic ACL 2000, 2 rules
ACL's step is 5
rule 5 permit source 192.168.4.1 0(1 times matched)
rule 10 deny(1 times matched)
```

从回显信息中可以看到，第二条规则的匹配次数变为 1 了，这说明刚才尝试用 Telnet 方式登录的 PC 所发出的 IP 报文匹配上了第二条规则，但该报文被直接丢弃了。

2. 高级 ACL 配置示例

【案例 6-4】高级 ACL 配置示例。

（1）案例背景与要求

在图 6-4 所示的网络拓扑中，在路由器 R1 和 R2 上配置 OSPF 协议实现网络通信；在路由器 R2 上配置高级 ACL，要求如下。

① 允许 PC1 访问路由器 R2 的 Telnet 服务。

② 允许 PC2 访问路由器 R2 的 FTP 服务。

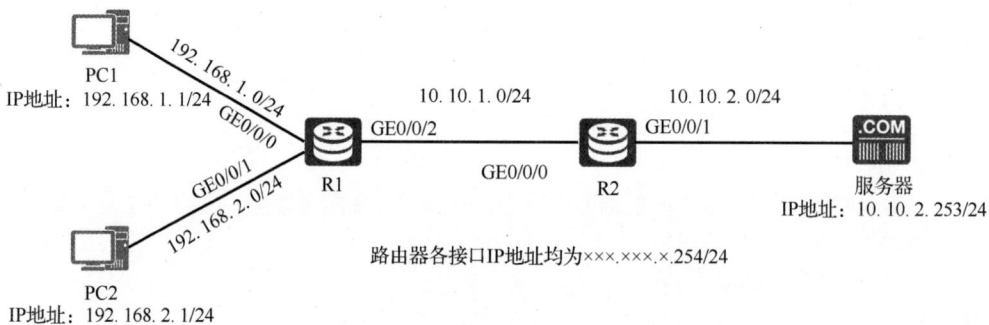

图 6-4　高级 ACL 配置示例网络拓扑

（2）案例配置思路

① 配置路由器 R1 和 R2 的接口 IP 地址、OSPF 协议等，实现全网通信。

② 在路由器 R2 上创建高级 ACL。

③ 在路由器 R2 的 GE0/0/0 接口的入方向和 VTY 上应用所创建的高级 ACL。

（3）案例配置过程

要想在路由器 R2 上创建高级 ACL，必须先进入系统视图，再执行【acl *acl-number*】命令。对于高级 ACL，*acl-number* 的值必须为 3000～3999，这里为 3000。创建了高级 ACL 3000 后，可以使用【rule】命令来制定相应的规则。

① 配置路由器 R2 的高级 ACL。

```
<R2>system-view
[R2]acl 3000
[R2-acl-adv-3000]rule 5 permit tcp source 192.168.1.1 0.0.0.0 destination
10.10.1.2 0.0.0.0 destination-port eq 23
```

```
[R2-acl-adv-3000]rule 10 permit tcp source 192.168.2.1 0.0.0.0 destination
10.10.2.253 0.0.0.0 destination-port range 20 21
[R2-acl-adv-3000]rule 15 deny ip
```

② 在路由器 R2 的 GE0/0/0 接口上应用 ACL 3000。

```
[R2]interface GigabitEthernet 0/0/0
[R2-GigabitEthernet0/0/0]traffic-filter inbound acl 3000
```

③ 在路由器 R2 的 VTY 上应用 ACL 3000。

```
<R2>system-view
[R2]user-interface vty 0 4
[R2-ui-vty0-4]acl 3000 inbound
```

（4）案例验证

① 在路由器 R2 上执行【display acl 3000】命令，查看 ACL 3000 的配置信息。

```
[R2-acl-adv-3000]display acl 3000
Advanced ACL 3000, 3 rules
ACL's step is 5
  rule 5 permit tcp source 192.168.1.1 0.0.0.0 destination 10.10.1.0 0.0.0.0
destination-port eq telnet
  rule 10 permit tcp source 192.168.2.1 0.0.0.0 destination 10.10.2.253 0.0.0.0
  destination-port range ftp-data ftp
  rule 15 deny ip
```

从回显信息中可以看到，高级 ACL 3000 中已经存在 3 条规则，路由器 R2 为这 3 条规则自动分配的规则 ID 分别是 5、10 和 15。另外，回显信息中的"ACL's step is 5"表示该 ACL 的规则 ID 的步长为 5。

② 在 PC1 上使用 Telnet 方式登录路由器 R2，发现可以正常登录。

```
<PC>telnet 10.10.1.2
Trying 10.10.1.2. . .
Press CTRL+K to abort
Connected to 10.10.1.2 . . .
Info: The max number of VTY users is 10, and the number of current VTY users
on line is I
The current login time is 2019-12-09 03: 09: 00
```

③ 在 PC2 上访问服务器的 FTP 服务，发现可以正常访问。

```
<PC>ftp 10.10.2.253
Trying 10.10.2.253 ...
Press CTRL+K to abort
Connected to 10.10.2.253.
220 FTP service ready.
User(10.10.2.253:(none)):huawei
331 Password required for huawei.
Enter password:
230 User logged in.
```

④ 在 PC2 上使用 Telnet 方式登录路由器 R2，发现无法正常登录。

```
<PC>telnet 10.10.1.2
Press CTRL_] to quit telnet mode
Trying 10.10.1.2 . . .
Error: Can't connect to the remote host
```

6.2 网络地址转换技术

通过对广域网技术的学习可以知道，在网络的不同类型中，除了私有网络，还有公有网络，它们之间需要互相关联才能充分实现各自的功能。网络地址转换（NAT）技术不仅可以实现私有网络和公有网络中资源的互访，还能提供一定的安全访问功能。本节将从 NAT 的工作原理入手，介绍 NAT 的不同类型及相应的配置方法。

6.2.1 NAT 的工作原理

1. NAT 的基本概念

NAT 是一个 IETF 标准，NAT 是一种把内部私有网络的地址转换成合法的外部公有网络的地址的技术。

当今的 Internet 使用 TCP/IP 实现了全世界的计算机的互联互通，每一台接入 Internet 的计算机要想和其他计算机通信，就必须拥有一个唯一的、合法的 IP 地址，此 IP 地址由 Internet 管理机构——网络信息中心（Network Information Center，NIC）统一进行管理和分配。由 NIC 分配的 IP 地址被称为公有的、合法的 IP 地址，这些 IP 地址具有唯一性，接入 Internet 的计算机只要拥有 NIC 分配的 IP 地址就可以和其他计算机通信。

V6-3 NAT 的工作原理

但是，由于当前 TCP/IP 的协议版本是 IPv4，它具有天生的缺陷，即 IP 地址数量不够多，难以满足目前爆炸性增长的 IP 地址需求。所以，不是每一台计算机都能申请并获得 NIC 分配的 IP 地址。一般而言，需要接入 Internet 的个人或家庭用户，通过 ISP 间接获得合法的公有 IP 地址（例如，用户通过 ADSL 线路拨号，从电信公司获得临时租用的公有 IP 地址）；对大型机构而言，它们有可能直接向 NIC 申请并使用永久的公有 IP 地址，也有可能通过 ISP 间接获得永久或临时的公有 IP 地址。

无论通过哪种方式获得公有 IP 地址，当前的可用 IP 地址数量依然不足。IP 地址作为有限的资源，NIC 要为网络中数以亿计的计算机分配公有 IP 地址是不可能的。同时，为了使计算机能够具有 IP 地址并在专用网络（内部网络）中通信，NIC 定义了供专用网络内的计算机使用的专用 IP 地址。这些 IP 地址是在局部（非全局的，不具有唯一性）使用的、非公有的（私有的）IP 地址，这些 IP 地址的范围具体如下。

（1）A 类 IP 地址：10.0.0.0～10.255.255.255。

（2）B 类 IP 地址：172.16.0.0～172.31.255.255。

（3）C 类 IP 地址：192.168.0.0～192.168.255.255。

组织机构可根据自身园区网的大小及计算机数量的多少采用不同类型的专用地址范围或者不同类型地址的组合。但是，这些 IP 地址不可能出现在 Internet 中，也就是说，源地址或目的地址为这些专有 IP 地址的数据包不可能在 Internet 中被传输，这样的数据包只能在内部专用网络中被传输。

如果专用网络的计算机要访问 Internet，则组织机构在连接 Internet 的设备上至少需要有一个公有 IP 地址，并采用 NAT 技术，将内部私有网络中的计算机的私有 IP 地址转换为公有 IP 地址，从而让使用私有 IP 地址的计算机能够和 Internet 中的计算机进行通信，如图 6-5 所示。

也可以说，NAT 就是一种将网络地址从一个地址空间转换到另一个地址空间的技术，从技术原理的角度，NAT 可分为 4 种类型：静态 NAT、动态 NAT、静态网络地址端口转换（Network Address Port Translation，NAPT）及动态 NAPT。

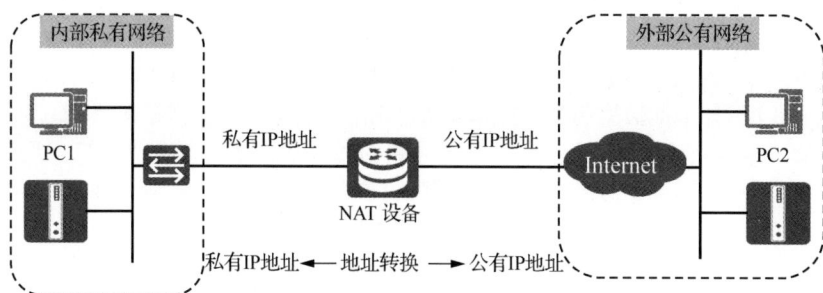

图 6-5　NAT

2．NAT 的类型

（1）静态 NAT

静态 NAT 是指在路由器中，将内网 IP 地址固定地转换为外网 IP 地址，通常应用在允许外网用户访问内网服务器的场景中。

静态 NAT 的工作过程如图 6-6 所示。内部私有网络中采用 192.168.1.0/24 的 C 类地址，采用带有 NAT 功能的路由器和 Internet 互连，NAT 的左侧接口（IP 地址为 192.168.1.254/24）连接着内部私有网络，右侧接口（IP 地址为 8.8.8.1/24）连接着 Internet，且路由器中还有多个公有 IP 地址（8.8.8.2～8.8.8.5）可被转换使用，Internet 中 PC3 的 IP 地址是 8.8.8.8/24。假设外部公有网络中的 PC3 需要和内部私有网络中的 PC1 通信，则其通信过程如下。

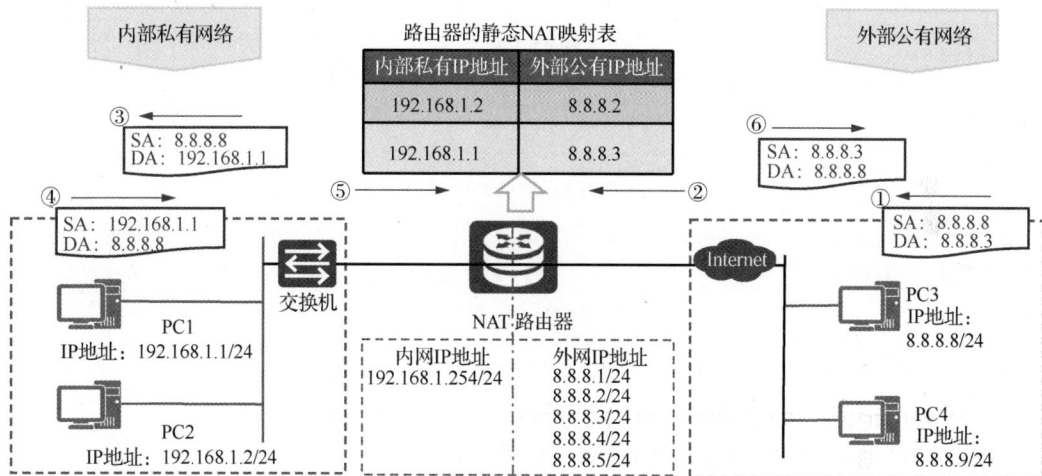

图 6-6　静态 NAT 的工作过程

① PC3 发送数据包给 PC1，数据包的源地址（Source Address，SA）为 8.8.8.8，目的地址（Destination Address，DA）为 8.8.8.3（在外网，PC1 的 IP 地址为 8.8.8.3）。

② 数据包到达路由器时，路由器将查询本地的 NAT 映射表，找到映射条目后将数据包的目的 IP 地址（8.8.8.3）转换为内部私有 IP 地址（192.168.1.1），源 IP 地址保持不变。NAT 路由器上有一个公有的 IP 地址池，在本次通信前，网络管理员已经在 NAT 路由器上做了静态 NAT 地址映射关系，指定 192.168.1.1 与 8.8.8.3 映射。

③ 转换后的数据包经过内网传输，最终将被 PC1 接收。

④ PC1 收到数据包后，将响应内容封装在目的 IP 地址为 8.8.8.8 的数据包中，并将该数据包发送出去。

⑤ 目的 IP 地址为 8.8.8.8 的数据包到达路由器后，路由器将对照自身的 NAT 映射表找出对应关系，将源 IP 地址 192.168.1.1 转换为 8.8.8.3，并将该数据包发送到外部网络中。

⑥ 目的 IP 地址为 8.8.8.8 的数据包在外部网络中传输，最终到达 PC3。PC3 通过数据包的源 IP 地址（8.8.8.3）只知道此数据包是路由器发送过来的，实际上，该数据包是 PC1 发送的。

静态 NAT 主要用于私有网络内的服务器需要对外提供服务的场景中，它采用了固定的一对一的内外网 IP 地址映射关系，因此，外网的计算机可以通过访问外网 IP 地址访问内网的服务器。

（2）动态 NAT

动态 NAT 指将一个内网 IP 地址转换为一组外网 IP 地址池中的一个 IP 地址（公有 IP 地址）。动态 NAT 和静态 NAT 在地址转换上很相似，只是可用的公有 IP 地址不能被某个私有网络的计算机永久独自占有。

动态 NAT 的工作过程如图 6-7 所示。与静态 NAT 类似，路由器上有一个公有 IP 地址池，地址池中有 4 个公有 IP 地址，它们是 8.8.8.2/24～8.8.8.5/24。假设内部私有网络中的 PC1 需要和外部公有网络中的 PC3 通信，其通信过程如下。

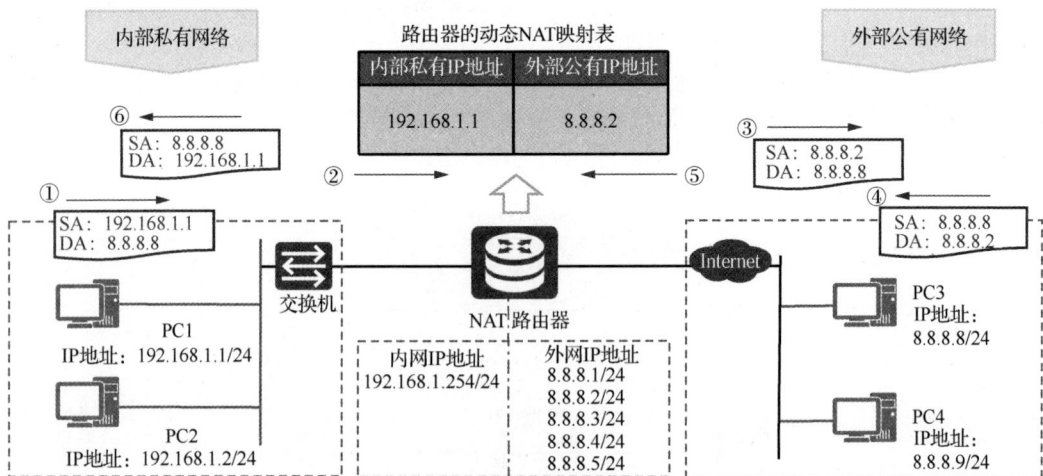

图 6-7　动态 NAT 的工作过程

① PC1 发送源 IP 地址为 192.168.1.1 的数据包给外部公有网络中的 PC3。

② 数据包经过路由器的时候，路由器采用 NAT 技术，将数据包的源 IP 地址（192.168.1.1）转换为公有 IP 地址（8.8.8.2）。为什么会转换为 8.8.8.2？由于路由器上的 IP 地址池中有多个公有 IP 地址，当需要进行地址转换时，路由器会在 IP 地址池中选择一个未被占用的地址来进行转换。这里假设 4 个地址都未被占用，路由器挑选了第一个未被占用的 IP 地址。如果紧接着 PC1 要发送数据包到 Internet，则路由器会挑选第二个未被占用的 IP 地址（即 8.8.8.3）来进行转换。IP 地址池中的公有 IP 地址的数量决定了可以同时访问 Internet 的内网计算机的数量，如果 IP 地址池中的 IP 地址都被使用了，那么内网的其他计算机就无法和 Internet 中的计算机通信了。当内网计算机和外网计算机的通信连接结束后，路由器将释放被占用的公有 IP 地址，这样，被释放的 IP 地址即可为其他内网计算机提供公网接入服务。

③ 源 IP 地址为 8.8.8.2 的数据包在 Internet 上转发，最终被 PC3 接收。

④ PC3 收到源 IP 地址为 8.8.8.2 的数据包后，将响应内容封装在目的 IP 地址为 8.8.8.2 的数据包中，并将该数据包发送出去。

⑤ 目的 IP 地址为 8.8.8.2 的数据包最终经过路由器转发，到达连接内部私有网络的路由器上，

路由器对照自身的 NAT 映射表，找出对应关系，将目的 IP 地址为 8.8.8.2 的数据包转换为目的 IP 地址为 192.168.1.1 的数据包，并发送到内部私有网络中。

⑥ 目的 IP 地址为 192.168.1.1 的数据包在内部私有网络中传输，最终到达 PC1。PC1 通过数据包的源 IP 地址（8.8.8.8）知道此数据包是 Internet 上的 PC3 发送过来的。

动态 NAT 的内外网映射关系是临时的，因此，它主要用于内网计算机临时对外提供服务的场景中。考虑到企业申请的公有 IP 地址的数量有限，而内网计算机数量通常远大于公有 IP 地址数量，因此，它不适用于给内网计算机提供大规模连接网络服务的场景中，解决这类问题需要使用动态 NAPT 模式，关于动态 NAPT 模式将在后文给出相关描述。

（3）动态 NAPT

动态 NAPT 指以 IP 地址及端口号（TCP 或 UDP 端口）为转换条件，将专用网络的内部私有 IP 地址及端口号转换成外部公有 IP 地址及端口号。静态 NAT 和动态 NAT 都是"IP 地址"到"IP 地址"的转换，而动态 NAPT 是"IP 地址+端口"到"IP 地址+端口"的转换。"IP 地址"到"IP 地址"的转换局限性很大，因为公网 IP 地址一旦被占用，内网的其他计算机就无法再使用被占用的公网 IP 地址访问外网。而"IP 地址+端口"的转换非常灵活，一个 IP 地址可以和多个端口进行组合（可自由使用的端口号为 1024～65535），所以，路由器上可用的网络地址映射关系条目数量很多，完全可以满足大量的内网计算机访问外网的需求。

动态 NAPT 的工作过程如图 6-8 所示。假设内部私有网络中的 PC 要访问外部公有网络中的 Web 服务器，其通信过程如下。

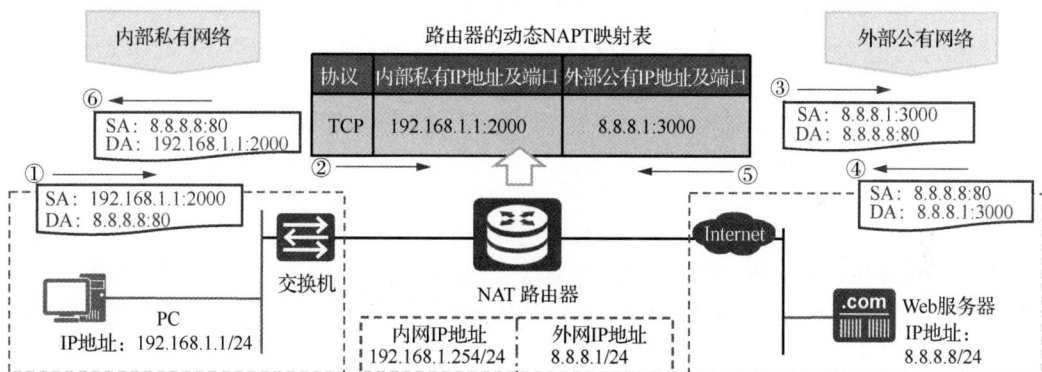

图 6-8 动态 NAPT 的工作过程

① PC 发送数据包给 Web 服务器。数据包的源 IP 地址为 192.168.1.1，源端口号为 2000（2000 为 PC 随机分配的端口号）；数据包的目的 IP 地址为 8.8.8.8，目的端口号为 80（Web 服务器默认端口号是 80）。

② 数据包经过路由器的时候，路由器采用了动态 NAPT 技术，以"IP 地址+端口"形式进行转换。数据包的源地址及源端口号将从 192.168.1.1:2000 转换为 8.8.8.1:3000（3000 为路由器随机分配的端口号），目的 IP 地址及端口号不变，仍然指向 Web 服务器。转换后的源 IP 地址为路由器在外网的接口的 IP 地址，源端口号为路由器上未被使用的可分配的端口号，这里假设为 3000。

③ 转换后的数据包在 Internet 上转发，最终被 Web 服务器接收。

④ Web 服务器收到数据包后，将响应内容封装在目的 IP 地址为 8.8.8.1、目的端口号为 3000 的数据包中（源 IP 地址及端口为 8.8.8.8:80），并将数据包发送出去。

⑤ 响应的数据包最终经过路由器转发，到达连接内部私有网络的路由器上，路由器对照 NAPT 映射表找出对应关系，将目的 IP 地址及端口号为 8.8.8.1:3000 的数据包转换为目的 IP 地址及端口号为 192.168.1.1:2000 的数据包，并发送到内部私有网络中。

⑥ 目的 IP 地址及端口号为 192.168.1.1:2000 的数据包在内部私有网络中传输，最终到达 PC。PC 通过数据包的源 IP 地址及端口号（8.8.8.8:80）知道此数据包是外部公有网络的 Web 服务器发送过来的。

动态 NAPT 的内外网"IP 地址+端口号"映射关系是临时的，因此，它主要应用在为内网计算机提供外网访问服务的场景中。其典型的应用如下：家庭的宽带路由器拥有动态 NAPT 功能，它可以满足家庭电子设备访问 Internet 的需求；网吧的出口网关拥有动态 NAPT 功能，它可以满足网吧计算机访问 Internet 的需求。

（4）静态 NAPT

静态 NAPT 指在路由器中以"IP 地址+端口"形式，将内网 IP 地址及端口固定地转换为外网 IP 地址及端口，适用于允许外网用户访问内网计算机特定服务的场景中。

静态 NAPT 的工作过程如图 6-9 所示。假设外网中的 PC 需要访问内网中的 Web 服务器，其通信过程如下。

① PC 发送数据包给 Web 服务器。数据包的源 IP 地址为 8.8.8.8，源端口号为 2000；数据包的目的 IP 地址为 8.8.8.1，目的端口号为 80（Web 服务器默认端口号是 80）。

② 数据包经过路由器的时候，路由器查询 NAPT 映射表，找到对应的映射条目后，数据包的目的 IP 地址及目的端口号将从 8.8.8.1:80 转换为 192.168.1.1:80，源 IP 地址及目的端口号不变。这里转换后的目的 IP 地址为内网 Web 服务器的 IP 地址，目的端口号为 Web 服务器的 Web 服务的端口号。

③ 转换后的数据包在内网中转发，最终被 Web 服务器接收。

④ Web 服务器收到数据包后，将响应内容封装在目的 IP 地址为 8.8.8.8、目的端口号为 2000 的数据包中，并将数据包发送出去。

⑤ 响应数据包经过路由器转发，路由器对照静态 NAPT 映射表找出对应关系，将源 IP 地址及端口号为 192.168.1.1:80 的数据包转换为源 IP 地址及端口号为 8.8.8.1:80 的数据包，并发送到 Internet 中。

⑥ 目的 IP 地址及端口号为 8.8.8.8:2000 的数据包在 Internet 中传送，最终到达 PC。PC 通过数据包的源 IP 地址及端口号（8.8.8.1:80）知道这是它访问 Web 服务的响应数据包。但是，PC 并不知道 Web 服务其实是由内部私有网络中的 Web 服务器所提供的，它只知道 Web 服务是由 Internet 中的 IP 地址为 8.8.8.1 的计算机提供的。

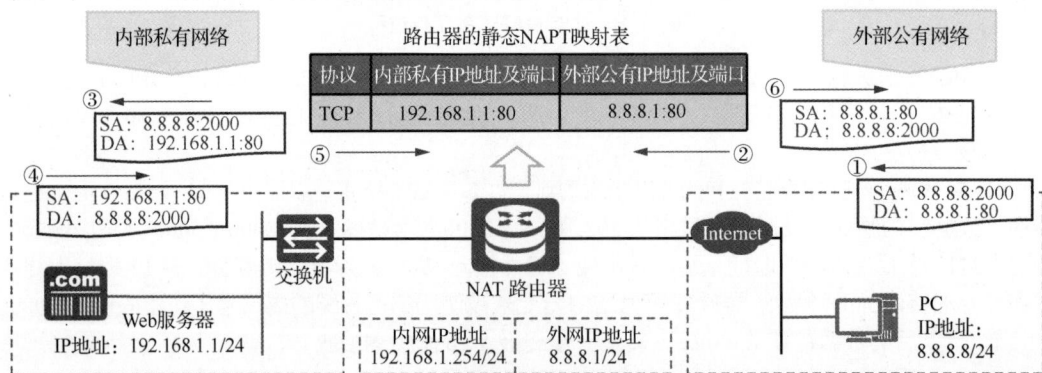

图 6-9　静态 NAPT 的工作过程

静态 NAPT 的内外网"IP 地址+端口"映射关系是永久的，因此，它主要应用在为内网服务器的指定服务（如 Web、FTP 等）向外网提供服务的场景中。典型的应用如下：公司将内部网络的门户网站映射到公网 IP 地址的 80 端口上，以满足 Internet 用户访问公司门户网站的需求。

（5）Easy IP

Easy IP 技术是 NAPT 的一种简化情况。如图 6-10 所示，Easy IP 无须建立公有 IP 地址资源池，因为 Easy IP 只会用到一个公有 IP 地址，该 IP 地址就是路由器 R1 连接公网的出口 IP 地址。Easy IP 也会建立并维护一张动态地址及端口映射表，Easy IP 会将这张表中的公有 IP 地址绑定为路由器 R1 的出口 IP 地址。如果路由器 R1 的出口 IP 地址发生了变化，则这张表中的公有 IP 地址也会自动发生变化。路由器 R1 的出口 IP 地址可以是手动配置的，也可以是动态分配的。

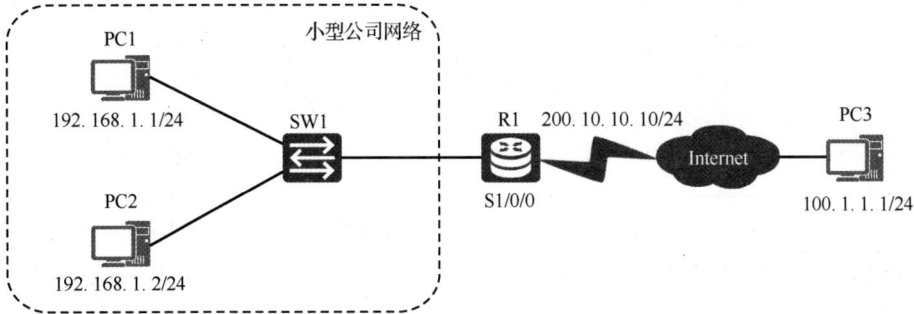

图 6-10　Easy IP 的使用

Easy IP 适用于小规模局域网中的主机访问 Internet 的场景。小规模局域网通常部署在小型的网吧或者办公室中，这些地方内部主机不多，出口可以通过拨号方式获取一个临时公网 IP 地址。Easy IP 可以使内部主机使用临时公网 IP 地址访问 Internet。

6.2.2　NAT 的配置

1. 静态 NAT 配置示例

【案例 6-5】静态 NAT 配置示例。

（1）案例背景与要求

Jan16 公司通过路由器 R1 接入 Internet，网络拓扑如图 6-11 所示，案例背景与要求如下。

① 公司向 Internet 申请了两个公网 IP 地址：200.10.1.2 和 200.10.1.3。

② 公司的 Web 服务器需要以静态 NAT 的方式对外提供服务，映射 IP 地址为 200.10.1.3。

V6-4　NAT 的
配置

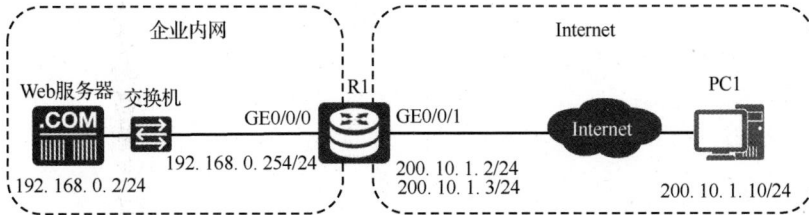

图 6-11　静态 NAT 配置示例网络拓扑

（2）案例配置思路

① 为各设备的接口配置 IP 地址。

② 在路由器 R1 上配置 NAT，将 Web 服务器的 IP 地址映射到 200.10.1.3。

（3）案例配置过程

① 路由器 R1 的配置如下。

```
[R1]interface GigabitEthernet 0/0/0
[R1-GigabitEthernet0/0/0]ip add 192.168.0.254 24
[R1-GigabitEthernet0/0/0]quit
[R1]interface GigabitEthernet 0/0/1
[R1-GigabitEthernet0/0/1]ip add 200.10.1.3 24
[R1-GigabitEthernet0/0/1]nat static global 200.10.1.3 inside 192.168.0.2
[R1-GigabitEthernet0/0/1]quit
```

> **补充说明：**
> 【nat static global *global-address* inside *host-address*】命令的作用是将公网 IP 地址
> *global-address* 映射到私网 IP 地址 *host-address*。

② 其他设备 IP 地址的配置（省略）。

（4）案例验证

① 在路由器 R1 上执行【display nat static】命令，查看公网 IP 地址与私网 IP 地址的映射关系。

```
<R1>display nat static
  Static Nat Information:
  Interface : GigabitEthernet0/0/1
    Global IP/Port    : 200.10.1.3/----
    Inside IP/Port    : 192.168.0.2/----
    Protocol : ----
    VPN instance-name : ----
    Acl number        : ----
    Netmask : 255.255.255.255
    Description : ----
  Total :   1
```

② 在公网主机 PC1 上执行【ping 200.10.1.3】命令，测试其与内网 Web 服务器的连通性，结果显示可以成功连接 Web 服务器。

```
PC>ping 200.10.1.3
Ping 200.10.1.3: 32 data bytes, Press Ctrl_C to break
From 200.10.1.3: bytes=32 seq=1 ttl=127 time=47 ms
From 200.10.1.3: bytes=32 seq=2 ttl=127 time=47 ms
From 200.10.1.3: bytes=32 seq=3 ttl=127 time=47 ms
From 200.10.1.3: bytes=32 seq=4 ttl=127 time=31 ms
From 200.10.1.3: bytes=32 seq=5 ttl=127 time=63 ms

--- 200.10.1.3 ping statistics ---
  5 packet(s) transmitted
  5 packet(s) received
  0.00% packet loss
  round-trip min/avg/max = 31/47/63 ms
```

从以上回显信息中可以看出，成功地在路由器 R1 上配置了静态 NAT，实现了 Web 服务器的私网 IP 地址 192.168.0.2 与公网 IP 地址 200.10.1.3 的映射。

2. 动态 NAT 配置示例

【案例 6-6】动态 NAT 配置示例。

（1）案例背景与要求

Jan16 公司通过路由器 R1 接入 Internet，网络拓扑如图 6-12 所示，案例背景与要求如下。

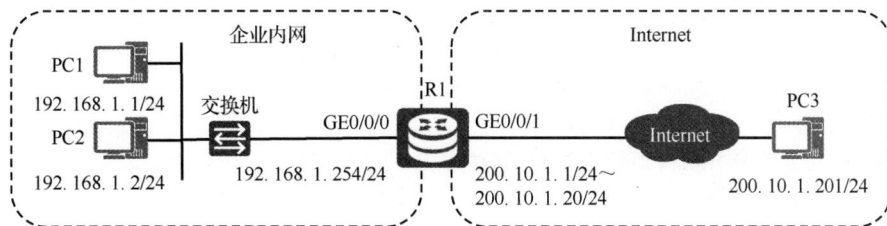

图 6-12　动态 NAT 配置示例网络拓扑

① 公司向 Internet 申请了一批公网 IP 地址：200.10.1.1～200.10.1.20。

② 公司的内网计算机（192.168.1.0/24）可通过路由器 R1 随机映射到公网，实现内外网互访。

（2）案例配置思路

① 为各设备的接口配置 IP 地址。

② 在路由器 R1 上配置公网 IP 地址池。

③ 在路由器 R1 上配置 ACL 规则，该规则定义了可用于映射公网的主机。

④ 在路由器 R1 上配置动态 NAT，将符合 ACL 规则的主机自动映射到公网 IP 地址池中。

（3）案例配置过程

路由器 R1 的主要配置如下。

```
[R1]interface GigabitEthernet 0/0/0
[R1-GigabitEthernet0/0/0]ip add 192.168.1.254 24
[R1-GigabitEthernet0/0/0]quit
[R1]interface GigabitEthernet 0/0/1
[R1-GigabitEthernet0/0/1]ip add 200.10.1.1 24
[R1]nat address-group 1 200.10.1.2 200.10.1.20
[R1]acl 2000
[R1-acl-basic-2000]rule 5 permit source 192.168.1.0 0.0.0.255
[R1-acl-basic-2000]quit
[R1]interface GigabitEthernet 0/0/1
[R1-GigabitEthernet0/0/1]nat outbound 2000 address-group 1 no-pat
```

补充说明：

　　【nat address-group】命令用来配置 NAT 地址池（申请到的公网 IP 地址不能全部纳入地址池，必须至少保留一个 IP 地址用于路由器与公网通信）；【nat outbound】命令用来将一个 ACL 和一个地址池关联起来，其表示 ACL 中规定的地址可以使用地址池进行 NAT 操作；参数 no-pat 表示只转换数据报文的 IP 地址而不转换端口信息。

（4）案例验证

　　在路由器 R1 上执行【display nat address-group *group-index*】命令，查看 NAT 地址池配置信息，或者执行【display nat outbound】命令，查看动态 NAT 配置信息。

```
[R1]display nat address-group 1
NAT Address-Group Information:
------------------------------------
Index   Start-address      End-address
1       200.10.10.2        200.10.10.20
[R1]display nat outbound
NAT Outbound Information:
 ------------------------------------------------------------------
Interface          Acl      Address-group/IP/Interface      Type
```

```
------------------------------------------------------------------
GigabitEthernet0/0/1   2000                         1          no-pat
------------------------------------------------------------------
Total : 1
```

从以上测试结果中可以看出动态 NAT 配置成功。

3. NAPT 配置示例

【案例 6-7】NAPT 配置示例。

（1）案例背景与要求

Jan16 公司通过动态 NAT 实现了内网主机和外网之间的通信，但随着人员的增加，有限的公网 IP 地址已不能满足所有员工上网的需求，公司希望采用 NAPT 来满足更多员工的外网接入需求。其网络拓扑如图 6-12 所示。

（2）案例配置思路

① 为各设备的接口配置 IP 地址。

② 在路由器 R1 上配置公网 IP 地址池。

③ 在路由器 R1 上配置 ACL 规则，该规则定义了可用于映射公网的主机。

④ 在路由器 R1 上配置动态 NAT，将符合 ACL 规则的主机自动映射到公网 IP 地址池。

（3）案例配置过程

路由器 R1 的主要配置如下。

```
[R1]interface GigabitEthernet 0/0/0
[R1-GigabitEthernet0/0/0]ip add 192.168.1.254 24          //配置网关地址
[R1-GigabitEthernet0/0/0]quit
[R1]interface GigabitEthernet 0/0/1
[R1-GigabitEthernet0/0/1]ip add 200.10.1.1 24
[R1]nat address-group 1 200.10.1.2 200.10.1.20          //创建 NAT 地址池
[R1]acl 2000
[R1-acl-basic-2000]rule 5 permit source 192.168.1.0 0.0.0.255
[R1-acl-basic-2000]quit
[R1]interface GigabitEthernet 0/0/1
[R1-GigabitEthernet0/0/1]nat outbound 2000 address-group 1
```

补充说明：
【nat outbound】命令同样可以用来配置 NAPT，命令中没有 no-pat 参数时表示是 NAPT。

（4）案例验证

① 在内网主机 PC1 和 PC2 上执行【ping 200.10.1.201】命令，测试内网主机与外网的连通性，结果显示可以成功连接外网。

```
PC>ping 200.10.1.201

Ping 200.10.1.201: 32 data bytes, Press Ctrl_C to break
From 200.10.1.201: bytes=32 seq=1 ttl=127 time=15 ms
From 200.10.1.201: bytes=32 seq=2 ttl=127 time=15 ms
From 200.10.1.201: bytes=32 seq=3 ttl=127 time=32 ms
From 200.10.1.201: bytes=32 seq=4 ttl=127 time=31 ms
From 200.10.1.201: bytes=32 seq=5 ttl=127 time=16 ms

--- 200.10.1.201 ping statistics ---
```

```
5 packet(s) transmitted
5 packet(s) received
0.00% packet loss
round-trip min/avg/max = 15/21/32 ms
```

② 在路由器 R1 上执行【display nat session all】命令，查看 NAPT 会话信息。

```
[Huawei]display nat session all
NAT Session Table Information:

    Protocol          : ICMP(1)
    SrcAddr Vpn       : 192.168.1.1
    DestAddr Vpn      : 200.10.1.201
    Type Code IcmpId  : 0   8   16411
    NAT-Info
      New SrcAddr     : 200.10.10.1
      New DestAddr    : ----
      New IcmpId      : 10263

    Protocol          : ICMP(1)
    SrcAddr Vpn       : 192.168.1.2
    DestAddr Vpn      : 200.10.1.201
    Type Code IcmpId  : 0   8   16416
    NAT-Info
      New SrcAddr     : 200.10.10.1
      New DestAddr    : ----
      New IcmpId      : 10265


---省略部分显示内容---


Total : 9
```

从以上回显信息中可以看出，PC1 和 PC2 的两个私网 IP 地址同时映射到了同一个公网 IP 地址，只是映射了不同的端口号。从测试结果中可知，一个公网 IP 地址可以为多个私网 IP 地址提供 NAPT 服务，解决了更多内网终端连接外网的问题。

4．Easy IP 配置示例

【案例 6-8】Easy IP 配置示例。

（1）案例背景与要求

Jan16 公司通过路由器 R1 接入 Internet，网络拓扑如图 6-13 所示，案例背景与要求如下。

① 公司通过拨号接入 Internet，并申请到一个固定公网 IP 地址：200.10.1.1。

② 公司要求使用 Easy IP 技术实现全部内网计算机快速访问 Internet。

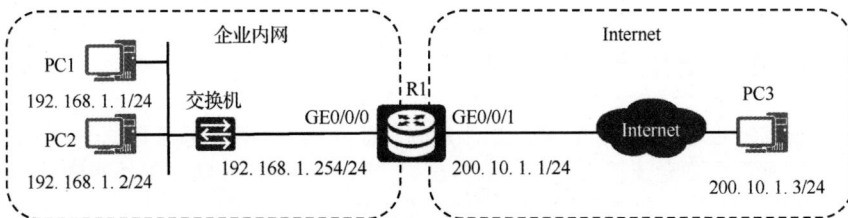

图 6-13　Easy IP 配置示例网络拓扑

（2）案例配置思路

① 为各设备的接口配置 IP 地址。

② 在路由器 R1 上配置 ACL 规则，该规则定义了可用于映射公网的主机。

③ 在路由器 R1 上配置 Easy IP，使符合 ACL 规则的主机可以访问公网。

（3）案例配置过程

路由器 R1 的主要配置如下。

```
[R1]interface GigabitEthernet 0/0/0
[R1-GigabitEthernet0/0/0]ip add 192.168.1.254 24
[R1-GigabitEthernet0/0/0]quit
[R1]interface GigabitEthernet 0/0/1
[R1-GigabitEthernet0/0/1]ip add 200.10.1.1 24
[R1]acl 2000
[R1-acl-basic-2000]rule 5 permit source 192.168.1.0 0.0.0.255
[R1-acl-basic-2000]quit
[R1]interface GigabitEthernet 0/0/1
[R1-GigabitEthernet0/0/1]nat outbound 2000
```

补充说明：

Easy IP 技术是对 NAPT 技术的简化，因为 Easy IP 只会用到一个公有 IP 地址，所以无须建立公有 IP 地址池，用于转换的公网 IP 地址就是该路由器接口的 IP 地址。

在本案例中，【nat outbound 2000】命令表示对 ACL 2000 定义的地址段进行地址转换，并直接使用 GE0/0/1 接口的 IP 地址作为 Easy IP 转换后的 IP 地址。

【nat outbound *acl-number*】命令用于配置 Easy IP 地址转换。Easy IP 的配置与动态 NAT 的配置类似，需要定义 ACL 和执行【nat outbound】命令，主要区别是 Easy IP 不需要配置 IP 地址池，所以【nat outbound】命令中不需要配置参数 address-group。

（4）案例验证

在路由器 R1 上执行【display nat outbound】命令，查看【nat outbound】命令的配置结果。

```
[R1]display nat outbound
NAT Outbound Information:
---------------------------------------------------------------------
Interface            Acl    Address-group/IP/Interface      Type
---------------------------------------------------------------------
GigabitEthernet0/0/1  2000    200.10.1.1                    easyip
---------------------------------------------------------------------
Total : 1
```

在回显信息中，【Address-group/IP/Interface】表项表明接口和 ACL 2000 允许的私网网段 192.168.1.0/24 已经关联成功，【Type】表项表明 Easy IP 已经配置成功。

6.3 认证-授权-计费技术

随着人们日常生活对互联网的依赖性越来越高，在网络中传输的敏感数据信息也越来越多，利用网络安全技术可以安全传输人们的个人身份、个人账户和企业客户邮件等敏感信息。认证-授权-计费（AAA）技术是一种普遍适用于各类网络中的网络安全技术，其可以利用认证和授权等功能确保信息传输的安全性。

6.3.1　AAA 的基本概念

1．AAA 的作用

AAA 提供了认证、授权和计费 3 种安全功能。

（1）认证：认证用户的身份和可使用的网络服务。

（2）授权：依据认证结果开放网络服务给用户。

（3）计费：记录用户对各种网络服务的用量，并提供计费系统。

V6-5　AAA

AAA 可以通过多种协议来实现，目前华为大部分设备支持基于远程认证拨号用户服务（Remote Authentication Dial In User Service，RADIUS）协议或华为终端访问控制器控制系统（Huawei Terminal Access Controller Access Control System，HWTACACS）协议来实现 AAA。

2．AAA 的基本模型

（1）认证

AAA 支持的认证方式有不认证、本地认证和远端认证 3 种。

① 不认证：完全信任用户，不对用户身份进行合法性检查。出于安全考虑，这种认证方式很少被采用。

② 本地认证：将用户信息（包括用户名、密码等属性）配置在本地的接入服务器上。本地认证的优点是处理速度快、运营成本低；缺点是存储信息量受设备硬件条件的限制。在华为解决方案中，通常使用路由器作为接入服务器。

③ 远端认证：将用户信息配置在认证服务器上。AAA 支持通过 RADIUS 协议或 HWTACACS 协议进行远端认证。

大规模公司的认证模型如图 6-14 所示，总公司部署了 AAA 服务器，用户将通过 AAA 服务器进行身份认证；分公司的接入路由器作为 AAA 客户端，负责将用户的认证、授权和计费信息发送给 AAA 服务器，以加快用户认证速度，提高 AAA 认证的效率；居家办公或出差的员工可以通过远程方式连接到总公司的 AAA 服务器进行身份认证。用户通过身份认证后，即可访问公司网络的相关服务。

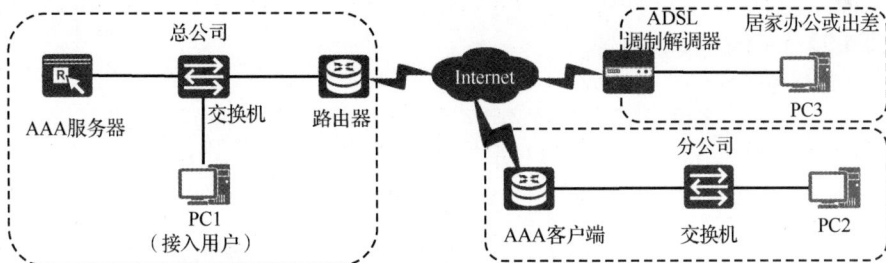

图 6-14　大规模公司的认证模型

小规模公司的认证模型如图 6-15 所示，公司在路由器上部署了 AAA 服务器，用户通过身份认证后，即可访问公司网络的相关服务。需要注意的是，在路由器上部署 AAA 服务器只能实现简单的认证和授权业务，不具备计费功能。

图 6-15　小规模公司的认证模型

（2）授权

AAA 支持的授权方式有不授权、本地授权和远端授权 3 种。

① 不授权：不对用户进行授权处理。

② 本地授权：根据接入服务器上配置的本地用户账号的相关属性进行授权。

③ 远端授权：由 HWTACACS 协议或 RADIUS 协议授权。其中，RADIUS 协议的认证和授权是绑定在一起的，不能单独使用 RADIUS 协议进行授权。

如果在一个授权方案中使用了多种授权方式，则这些授权方式将按照配置顺序生效，不授权方式最后生效。

（3）计费

计费功能用于监控授权用户的网络行为和网络资源的使用情况。AAA 支持以下两种计费方式。

① 不计费：为用户提供免费上网服务，不产生相关活动日志。

② 计费：通过 RADIUS 服务器或 HWTACACS 服务器进行计费。

3. 路由器 AAA 服务的配置

当采用本地方式进行认证和授权时，需要在设备上配置用户的认证和授权信息，如用户名、密码、优先级等。

以下配置用于在路由器（AAA 服务器）上创建用户、配置密码和优先级，这里在路由器上创建了本地用户"jan16"，设置密码为"huawei@123"，权限等级为 15（即最高权限）。

```
[Huawei]aaa
[Huawei-aaa]local-user jan16 password cipher huawei@123
Info: Add a new user.
[Huawei-aaa]local-user jan16 privilege level 15
```

以下配置用于设置用户的服务类型，这里配置了用户"jan16"服务于 Telnet 协议，即终端采用 Telnet 协议远程登录到该路由器时，可以使用"jan16"作为身份认证信息。

```
[Huawei-aaa]local-user jan16 service-type telnet
```

6.3.2 AAA 服务器的配置

【案例 6-9】AAA 服务器的配置。

1. 案例背景与要求

以 Jan16 公司为例，公司出口路由器采用了企业级路由器，为方便远程管理，计划创建 admin 和 public 两个远程账户。admin 账户为管理员账户，拥有最高权限，可以配置路由器；public 账户为普通用户账户，仅可以查看路由器当前状态信息。AAA 服务器配置网络拓扑如图 6-16 所示。

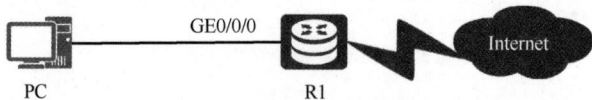

图 6-16　AAA 服务器配置网络拓扑

2. 案例配置思路

（1）为各设备的接口配置 IP 地址。

（2）在路由器 R1 上配置远程用户账户 admin 和 public 及其密码和权限等级。

（3）配置路由器的远程登录认证方式为 AAA。

3. 案例配置过程

（1）在路由器 R1 的接口上配置 IP 地址。

```
<Huawei>sys
[Huawei]sysname R1
[R1]interface GigabitEthernet 0/0/0
[R1-GigabitEthernet0/0/0]ip address 192.168.10.254 24
```

（2）创建本地用户账户 admin 和 public，配置用户的密码、权限等级。

```
[R1]aaa
[R1-aaa]local-user admin password cipher admin@123
[R1-aaa]local-user admin privilege level 15
[R1-aaa]local-user admin service-type telnet
[R1-aaa]local-user public password cipher 123456@p
[R1-aaa]local-user public privilege level 2
[R1-aaa]local-user public service-type telnet
```

（3）在路由器 R1 上启用 Telnet 服务，认证方式为 AAA。

```
[R1]user-interface vty 0 4
[R1-ui-vty0-4]protocol inbound telnet
[R1-ui-vty0-4]authentication-mode aaa
```

4．案例验证

在路由器上执行【display local-user】命令，查看创建的用户信息，结果如下。

```
[R1]display local-user
  ------------------------------------------------------------------
  User-name            State    AuthMask    AdminLevel
  ------------------------------------------------------------------
  admin                A        T           15
  public               A        T           2
  ------------------------------------------------------------------
  Total 2 user(s)
```

本章总结

　　本章先介绍了 ACL 的基本概念、分类，以及基本 ACL 和高级 ACL 的工作过程，然后介绍了基本 ACL 和高级 ACL 的基本配置，以及 NAT 的基本原理、分类和基本配置，最后介绍了 AAA 的基本概念，以及 AAA 的认证、授权和计费等工作模式及相关的配置案例。

　　通过对本章的学习，读者应该对网络安全技术有一定的了解，能够充分理解 ACL 实现报文过滤的原理，可以熟练地配置 ACL、NAT 和 AAA。

习题

一、选择题

1．下列选项中，合法的基本 ACL 的规则是（　　）。

    A．rule permit ip   B．rule deny ip

    C．rule permit source any   D．rule permit tcp source any

2．如果希望利用基本 ACL 来识别源 IP 地址为 172.16.10.0/24 网段的 IP 报文并执行"允许"动作，则应该采用的规则是（　　）。

  A. rule permit source 172.16.10.0 0.0.0.0

  B. rule permit source 172.16.10.0 255.255.255.255

  C. rule permit source 172.16.10.0 0.0.255.255

  D. rule permit source 172.16.10.0 0.0.0.255

 3. 如果希望利用高级 ACL 来识别源 IP 地址为 172.16.10.1，且目的 IP 地址为 172.16.20.0/24 网段的 IP 报文，并执行"拒绝"动作，则应该采用的规则是（ ）。

  A. rule deny source 172.16.10.1 0.0.0.0

  B. rule deny source 172.16.10.1 0.0.0.0 destination 172.16.20.0 0.0.0.255

  C. rule deny tcp source 172.16.10.1 0.0.0.0 destination 172.16.20.0 0.0.0.255

  D. rule deny ip source 172.16.10.1 0.0.0.0 destination 172.16.20.0 0.0.0.255

 4. 下列选项中，暗含了公有 IP 地址利用率从低到高顺序的是（ ）。

  A. 动态 NAT，静态 NAT，NAPT   B. NAPT，动态 NAT，静态 NAT

  C. 静态 NAT，NAPT，动态 NAT   D. 静态 NAT，动态 NAT，NAPT

 5. 下列参数中，不能用于高级 ACL 的是（ ）。

  A. 物理接口   B. 目的端口号   C. 协议号   D. 时间范围

 6. ACL 的中文名称是（ ）。

  A. 访问控制列表 B. 地址控制列表 C. 认证控制列表 D. 应用控制列表

 7. （ ）可以基于目标端口进行匹配。

  A. 标准 ACL   B. 扩展 ACL   C. 时间 ACL   D. 基于对象的 ACL

 8. ACL 可以部署在网络的（ ）。

  A. 路由器上   B. 交换机上   C. 服务器上   D. 所有上述选项

 9. 基本 ACL 规则制定的主要依据是（ ）。

  A. 源端口   B. 目的端口   C. 源 IP 地址   D. 目的 IP 地址

 10. AAA 不包括（ ）项。

  A. 认证   B. 授权   C. 审计   D. 计费

二、判断题

 1. ACL 可以用来限制对特定网络资源的访问。（ ）

 2. 标准 ACL 只能基于源地址进行过滤。（ ）

 3. 扩展 ACL 可以基于端口号、协议类型等多种条件进行过滤。（ ）

 4. ACL 规则中的"deny any"表示拒绝所有流量通过。（ ）

 5. ACL 的顺序不影响数据包的过滤结果。（ ）

第7章

IPv6基础

2019 年 11 月 25 日，43 亿个 IPv4 地址已分配完毕，这意味着没有更多的 IPv4 地址可以分配给 ISP 和其他大型网络基础设施提供商。随着物联网技术的快速发展，万物互联已逐渐走上舞台，需要大量的 IP 地址来建立连接。IPv4 的后继版本为 IPv6，IPv6 地址的长度为 128 位，是 IPv4 地址长度的 4 倍，能提供海量的 IP 地址，它将从根本上解决 IP 地址不足的问题。

本章将重点介绍 IPv6 的基础知识，包括 IPv6 概述、IPv6 地址分类、IPv6 路由等。

学习目标

① 掌握 IPv6 基础，包括 IPv6 的数据包封装、地址的表达方式和配置。

② 掌握 IPv6 地址分类，包括 IPv6 单播地址、IPv6 组播地址和 IPv6 任播地址。

③ 掌握 IPv6 路由的配置，包括 IPv6 静态路由、IPv6 默认路由和 IPv6 汇总路由的配置。

素质目标

① 搭建读者的结构化知识体系。

② 引导读者树立正确的职业观。

7.1 IPv6 概述

IETF 在 20 世纪 90 年代提出了下一代互联网协议——IPv6，IPv6 支持几乎无限的地址空间。IPv6 使用了全新的地址配置方式，使配置更加简单。IPv6 还采用了全新的报文格式，提高了报文处理的效率、安全性，也能更好地支持 QoS。

本节将简要介绍 IPv4 与 IPv6 的对比、IPv6 的数据包封装、IPv6 地址的表达方式和 IPv6 地址的基本配置等。

V7-1　IPv6 概述

7.1.1　IPv4 与 IPv6 的对比

1. IPv4 的局限性

IPv4 是目前广泛部署的互联网协议。经过多年的发展，IPv4 已经非常成熟，易于实现，得到了所有厂商和设备的支持，但也存在一些不足。

（1）能够提供的地址空间不足且分配不均。

互联网起源于 20 世纪 60 年代，每台联网的设备都需要一个 IP 地址，初期只有上千台设备联网，使 32 位长度的 IP 地址看起来几乎不可能被耗尽。但随着互联网的发展，用户数量迅速增加，尤其是互联网商业化后，用户数量呈几何倍数增长。IPv4 可以提供 2^{32} 个地址，但由于协议在设计初的规划问题，部分地址不能被分配使用，如 D 类 IP 地址（组播地址）和 E 类 IP 地址（实验保留），造成整个地址空间进一步缩小。

另外，在初期看来不可能被耗尽的 IPv4 地址，在具体数量的分配上也是非常不均匀的，美国被分配了一半以上的 IP 地址，特别是一些大型公司（如 IBM 公司），他们申请并获得了 1000 万个以上的 IP 地址，但实际上往往不会用到这么多的 IP 地址，造成了非常大的浪费。亚洲人口众多，但获得的 IP 地址数量非常有限，互联网发展起步较晚，地址不足这个问题显得更加突出，进一步限制了互联网的发展和壮大。

（2）互联网骨干路由器的路由表非常庞大。

IPv4 发展初期缺乏合理的地址规划，造成地址分配的不连续，导致当今互联网骨干设备的 BGP 路由表非常庞大，路由信息已经达到数十万条的规模，且还在持续增长中。由于 IPv4 缺乏合理的规划，无法实现进一步的路由汇总，这样给骨干设备的处理能力和内存空间带来了较大压力，影响了数据包的转发效率。

2. IPv6 的优势

IPv6 采用 128 位的地址长度，其地址总数可达 2^{128} 个。这不仅解决了网络地址资源数量短缺的问题，还为万物互联所限制的 IP 地址数量扫清了障碍。因此，相比于 IPv4，IPv6 具有诸多优点。

（1）地址空间巨大。

相对于 IPv4 的地址空间而言，IPv6 可以提供 2^{128} 个地址，几乎不会被耗尽，可以满足未来网络的任何应用，如物联网的应用等。

（2）层次化的路由设计。

在规划设计 IPv6 地址时，吸取了 IPv4 地址分配不连续带来的教训，采用了层次化的设计方法，前 3 位固定，第 4～16 位顶级聚合，理论上，互联网骨干设备上的 IPv6 路由表只有 2^{13}=8192 条路由信息。

（3）效率高，扩展灵活。

相对于 IPv4 报头大小可变（可为 20～60 字节）的特性，IPv6 报头采用了定长设计，大小固定为 40 字节。相对于 IPv4 报头中数量多达 12 个的选项，IPv6 把报头分为基本报头和扩展报头，基本报头中只包含选路所需要的 8 个基本选项，其他功能都设计为扩展报头，这样有利于提高路由器的转发效率，也可以根据新的需求设计出新的扩展报头，以使其具有良好的扩展性。

（4）支持即插即用。

设备连接到网络中时，可以通过自动配置的方式获取网络前缀和参数，并自动结合设备自身的链路地址生成 IP 地址，简化了网络管理。

（5）更好的安全性保障。

IPv6 通过扩展报头的形式支持 IPsec 协议，无须借助其他安全加密设备，因此可以直接为上层数据提供加密和身份认证，保障数据传输的安全性。

（6）引入了流标签的概念。

使用 IPv6 新增的 Flow Label 字段，加上相同的源 IP 地址和目的 IP 地址，可以标记数据包属于某个相同的流量，业务可以根据不同的数据流进行更细致的分类，实现优先级控制，例如，基于流的 QoS 等应用适用于对连接的服务质量有特殊要求的通信，如音频或视频等实时数据传输。

7.1.2 IPv6 的数据包封装

IPv4 中的报头功能字段过多，路由器查找选路的时候需要读取每一个字段，但很多字段是空的，这样会导致转发效率低，所以 IPv6 把报文的报头分为基本报头和扩展报头两部分，基本报头中只包含基本的必要属性，如源 IP 地址、目的 IP 地址等，扩展功能用扩展报头添加在基本报头的后面。

1. IPv6 基本报头

IPv6 基本报头大小固定为 40 字节，其中包含 8 个字段，其格式如图 7-1 所示。

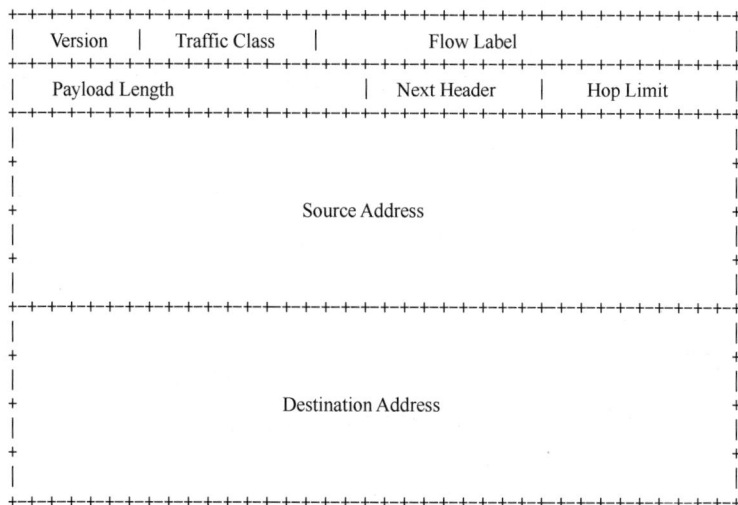

```
+-+-+-+-+-+-+-+-+-+-+-+-+-+-+-+-+-+-+-+-+-+-+-+-+-+-+-+-+-+-+-+-+
|  Version  |  Traffic Class  |          Flow Label           |
+-+-+-+-+-+-+-+-+-+-+-+-+-+-+-+-+-+-+-+-+-+-+-+-+-+-+-+-+-+-+-+-+
|       Payload Length        |  Next Header  |   Hop Limit    |
+-+-+-+-+-+-+-+-+-+-+-+-+-+-+-+-+-+-+-+-+-+-+-+-+-+-+-+-+-+-+-+-+
|                                                             |
+                                                             +
|                                                             |
+                      Source Address                         +
|                                                             |
+                                                             +
|                                                             |
+-+-+-+-+-+-+-+-+-+-+-+-+-+-+-+-+-+-+-+-+-+-+-+-+-+-+-+-+-+-+-+-+
|                                                             |
+                                                             +
|                                                             |
+                    Destination Address                      +
|                                                             |
+                                                             +
|                                                             |
+-+-+-+-+-+-+-+-+-+-+-+-+-+-+-+-+-+-+-+-+-+-+-+-+-+-+-+-+-+-+-+-+
```

图 7-1　IPv6 基本报头格式

（1）Version：4 位，指定 IPv6 时，其值为 6。

（2）Traffic Class：8 位，其功能与 IPv4 中的 TOS 字段类似，用来区分不同类型或优先级的 IPv6 数据包，根据 RFC 2647 中定义的差分服务技术，该字段使用了 6 位作为区分服务码点（Differentiated Services Code Point，DSCP），可以表示的 DSCP 值的范围为 0～63。

（3）Flow Label：20 位，用于标识同一个数据流，此字段为 IPv6 的新增字段。由于可以标记一个流中的所有数据包，因此路由器可以利用该字段来辨别一个流，而不用处理流中的每个数据包头，提高了处理效率。目前，该字段还在试用阶段。

（4）Payload Length：16 位，数据包的有效载荷，指报头后的数据内容的长度，单位是字节，最大数值为 65535，包含扩展报头部分。该字段和 IPv4 报头中的总长度字段的不同在于，IPv4 报头中总长度字段指的是报头和数据两部分的长度，而 IPv6 的有效载荷字段只是指数据部分的长度，不包括 IPv6 基本报头。

（5）Next Header：8 位，指明基本报头后面的扩展报头或者上层协议中的协议类型。如果只有基本报头而无扩展报头，那么该字段的值指示的是数据部分所承载的协议类型，这一点类似于 IPv4 报头中的协议字段，且与 IPv4 的协议字段使用相同的协议值，例如，TCP 为 6，UDP 为 17。表 7-1 列出了常用的 Next Header 值及对应的扩展报头或高层协议类型。

表 7-1　常用的 Next Header 值及对应的扩展报头或高层协议类型

Next Header 值	对应的扩展报头或高层协议类型
0	逐跳选项扩展报头
6	TCP
17	UDP
43	路由选择扩展报头

续表

Next Header 值	对应的扩展报头或高层协议类型
44	分段扩展报头
50	ESP 扩展报头
51	AH 扩展报头
58	ICMPv6
60	目的选项扩展报头
89	OSPFv3

（6）Hop Limit：8 位，其功能类似于 IPv4 中的 TTL 字段，最大值为 255，报文每经过一跳，该字段值就会减 1，该字段值减为 0 后，数据包会被丢弃。对于 IPv6 来说，此时会发送一条 ICMPv6 超时消息，以通知数据包的源端数据已经被丢弃。

（7）Source Address：128 位，数据包的源 IPv6 地址，必须是单播地址。

（8）Destination Address：128 位，数据包的目的 IPv6 地址，可以是单播地址或组播地址。

2. IPv6 扩展报头

IPv6 扩展报头是可选报头，位于 IPv6 基本报头后，其作用是取代 IPv4 报头中的选项字段，这样可以使 IPv6 的基本报头采用定长设计，并把 IPv4 中的部分字段（如分段字段）独立出来，将其设计为 IPv6 分段扩展报头，这样做的好处是大大提高了中间节点对 IPv6 数据包的转发效率。每个 IPv6 数据包都可以有 0 个或者多个扩展报头，每个扩展报头的长度都是 8 字节的整数倍。IPv6 基本报头和扩展报头的 Next Header 字段表明了紧跟在此报头后面的是什么，可能是另一个扩展报头或者高层协议。

IPv6 扩展报头被当作 IPv6 净载荷的一部分，计算在 IPv6 基本报头的 Payload Length 字段内。IPv6 的报文结构示例如图 7-2 所示。

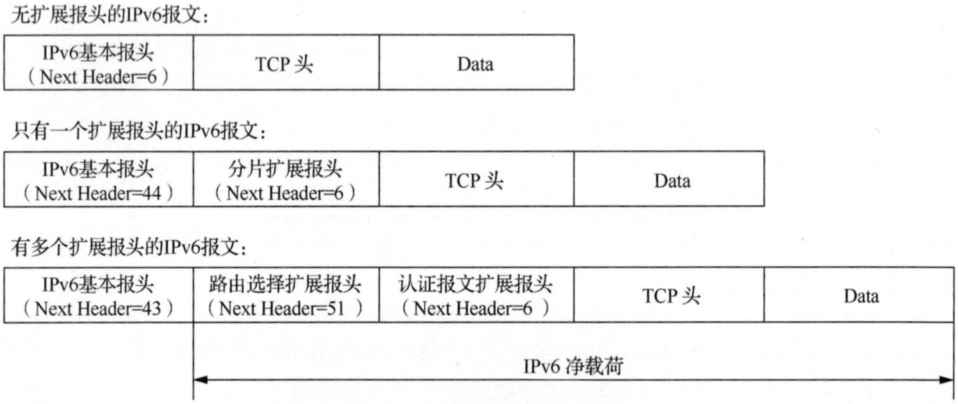

图 7-2　IPv6 的报文结构示例

目前，RFC 2460 中定义了 6 个 IPv6 扩展报头：逐跳选项扩展报头、目的选项扩展报头、路由选择扩展报头、分片扩展报头、认证报文扩展报头、封装安全净载扩展报头。

逐跳选项扩展报头和目的选项扩展报头的数据部分都采用了类型-长度-值（Type-Length-Value，TLV）的选项设计，如图 7-3 所示。

选项数据类型（Option Data Type）	选项数据长度（Option Data Length）	选项数据值（Option Data Value）

图 7-3　扩展报头数据部分的选项设计

（1）Option Data Type：8 位，标识类型，最高两位表示设备识别到此扩展报头时的处理方法（00 表示跳过这个选项；01 表示丢弃数据包，不通知发送方；10 表示丢弃数据包，无论目的 IP 地址是否为组播地址，都向发送方发送一个 ICMPv6 的错误信息报文；11 表示丢弃数据包，当目的 IP 地址不是组播地址时，向发送方发送一个 ICMPv6 的错误信息报文）；第 3 位表示在选路过程中，Data 部分是否可以被改变（0 表示 Option 不能被改变，1 表示 Option 可以被改变）。

值得注意的是，如果存在认证报文扩展报头，则在计算数据包的校验值时，可变化 Data 部分需要被当作 8 位的全 0 进行处理。

（2）Option Data Length：8 位，标识 Option Data 部分的长度，最大为 255 字节，不包含 Option Data Type 和 Option Data Length 部分的长度。

（3）Option Data Value：长度可变，最大为 255 字节，包含选项的具体数据内容。

7.1.3　IPv6 地址的表达方式

对于 IPv4 的 32 位地址，人们习惯上将其分成 4 块，每块有 8 位，中间用 "." 相隔，为了方便书写和记忆，一般换算成十进制表示，例如，11000000.10101000.00000001.00000001 可以表示为 192.168.1.1。这种表达方式被称为点分十进制。

对于 IPv6 来说，可以将 16 位分成 1 块，共 8 块，中间用 ":" 相隔。下面是一个 IPv6 地址的完整表达方式。

2001:0fe4:0001:2c00:0000:0000:0001:0ba1

显然，这样的地址是非常不便于书写和记忆的，所以在此基础上可以对 IPv6 地址的表达方式做一些简化。

（1）简化规则 1：每一个地址块的起始部分的 0 可以省略。

例如，上述地址可以简化为 2001:fe4:1:2c00:0:0:1:ba1。

需要注意的是，只有每个地址块的前面部分的 0 可以被省略，中间和后面部分的 0 是不能被省略的。在上述例子中，第 5 块和第 6 块地址都是由 4 个 0 组成的，可以简化为 1 个 0。

（2）简化规则 2：一个或连续多个由 0 组成的地址块可以用 "::" 取代。

例如，上述地址可以简化为 2001:fe4:1:2c00::1:ba1。

需要注意的是，在整个地址中，只能出现一次 "::"。例如，以下是一个完整的 IPv6 地址。

2001:0000:0000:0001:0000:0000:0000:0001

若错误地将其简化为 2001::1::1，则此表达方式中出现了两次 "::"，会导致无法判断具体哪几块地址被省略，以致引起歧义。

以上 IPv6 地址可以正确表示为以下两种表达方式。

表达方式 1：2001::1:0:0:0:1。

表达方式 2：2001:0:0:1::1。

IPv6 地址也分为两部分——网络号和主机号，为了区分这两部分，在 IPv6 地址后面加上 "/数字（十进制）" 的组合，数字用来确定从头开始的几位是网络位，如 2001::1/64。

7.1.4　IPv6 地址的基本配置

【案例 7-1】IPv6 地址的基本配置。

1. 案例背景与要求

构建图 7-4 所示的网络拓扑，完成 IPv6 地址的配置。

R1   R2

2001::/64

GE0/0/1   GE0/0/1

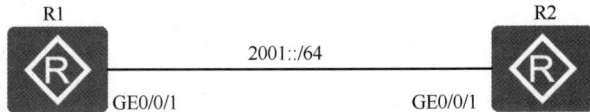

图7-4　IPv6地址的基本配置网络拓扑

2. 案例配置思路

（1）启用路由器的IPv6功能。

（2）配置路由器接口的IPv6地址。

（3）测试两台路由器的连通性。

3. 案例配置过程

默认情况下，路由器的IPv6功能是禁用的，需要在系统视图下执行【ipv6】命令来启用IPv6功能。

（1）在路由器R1上启用IPv6功能，在GE0/0/1接口上配置IPv6地址。

```
<Huawei>system-view
[Huawei]sysname R1
[R1]ipv6
[R1]interface GigabitEthernet 0/0/1
[R1-GigabitEthernet0/0/1]ipv6 enable
[R1-GigabitEthernet0/0/1]ipv6 address 2001::1/64
```

（2）在路由器R2上启用IPv6功能，在GE0/0/1接口上配置IPv6地址。

```
<Huawei>system-view
[Huawei]sysname R2
[R2]ipv6
[R2]interface GigabitEthernet 0/0/1
[R2-GigabitEthernet0/0/1]ipv6 enable
[R2-GigabitEthernet0/0/1]ipv6 address 2001::2/64
```

4. 案例验证

（1）在路由器R1上执行【display ipv6 interface brief】命令，查看路由器接口的IPv6地址信息。

```
[R1]display ipv6 interface brief
*down: administratively down
(l): loopback
(s): spoofing
Interface                    Physical              Protocol
GigabitEthernet0/0/1         up                    up
[IPv6 Address] 2001::1
```

（2）在路由器R1上使用【ping】命令测试两台路由器的连通性。

在路由器R1上执行【ping ipv6 2001::2】命令，结果显示通信成功。

```
[R1]ping ipv6 2001::2
  PING 2001::2 : 56  data bytes, press CTRL_C to break
    Reply from 2001::2
    bytes=56 Sequence=1 hop limit=64  time = 90 ms
    Reply from 2001::2
    bytes=56 Sequence=2 hop limit=64  time = 30 ms
    Reply from 2001::2
```

```
bytes=56 Sequence=3 hop limit=64  time = 20 ms
Reply from 2001::2
bytes=56 Sequence=4 hop limit=64  time = 10 ms
Reply from 2001::2
bytes=56 Sequence=5 hop limit=64  time = 20 ms

--- 2001::2 ping statistics ---
  5 packet(s) transmitted
  5 packet(s) received
  0.00% packet loss
  round-trip min/avg/max = 10/34/90 ms
```

7.2　IPv6 地址分类

目前，IPv6 地址空间中还有很多地址尚未被分配。这一方面是因为 IPv6 有着巨大的地址空间，足够在未来很长一段时间内使用，另一方面是因为寻址方案还有待发展，关于地址类型的适用范围也有值得商榷的地方。本节将简要介绍 IPv6 地址结构、IPv6 单播地址、IPv6 组播地址和 IPv6 任播地址等。

7.2.1　IPv6 地址结构

IPv6 地址结构为"子网前缀+接口 ID"，子网前缀相当于 IPv4 中的网络号，接口 ID 相当于 IPv4 中的主机号。

IPv6 的地址构成如图 7-5 所示。

n 位	$128-n$ 位
子网前缀	接口ID

图 7-5　IPv6 的地址构成

V7-2　IPv6 地址
结构

IPv6 中较常用的是子网前缀为 64 位的网络。

7.2.2　IPv6 单播地址

IPv6 单播地址表示唯一标识一个接口，类似于 IPv4 的单播地址。发送到单播地址的数据包将被传输到此地址所标识的唯一接口上，一个单播地址只能标识一个接口，但一个接口可以有多个单播地址。

单播地址可细分为以下几类。

1. 链路本地地址

链路本地地址可以在节点未配置全球单播地址的前提下仍然互相通信。

链路本地地址只在同一链路上的节点之间有效，在 IPv6 启动后自动生成，使用了特定的子网前缀 FE80::/10，接口 ID 可由 EUI-64 自动生成，也可以手动配置。链路本地地址用于实现无状态自动配置、邻居发现等应用。同时，OSPFv3、下一代 RIP（RIP next generation，RIPng）等协议都工作在该地址上。外部边界网关协议（External Border Gateway Protocol，EBGP）邻居也可以使用该地址来建立邻居关系。路由表中路由的下一跳或主机的默认网关都是链路本地地址。

EUI-64 自动生成接口 ID 的方法如下。

48 位 MAC 地址的前 24 位为公司标识，后 24 位为扩展标识符。例如，MAC 地址为 A1-B2-

C3-D4-E5-F6 的主机的 IPv6 地址的生成过程如下。

（1）将 MAC 地址拆分为两部分：【A1B2C3】和【D4E5F6】。

（2）在 MAC 地址的中间加上 FFFE，使其变为【A1B2C3FFFED4E5F6】。

（3）将第 7 位求反，得到【A3B2C3FFFED4E5F6】。

（4）EUI-64 计算得出的接口 ID 为【A3B2:C3FF:FED4:E5F6】。

2．唯一本地地址

唯一本地地址是 IPv6 网络中可以自己随意使用的私有网络地址，使用特定的子网前缀 FD00/8 标识。IPv6 唯一本地地址的格式如图 7-6 所示。

Prefix	Global ID	Subnet ID	Interface ID

图 7-6　IPv6 唯一本地地址的格式

（1）Prefix：8 位，FD00/8。

（2）Global ID：40 位，全球唯一前缀，通过伪随机方式产生。

（3）Subnet ID：16 位，工程师根据网络规划自定义的子网 ID。

（4）Interface ID：64 位，相当于 IPv4 中的主机号。

唯一本地地址的设计使私有网络地址具备唯一性，即使任意两个使用私有地址的站点互连也不用担心发生 IP 地址冲突。

3．全球单播地址

全球单播地址相当于 IPv4 中的公有地址，目前已经分配出去的前 3 位固定是 001，所以已分配的 IP 地址范围是 2000::/3。IPv6 全球单播地址的格式如图 7-7 所示。

001	TLA	RES	NLA	SLA	Interface ID

图 7-7　IPv6 全球单播地址的格式

（1）001：格式前缀，3 位，目前已分配的固定前缀为 001。

（2）TLA：顶级聚合标识符（Top Level Aggregator，TLA），13 位，IPv6 的管理机构根据 TLA 分配不同的地址给某些骨干网的 ISP，最大可以得到 8192 个顶级路由。

（3）RES：保留位，8 位，保留使用，为未来扩充 TLA 或者 NLA 预留地址。

（4）NLA：次级聚合标识符（Next Level Aggregator，NLA），24 位，骨干网 ISP 根据 NLA 为各个中小 ISP 分配不同的地址段，中小 ISP 也可以针对 NLA 进一步分割为不同的地址段，并分配给不同用户。

（5）SLA：站点级聚合标识符（Site Level Aggregator，SLA），16 位，公司或企业内部根据 SLA 把同一大块地址分成不同的网段，分配给各站点使用，一般用作公司内部网络规划，最大可以有 65536 个子网。

4．嵌入 IPv4 的 IPv6 地址

（1）兼容 IPv4 的 IPv6 地址

这种地址的低 32 位携带了一个 IPv4 单播地址，如图 7-8 所示。其一般主要用于 IPv4 兼容 IPv6 自动隧道，但因为每台主机都需要一个 IPv4 单播地址，因此扩展性差，基本上已经被 6to4 隧道取代。

```
|        80位          |16位|   32位   |
+---------------------+----+----------+
|0000     ......   0000|0000| IPv4 地址 |
+---------------------+----+----------+
```

图 7-8　兼容 IPv4 的 IPv6 地址

（2）映射 IPv4 的 IPv6 地址

这种地址的最前面 80 位全为 0，中间 16 位全为 1，最后 32 位是 IPv4 地址，这种地址将 IPv4 地址用 IPv6 方式表示出来，如图 7-9 所示。

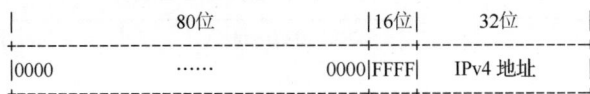

```
|            80位            |16位|    32位    |
+---------------------------+----+-----------+
|0000        ……        0000|FFFF| IPv4 地址  |
+---------------------------+----+-----------+
```

图 7-9　映射 IPv4 的 IPv6 地址

（3）6to4 地址

6to4 地址用于 6to4 隧道中，它使用互联网数字分配机构（The Internet Assigned Numbers Authority，IANA）指定的 2002::/16 为前缀，其后是 32 位的 IPv4 地址，6to4 地址中后 80 位由用户自己定义，可对其中前 16 位进行划分，以定义多个 IPv6 子网。不同的 6to4 网络使用不同的 48 位前缀，彼此之间使用其中内嵌的 32 位 IPv4 地址的自动隧道来连接。

IPv6 单播地址的分类如表 7-2 所示。

表 7-2　IPv6 单播地址的分类

地址类型	高位二进制	十六进制
链路本地地址	1111111010	FE80::/10
唯一本地地址	11111101	FD00:8
全球单播地址（已分配）	001	2…/4 或 3…/4
全球单播地址（未分配）	其余所有地址	其余所有地址

7.2.3　IPv6 组播地址

IPv6 中不存在广播报文，要通过组播来实现广播，广播本身就是组播的一种应用。

组播地址标识了一组接口，目的 IP 地址是组播地址的数据包，会被属于该组的所有接口接收。IPv6 组播地址的构成如图 7-10 所示。

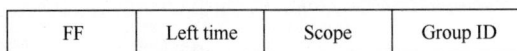

FF	Left time	Scope	Group ID

图 7-10　IPv6 组播地址的构成

（1）FF：8 位，IPv6 组播地址的前 8 位都是 FF/8，即以 FF::/8 开头。

（2）Left time：4 位，第 1 位都是 0，格式为|0|r|p|t|。

① r 位：取 0 表示非内嵌 RP，取 1 表示内嵌 RP。

② p 位：取 0 表示非基于单播前缀的组播地址，取 1 表示基于单播前缀的组播地址，p 位取 1 时，t 位必须为 1。

③ t 位：取 0 表示永久分配组播地址，取 1 表示临时分配组播地址。

（3）Scope：4 位，标识传播范围。

① 0001 表示传播范围为 node（节点）；

② 0010 表示传播范围为 link（链路）；

③ 0101 表示传播范围为 site（站点）；

④ 1000 表示传播范围为 organization（组织）；

⑤ 1110 表示传播范围为 global（全球）。

（4）Group ID：112 位，组播组标识号。

1. IPv6 固定的组播地址

IPv6 固定的组播地址如表 7-3 所示。

表 7-3　IPv6 固定的组播地址

固定的组播地址	IPv6 组播地址	对应的 IPv4 地址
所有节点的组播地址	FF02::1	广播地址
所有路由器的组播地址	FF02::2	224.0.0.2
所有 OSPFv3 路由器的地址	FF02::5	224.0.0.5
所有 OSPFv3 DR 和 BDR 的地址	FF02::6	224.0.0.6
所有 RP 路由器的地址	FF02::9	224.0.0.9
所有 PIM 路由器的地址	FF02::D	224.0.0.13

被请求节点的组播地址由固定前缀 FF02::1:FF00:0/104 和单播地址的最后 24 位组成。

2. 特殊地址

0:0:0:0:0:0:0:0（简化为::）为未指定 IP 地址：它不能分配给任何节点，表示当前状态下没有地址，如当设备刚接入网络后，其本身没有 IP 地址，发送数据包的源 IP 地址便使用该地址。该地址不能用作目的 IP 地址。

0:0:0:0:0:0:0:1（简化为::1）为环回地址：节点用它作为发送后返回给自己的 IPv6 报文地址，不能分配给任何物理接口。

7.2.4　IPv6 任播地址

任播的概念最初是在 RFC 1546 中提出并定义的，主要为 DNS 和 HTTP 提供服务。IPv6 中没有为任播规定单独的地址空间，任播地址和单播地址使用相同的地址空间。IPv6 任播地址可以同时被分配给多台设备，也就是说，多台设备可以有相同的任播地址，以任播地址为目标的数据包会通过路由器的路由表被路由到离源设备最近的拥有该目的 IP 地址的设备上。

如图 7-11 所示，服务器 A、服务器 B 和服务器 C 的接口配置的是同一个任播地址，根据路径的开销，用户访问该任播地址选择的是开销为 2 的路径。

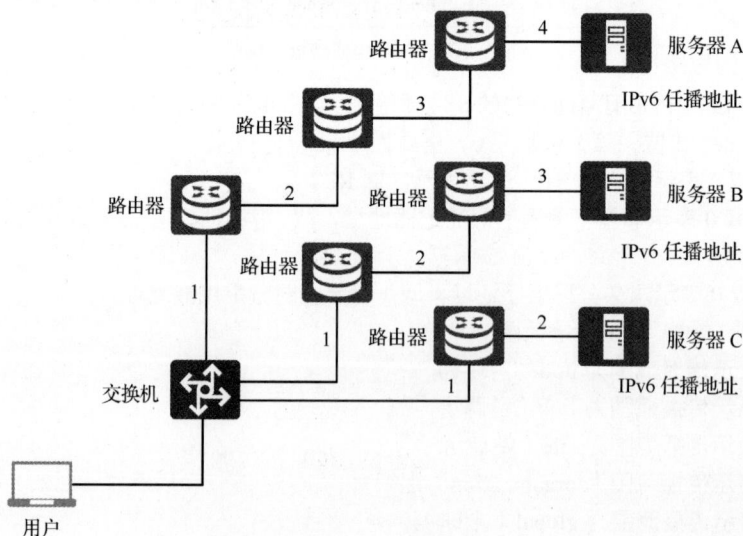

图 7-11　任播地址

任播技术的优势在于源节点不需要了解为其提供服务的具体节点，就可以接收特定服务，当其中一个节点无法工作时，带有任播地址的数据包会被发往其他两个主机节点，从任播成员中选择合适的目的节点取决于路由协议重新收敛后的路由表情况。

任播可以分为基于网络层的任播和基于应用层的任播。两者的主要区别是基于网络层的任播仅仅依靠网络本身（如路由表）来选择目的服务器节点，而基于应用层的任播会基于一定的探测手段和算法来选择性能最好的目的服务器节点。RFC 2491 和 RFC 2526 中定义了一些保留的任播地址格式，如子网路由器任播地址用来满足不同的任播应用访问需求。

7.3 IPv6 路由

在企业网络中，IPv6 技术的应用越来越普及。使用 IPv6 的网络同样需要路由的支撑。本节将以案例的形式介绍 IPv6 静态路由、IPv6 默认路由和 IPv6 汇总路由的配置。

V7-3　IPv6 路由

7.3.1　IPv6 静态路由的配置

【案例 7-2】IPv6 静态路由的配置。

1. 案例背景与要求

在 IPv6 网络中，跨网段的 IPv6 主机通信时同样需要由路由表进行转发。下面以图 7-12 所示的网络拓扑来介绍 IPv6 静态路由的配置方法。

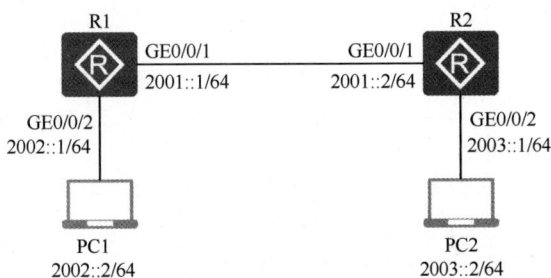

图 7-12　IPv6 静态路由配置网络拓扑

2. 案例配置思路

（1）在路由器上启用 IPv6 功能。

（2）配置 IPv6 地址。

（3）配置 IPv6 静态路由。

3. 案例配置过程

（1）在路由器 R1 的接口上启用 IPv6 功能，并配置 IPv6 地址。

```
<Huawei>system-view
[Huawei]sysname R1
[R1]ipv6
[R1]interface GigabitEthernet 0/0/1
[R1-GigabitEthernet0/0/1]ipv6 enable
[R1-GigabitEthernet0/0/1]ipv6 address 2001::1/64
[R1]interface GigabitEthernet 0/0/2
[R1-GigabitEthernet0/0/2]ipv6 enable
[R1-GigabitEthernet0/0/2]ipv6 address 2002::1/64
```

（2）在路由器 R2 的接口上启用 IPv6 功能，并配置 IPv6 地址。

```
<Huawei>system-view
[Huawei]sysname R2
[R2]ipv6
[R2]interface GigabitEthernet 0/0/1
[R2-GigabitEthernet0/0/1]ipv6 enable
[R2-GigabitEthernet0/0/1]ipv6 address 2001::2/64
[R2]interface GigabitEthernet 0/0/2
[R2-GigabitEthernet0/0/2]ipv6 enable
[R2-GigabitEthernet0/0/2]ipv6 address 2003::1/64
```

（3）在路由器 R1 上配置去往 2003::/64 的静态路由，下一跳 IP 地址指向 2001::2。

```
[R1]ipv6 route-static 2003:: 64 2001::2
```

（4）在路由器 R2 上配置去往 2002::/64 的静态路由，下一跳 IP 地址指向 2001::1。

```
[R2]ipv6 route-static 2002:: 64 2001::1
```

4. 案例验证

（1）配置 PC1 的 IPv6 地址，执行【ipconfig】命令，查看地址配置状态信息。

```
PC>ipconfig

Link local IPv6 address...........: fe80::5689:98ff:fec2:7ef2
IPv6 address.....................: 2002::2 / 64
IPv6 gateway.....................: 2002::1
IPv4 address.....................: 0.0.0.0
Subnet mask......................: 0.0.0.0
Gateway..........................: 0.0.0.0
Physical address.................: 54-89-98-C2-7E-F2
DNS server.......................:
```

（2）配置 PC2 的 IPv6 地址，执行【ipconfig】命令，查看地址配置状态信息。

```
PC>ipconfig

Link local IPv6 address...........: fe80::5689:98ff:fea9:6dc3
IPv6 address.....................: 2003::2 / 64
IPv6 gateway.....................: 2003::1
IPv4 address.....................: 0.0.0.0
Subnet mask......................: 0.0.0.0
Gateway..........................: 0.0.0.0
Physical address.................: 54-89-98-A9-6D-C3
DNS server.......................:
```

（3）在 PC1 上使用【ping】命令测试其与 PC2 的连通性。

```
PC>ping 2003::2
Ping 2003::2: 32 data bytes, Press Ctrl_C to break
From 2003::2: bytes=32 seq=1 hop limit=253 time=32 ms
From 2003::2: bytes=32 seq=2 hop limit=253 time=15 ms
From 2003::2: bytes=32 seq=3 hop limit=253 time=32 ms
From 2003::2: bytes=32 seq=4 hop limit=253 time=15 ms
From 2003::2: bytes=32 seq=5 hop limit=253 time=16 ms
--- 2003::2 ping statistics ---
```

```
5 packet(s) transmitted
5 packet(s) received
0.00% packet loss
round-trip min/avg/max = 15/22/32 ms
```

7.3.2 IPv6 默认路由的配置

【案例 7-3】IPv6 默认路由的配置。

1. 案例背景与要求

在 IPv6 网络中,当路由器的出口仅有一个接口时,可以使用 IPv6 默认路由代替静态路由。下面以图 7-13 所示的网络拓扑来介绍 IPv6 默认路由的配置方法。

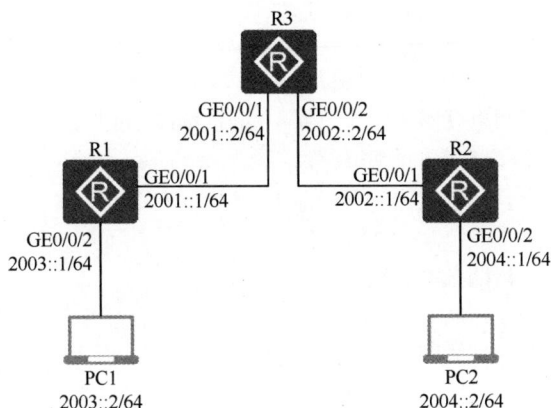

图 7-13 IPv6 默认路由配置网络拓扑

2. 案例配置思路

(1)在路由器上启用 IPv6 功能。

(2)配置 IPv6 地址。

(3)配置 IPv6 默认路由。

3. 案例配置过程

(1)在路由器 R1 的接口上启用 IPv6 功能,并配置 IPv6 地址。

```
<Huawei>system-view
[Huawei]sysname R1
[R1]ipv6
[R1]interface GigabitEthernet 0/0/1
[R1-GigabitEthernet0/0/1]ipv6 enable
[R1-GigabitEthernet0/0/1]ipv6 address 2001::1/64
[R1]interface GigabitEthernet 0/0/2
[R1-GigabitEthernet0/0/2]ipv6 enable
[R1-GigabitEthernet0/0/2]ipv6 address 2003::1/64
```

(2)在路由器 R2 的接口上启用 IPv6 功能,并配置 IPv6 地址。

```
<Huawei>system-view
[Huawei]sysname R2
[R2]ipv6
[R2]interface GigabitEthernet 0/0/1
```

```
[R2-GigabitEthernet0/0/1]ipv6 enable
[R2-GigabitEthernet0/0/1]ipv6 address 2002::1/64
[R2]interface GigabitEthernet 0/0/2
[R2-GigabitEthernet0/0/2]ipv6 enable
[R2-GigabitEthernet0/0/2]ipv6 address 2004::1/64
```

（3）在路由器 R3 的接口上启用 IPv6 功能，并配置 IPv6 地址。

```
<Huawei>system-view
[Huawei]sysname R3
[R3]ipv6
[R3]interface GigabitEthernet 0/0/1
[R3-GigabitEthernet0/0/1]ipv6 enable
[R3-GigabitEthernet0/0/1]ipv6 address 2001::2/64
[R3]interface GigabitEthernet 0/0/2
[R3-GigabitEthernet0/0/2]ipv6 enable
[R3-GigabitEthernet0/0/2]ipv6 address 2002::2/64
```

（4）在路由器 R1 上配置默认路由，下一跳 IP 地址指向 2001::2。

```
[R1] ipv6 route-static :: 0 2001::2
```

（5）在路由器 R2 上配置默认路由，下一跳 IP 地址指向 2002::2。

```
[R2]ipv6 route-static :: 0 2002::2
```

（6）在路由器 R3 上配置两条静态路由。

```
[R3]ipv6 route-static 2003:: 64 2001::1
[R3]ipv6 route-static 2004:: 64 2002::1
```

4. 案例验证

（1）配置 PC1 的 IPv6 地址，执行【ipconfig】命令，查看地址配置状态信息。

```
PC>ipconfig

Link local IPv6 address...........: fe80::5689:98ff:fe6f:58c1
IPv6 address......................: 2003::2 / 64
IPv6 gateway......................: 2003::1
IPv4 address......................: 0.0.0.0
Subnet mask.......................: 0.0.0.0
Gateway...........................: 0.0.0.0
Physical address..................: 54-89-98-6F-58-C1
DNS server........................:
```

（2）配置 PC2 的 IPv6 地址，执行【ipconfig】命令，查看地址配置状态信息。

```
PC>ipconfig

Link local IPv6 address...........: fe80::5689:98ff:fe58:3198
IPv6 address......................: 2004::2 / 64
IPv6 gateway......................: 2004::1
IPv4 address......................: 0.0.0.0
Subnet mask.......................: 0.0.0.0
Gateway...........................: 0.0.0.0
Physical address..................: 54-89-98-58-31-98
DNS server........................:
```

（3）在 PC1 上使用【ping】命令测试其与 PC2 的连通性。

```
PC>ping 2004::2

Ping 2004::2: 32 data bytes, Press Ctrl_C to break
From 2004::2: bytes=32 seq=1 hop limit=252 time=32 ms
From 2004::2: bytes=32 seq=2 hop limit=252 time=15 ms
From 2004::2: bytes=32 seq=3 hop limit=252 time=32 ms
From 2004::2: bytes=32 seq=4 hop limit=252 time=15 ms
From 2004::2: bytes=32 seq=5 hop limit=252 time=31 ms
--- 2004::2 ping statistics ---
  5 packet(s) transmitted
  5 packet(s) received
  0.00% packet loss
  round-trip min/avg/max = 15/25/32 ms
```

7.3.3 IPv6 汇总路由的配置

【案例 7-4】IPv6 汇总路由的配置。

1. 案例背景与要求

在 IPv6 网络中，当多条路由的下一跳 IP 地址相同，且存在相同的前缀时，可以对路由进行汇总。下面以图 7-14 所示的网络拓扑来介绍 IPv6 汇总路由的配置方法。

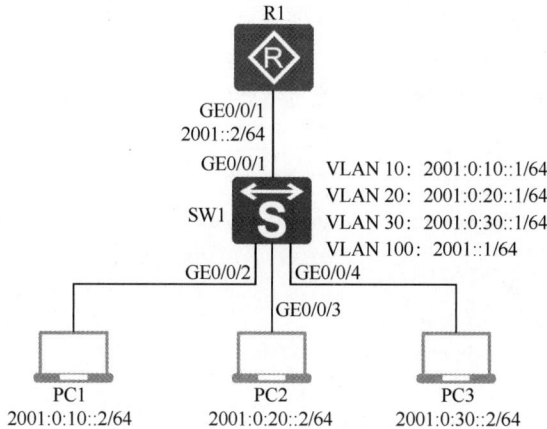

图 7-14　IPv6 汇总路由配置网络拓扑

2. 案例配置思路

（1）创建 VLAN 并将相应接口加入 VLAN。
（2）分别在交换机和路由器上启用 IPv6 功能。
（3）配置 IPv6 地址。
（4）配置 IPv6 汇总路由。

3. 案例配置过程

（1）在交换机 SW1 上创建 VLAN 10、VLAN 20、VLAN 30、VLAN 100，并将接口分别加入 VLAN 10、VLAN 20、VLAN 30、VLAN 100。

```
<Huawei>system-view
[Huawei]sysname SW1
[SW1]vlan batch 10 20 30 100
```

```
[SW1]int GigabitEthernet 0/0/1
[SW1-GigabitEthernet0/0/1]port link-type access
[SW1-GigabitEthernet0/0/1]port default vlan 100
[SW1-GigabitEthernet0/0/1]quit
[SW1]int GigabitEthernet 0/0/2
[SW1-GigabitEthernet0/0/2]port link-type access
[SW1-GigabitEthernet0/0/2]port default vlan 10
[SW1-GigabitEthernet0/0/2]quit
[SW1]int GigabitEthernet 0/0/3
[SW1-GigabitEthernet0/0/3]port link-type access
[SW1-GigabitEthernet0/0/3]port default vlan 20
[SW1-GigabitEthernet0/0/3]quit
[SW1]int GigabitEthernet 0/0/4
[SW1-GigabitEthernet0/0/4]port link-type access
[SW1-GigabitEthernet0/0/4]port default vlan 30
[SW1-GigabitEthernet0/0/4]quit
```

（2）在交换机 SW1 的接口上启用 IPv6 功能，并配置 IPv6 地址。

```
[SW1]ipv6
[SW1]int Vlanif 10
[SW1-Vlanif10]ipv6 enable
[SW1-Vlanif10]ipv6 address 2001:0:10::1/64
[SW1-Vlanif10]quit
[SW1]interface vlanif 20
[SW1-Vlanif20]ipv6 enable
[SW1-Vlanif20]ipv6 address 2001:0:20::1/64
[SW1-Vlanif20]quit
[SW1]interface Vlanif 30
[SW1-Vlanif30]ipv6 enable
[SW1-Vlanif30]ipv6 address 2001:0:30::1/64
[SW1-Vlanif30]quit
[SW1]int Vlanif 100
[SW1-Vlanif100]ipv6 enable
[SW1-Vlanif100]ipv6 address 2001::1/64
[SW1-Vlanif100]quit
```

（3）在路由器 R1 的接口上启用 IPv6 功能，并配置 IPv6 地址。

```
<Huawei>system-view
[Huawei]sysname R1
[R1]ipv6
[R1]interface GigabitEthernet 0/0/1
[R1-GigabitEthernet0/0/1]ipv6 enable
[R1-GigabitEthernet0/0/1]ipv6 address 2001::2/64
```

（4）在交换机 SW1 上配置默认路由，下一跳 IP 地址指向 2001::2。

```
[SW1] ipv6 route-static :: 0 2001::2
```

（5）在路由器 R1 上配置汇总后的静态路由，下一跳 IP 地址指向 2001::1。

```
[R1]ipv6 route-static 2001:: 32 2001::1
```

4．案例验证

配置完成后，可以在路由器 R1 上执行【display ipv6 routing-table】命令，查看 IPv6 的路由表信息。

```
[R1]display ipv6 routing-table
Routing Table : Public
    Destinations : 5 Routes : 5

 Destination : ::1                             PrefixLength : 128
NextHop      : ::1                             Preference   : 0
 Cost        : 0                               Protocol     : Direct
RelayNextHop : ::                              TunnelID     : 0x0
Interface    : InLoopBack0                     Flags        : D

 Destination : 2001::                          PrefixLength : 32
NextHop      : 2001::1                         Preference   : 60
 Cost        : 0                               Protocol     : Static
RelayNextHop : ::                              TunnelID     : 0x0
Interface    : GigabitEthernet0/0/1           Flags        : RD

 Destination : 2001::                          PrefixLength : 64
NextHop      : 2001::2                         Preference   : 0
 Cost        : 0                               Protocol     : Direct
RelayNextHop : ::                              TunnelID     : 0x0
Interface    : GigabitEthernet0/0/1           Flags        : D

 Destination : 2001::2                         PrefixLength : 128
NextHop      : ::1                             Preference   : 0
 Cost        : 0                               Protocol     : Direct
RelayNextHop : ::                              TunnelID     : 0x0
Interface    : GigabitEthernet0/0/1           Flags        : D

 Destination : FE80::                          PrefixLength : 10
NextHop      : ::                              Preference   : 0
 Cost        : 0                               Protocol     : Direct
RelayNextHop : ::                              TunnelID     : 0x0
Interface    : NULL0                           Flags        : D
```

本章总结

本章先介绍了 IPv4 的缺陷与 IPv6 的优势、IPv6 的数据包封装、IPv6 地址的表达方式，再讲解了 IPv6 地址分类，最后对 IPv6 进行了基本配置与验证。

通过对本章的学习，读者应该对 IPv6 有一定的了解，能够充分理解 IPv6 的地址分类和地址结构，可以熟练地配置 IPv6 静态路由、IPv6 默认路由和 IPv6 汇总路由。

习题

一、选择题

1. IPv6 中 IP 地址的长度为（　　　）。

    A. 32 位　　　　　　B. 64 位　　　　　　C. 96 位　　　　　　D. 128 位

2. 目前来看，IPv4 的主要不足是（　　　）。

    A．地址已被分配完毕　　　　　　　　　　B．路由表急剧膨胀

    C．无法提供多样的 QoS　　　　　　　　　D．网络安全不到位

3. IPv6 基本报头的长度是固定的，为（　　　）字节。

    A．20　　　　　　　　B．40　　　　　　　　C．60　　　　　　　　D．80

4. 下列 IPv6 地址中，错误的是（　　　）。

    A．::FFFF　　　　　　B．::1　　　　　　C．::1:FFFF　　　　　D．::1::FFFF

5. 下列 IP 地址中，（　　　）是 IPv6 链路本地地址。

    A．FC80::FFFF　　　B．FE80::FFFF　　　C．FE88::FFFF　　　D．FE80::1234

6. 下列哪个 OSPF 版本适用于 IPv6？（　　　）。

    A．OSPFv1　　　　　B．OSPFv2　　　　　C．OSPFv3　　　　　D．OSPFv4

7. IPv6 地址中不包括（　　　）。

    A．单播地址　　　　B．组播地址　　　　C．广播地址　　　　D．任播地址

8. 某路由器上 G0/0/1 接口的 MAC 地址是 00E0-FC03-AA73，此接口的 IP 地址是 2001::2E0:FCFF:AA73，根据这些信息，可以判断出此接口的 interface identifier 是基于（　　　）得到的。

    A．DHCPv6　　　　　B．Auto-link　　　　C．ARP　　　　　　D．EUI-64

9. 网络管理员在一个小型的 IPv6 网络中配置 RIPng，则下列哪项配置是正确而有效的？（　　　）

    A．[RTA-GigabitEthernet0/0/0]ripng 1 enable

    B．[RTA]ripng 1 enable

    C．ripng 1 enable

    D．[RTA-ripng-1]ripng 1 enable

10. 在 IPv6 网络中，OSPFv3 不再支持（　　　）。

    A．多区域划分　　　　　　　　　　　　　B．Router-ID

    C．认证功能　　　　　　　　　　　　　　D．以组播方式发送协议报文

二、判断题

1. IPv6 与 IPv4 相比，主要的优势在于它提供了更多的地址空间。（　　　）

2. IPv6 地址中的每个地址段都可以是零。（　　　）

3. IPv6 中的组播地址以 ff 开头。（　　　）

4. 2030::1/64 是一个合法的唯一本地 IPv6 地址。（　　　）

5. FF02::6 是所有 OSPFv3 路由器使用的固定 IPv6 组播地址。（　　　）

第8章
WLAN技术

移动终端已经成为人们生活和工作的必备工具,无线网络是移动终端最重要的网络接入路径。全球已进入移动互联网时代,超过九成网民通过无线网络接入互联网,我国正在大力推进无线网络建设,实现轨道交通、机场、学校、医院、站场等区域的无线网络全覆盖,实现城市与城镇重点区域的无线网络全覆盖。无线网络工程项目正以超过 100%的年增长率持续建设,无线网络工程师已成为一个细分岗位,为此,国内外一线数通厂商均设立了无线专项认证,这些认证是无线网络工程师的重要从业资质,并纳入 IT 服务商和系统集成商的资质考核中。为了推动国内无线网络工程人才的培养,华为设立了无线局域网(Wireless Local Area Network,WLAN)的专项认证。

本章将重点介绍 WLAN 的相关技术,包括无线的基本概念、WLAN 的基础知识、WLAN 的安全知识等。

学习目标

① 掌握无线的基本概念,包括无线应用概况、无线协议标准、无线射频与接入点(Access Point,AP)天线,以及常见的无线网络设备。

② 掌握 WLAN 的基础知识,包括 WLAN 的工作原理、Fat AP 的网络组建和 Fat AP 的基础配置。

③ 掌握 WLAN 的安全知识,包括 WLAN 的安全问题、WLAN 的安全对策、WLAN 的安全标准及 WLAN 的安全配置。

素质目标

① 培养读者快速定位问题的能力。

② 培养读者分析问题的能力。

③ 培养读者的自学意识。

8.1 无线的基本概念

无线技术因其可移动性、使用方便等优点越来越受人们的欢迎。为了能够更好地掌握无线技术,需要先了解一下与无线相关的基础知识。

8.1.1 无线应用概况

1. 无线网络的概念

无线网络(Wireless Network)是采用无线通信技术实现的网络。无线网络既包括允许用户建立远距离无线连接的全球语音和数据网络,又包括对近距离无线连接进行优化的红外线技术及射频技术。无线网络与有线网络的用途十

V8-1　无线应用概况与协议标准

分类似，最大的不同在于传输介质不同，无线网络以无线电技术取代了网线。相对于有线网络，无线网络具有以下特点。

（1）高灵活性。

无线网络使用无线信号进行通信，网络接入更加灵活，只要有信号的地方就可以随时随地将网络设备接入网络。

（2）可扩展性强。

无线网络对终端设备接入数量的限制更少，相对于有线网络一个接口对应一台设备，无线路由器允许多台无线终端设备同时接入无线网络，因此，在进行网络规模升级时，无线网络的优势更加明显。

2. 无线网络的现状与发展趋势

无线网络摆脱了网线的束缚，可以在家里、花园、户外、商城等几乎任何一个角落，使用笔记本电脑、平板电脑、手机等移动设备，享受网络带来的便捷服务。无线网络正改变着人们的工作、生活和学习习惯，人们对无线网络的依赖越来越强。

我国将加快构建高速、移动、安全、泛在的新一代信息基础设施，推进信息网络技术的广泛运用，形成万物互联、人机交互、天地一体的网络空间，在城镇热点公共区域推广免费、高速接入。目前，无线网络在重点城市的公共交通、医疗机构、教育园区、产业园区、商城等公共区域实现了全覆盖，下一阶段将实现城镇级别的公共区域全覆盖，无线网络规模将持续增大。

3. WLAN 的概念

WLAN 是指以无线信道作为传输介质的计算机局域网。

无线联网方式是有线联网方式的一种补充，它是在有线网络的基础上发展起来的，可使网络中的计算机具有可移动性，能快速、方便地解决有线联网方式不易实现的网络接入问题。

IEEE 802.11 协议簇是由 IEEE 定义的无线网络通信标准，WLAN 基于 IEEE 802.11 协议工作。

如果询问一般用户"什么是 IEEE 802.11 无线网络"，他们可能会感到困惑和不解，因为多数人习惯将这项技术称为 Wi-Fi。Wi-Fi 是一个市场术语，世界各地的人们使用"Wi-Fi"作为 IEEE 802.11 无线网络的代名词。

8.1.2　无线协议标准

IEEE 802.11 是现今 WLAN 的通用标准，它包含多个子协议标准，下面介绍常见的几个子协议标准。

1. IEEE 802.11a

IEEE 802.11a 是无线协议标准之一，其指定了最大 54Mbit/s 的数据传输速率和 5GHz 的工作频段。IEEE 802.11a 的传输技术为多载波调制技术。IEEE 802.11a 标准是已在办公室、家庭、宾馆、机场等众多场合得到广泛应用的 IEEE 802.11b 无线协议标准的后续标准。其传输层的数据传输速率可达 25Mbit/s，可提供 25Mbit/s 的无线 ATM 接口和 10Mbit/s 的以太网无线帧结构接口；支持语音、数据、图像业务；一个扇区可接入多个用户，每个用户可带有多个用户终端。

此协议标准工作在 5.8GHz 频段，我国 WLAN 工作的频率范围是 5.15～5.35GHz、5.725～5.850GHz。

2. IEEE 802.11b

IEEE 802.11b 运作模式基本上分为两种：点对点模式和基本模式。点对点模式是指站点（如无线网卡）和站点之间的通信方式。IEEE 802.11b 提供 11Mbit/s 的数据传输速率及直接序列扩频（Direct Sequence Spread Spectrum，DSSS），使用标准的补码键控（Complementary Code Keying，

CCK）调制，工作在 2.4GHz 频段，支持 13 个信道，其中 3 个不重叠信道（1、6、11）。

3. IEEE 802.11g

IEEE 802.11 无线局域网工作组定义的物理层标准——IEEE 802.11g，与以前的 IEEE 802.11 协议标准相比，IEEE 802.11g 有以下两个特点：其在 2.4GHz 频段使用正交频分复用调制技术，使数据传输速率提高到 20Mbit/s 以上。

4. IEEE 802.11n

IEEE 802.11n 是在 IEEE 802.11g 和 IEEE 802.11a 之上发展起来的协议标准，最大的特点是提高了数据传输速率，理论上，数据传输速率最高可达 600Mbit/s。IEEE 802.11n 可工作在 2.4GHz 和 5GHz 两个频段，可向下兼容 IEEE 802.11a/b/g。

5. IEEE 802.11ac

IEEE 802.11ac 是 IEEE 802.11n 的继承者，它采用并扩展了源自 IEEE 802.11n 的空中接口（Air Interface）概念，包括更宽的射频带宽（提升至 160MHz）、更多的多进多出空间流、多用户的多进多出，以及更高阶的调制（达到 256QAM 调制）。

6. IEEE 802.11ax

IEEE 802.11ax 也称为高效无线网络协议标准，通过一系列系统特性和多种机制增加系统容量，通过更好的一致覆盖和减少空中接口介质拥塞来改善无线网络的工作方式，使用户获得最佳体验；尤其是在密集用户环境中，为更多的用户提供了一致和可靠的数据吞吐量，其目标是将用户的平均吞吐量至少提高到原来的 4 倍。也就是说，基于 IEEE 802.11ax 的无线网络具有前所未有的高容量和高效率。

IEEE 802.11ax 协议标准在物理层导入了多项大幅变更。然而，它依旧可向下兼容 IEEE 802.11a/b/g/n/ac 设备。正因如此，IEEE 802.11ax 站（Station，STA）能与原有 STA 进行数据传送和接收，原有客户端也能解调和译码 IEEE 802.11ax 封包表头（虽然不是整个 IEEE 802.11ax 封包），并于 IEEE 802.11ax STA 传输期间进行轮询。

IEEE 802.11 协议标准的兼容性、频率和最大传输速率如表 8-1 所示。

表 8-1　IEEE 802.11 协议标准的兼容性、频率和最大传输速率

协议标准	兼容性	频率	最大传输速率
IEEE 802.11a	—	5GHz	54Mbit/s
IEEE 802.11b	—	2.4GHz	11Mbit/s
IEEE 802.11g	兼容 IEEE 802.11b	2.4GHz	54Mbit/s
IEEE 802.11n	兼容 IEEE 802.11a/b/g	2.4GHz 或 5GHz	600Mbit/s
IEEE 802.11ac	兼容 IEEE 802.11a/n	5GHz	6.9Gbit/s
IEEE 802.11ax	兼容 IEEE 802.11a/b/g/n/ac	2.4GHz 或 5GHz	9.6Gbit/s

8.1.3　无线射频与 AP 天线

1. 2.4GHz 和 5.8GHz 无线射频、频段与信道

（1）2.4GHz 无线射频、频段与信道

当 AP 工作在 2.4GHz 频段的时候，AP 工作的频率范围是 2.402～2.483GHz。在此频率范围内又划分出 14 个信道，每个信道的中心频率相隔 5MHz，每个信道可供占用的带宽为 22MHz，如图 8-1 所示，Channel（信道）1 的中心频率为 2.412GHz，Channel 6 的中心频率为 2.437GHz，Channel 11 的中心频率为 2.462GHz，3 个信道理论上是不相互干扰的。

V8-2　无线射频与 AP 天线及常用的无线网络设备

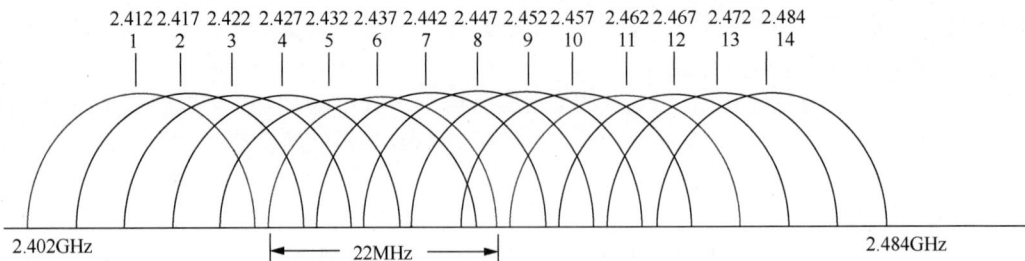

图 8-1　2.4GHz 频段的各信道频率

（2）5.8GHz 无线射频、频段与信道

当 AP 工作在 5.8GHz 频段的时候，我国 WLAN 工作的频率范围是 5.725～5.850GHz。在此频率范围内又划分出 5 个信道，每个信道的中心频率相隔 20MHz，如图 8-2 所示。

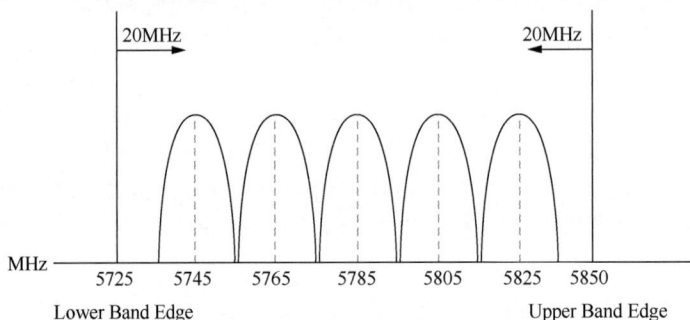

图 8-2　5.8GHz 频段的各信道频率

在 5.8GHz 频段上以 5MHz 为步进划分信道，信道编号 n=(信道中心频率（GHz）-5)×1000/5。因此，我国 IEEE 802.11a 的 5 个信道编号分别为 149、153、157、161、165，如表 8-2 所示。

表 8-2　5.8GHz 频段的信道编号与信道中心频率

信道编号	信道中心频率
149	5.745GHz
153	5.765GHz
157	5.785GHz
161	5.805GHz
165	5.825GHz

2. AP 天线类型

（1）全向天线

全向天线在水平方向上表现为 360°均匀辐射，也就是平常所说的无方向性，在垂直方向上表现为有一定宽度的波束，如图 8-3 所示。一般情况下，波瓣宽度越小，其增益越大。全向天线在移动通信系统中一般适用于郊县大区制的站型，覆盖范围大。

（2）定向天线

定向天线在水平方向和垂直方向上表现为一定角度范围的辐射，如图 8-4 所示，也就是平常所说的有方向性。它同全向天线一样，波瓣宽度越小，增益越大。定向天线在通信系统中一般适用于通信距离远、覆盖范围小、目标密度大、频率利用率高的环境。定向天线的主要辐射范围像一个倒立的、不太完整的圆锥。

（a）水平方向的信号辐射　　　　　（b）垂直方向的信号辐射

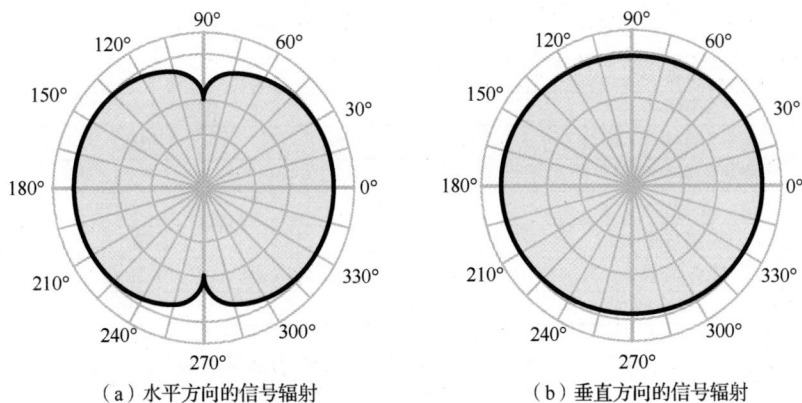

图 8-3　全向天线的信号辐射

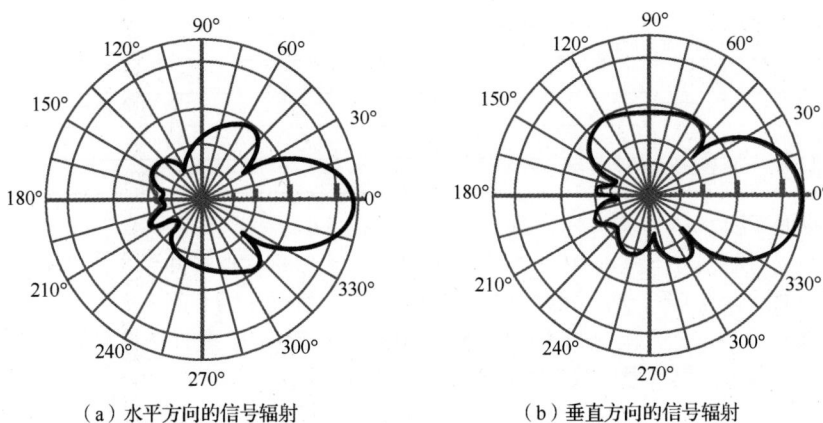

（a）水平方向的信号辐射　　　　　（b）垂直方向的信号辐射

图 8-4　定向天线的信号辐射

（3）室内吸顶天线

室内吸顶天线的外观如图 8-5 所示，通常采用了美化造型，适合吊顶安装。室内吸顶天线通常是全向天线，其功率较低。

（4）室外全向天线

2.4GHz 和 5.8GHz 室外全向天线的外观分别如图 8-6 和图 8-7 所示，其参考参数分别如表 8-3 和表 8-4 所示。

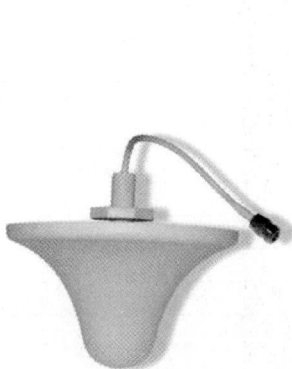

图 8-5　室内吸顶天线的外观　　图 8-6　2.4GHz 室外全向天线的外观　　图 8-7　5.8GHz 室外全向天线的外观

表 8-3　2.4GHz 室外全向天线的参考参数

参数名称	参考值
频率范围	2.402~2.483GHz
增益	12dB
垂直面波瓣宽度	7
驻波比	< 1.5
极化方式	垂直
接头型号	N-K
支撑杆直径	40~50mm

表 8-4　5.8GHz 室外全向天线的参考参数

参数名称	参考值
频率范围	5.725~5.85GHz
增益	12dB
垂直面波瓣宽度	7
驻波比	< 2.0
极化方式	垂直
接头型号	N-K
支撑杆直径	40~50mm

（5）抛物面天线

由抛物面反射器和位于其焦点处的馈源组成的面状天线称为抛物面天线。抛物面天线的主要优势是方向性强。其类似于一个探照灯或手电筒反射器，向一个特定的方向汇聚无线电波到狭窄的波束，或从一个特定的方向接收无线电波。5.8GHz 和 2.4GHz 室外抛物面天线的外观分别如图 8-8 和图 8-9 所示，其参考参数分别如表 8-5 和表 8-6 所示。

图 8-8　5.8GHz 室外抛物面天线的外观　　　图 8-9　2.4GHz 室外抛物面天线的外观

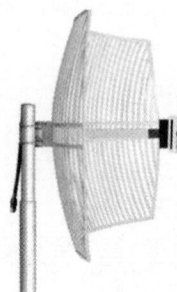

表 8-5　5.8GHz 室外抛物面天线的参考参数

参数名称	参考值
频率范围	5.725~5.85GHz
增益	24dB
垂直面波瓣宽度	12
水平面波瓣宽度	9
前后比	20
驻波比	< 1.5
极化方式	垂直
接头型号	N-K
支撑杆直径	40~50mm

表 8-6　2.4GHz 室外抛物面天线的参考参数

参数名称	参考值
频率范围	2.402~2.483GHz
增益	24dB
垂直面波瓣宽度	14
水平面波瓣宽度	10
前后比	31
驻波比	<1.5
极化方式	垂直
接头型号	N-K
支撑杆直径	40~50mm

3. 功率

在无线应用中，经常用到的功率单位是 dBm，而不是 W 或 mW。

dB 用于标识一个相对值，是一个纯计数单位，当计算 A 的功率相比于 B 大或者小多少 dB 时，可使用计算公式 $dB=10\times lg(A/B)$ 计算。例如，如果 A 的功率是 B 的功率的两倍，那么 $10\times lg(A/B)$ $=10\times lg2\approx3dB$。也就是说，A 的功率比 B 的功率约大 3dB。

dBm 指的是分贝毫瓦，0dBm=1mW，计算公式为 $10\times lg(P/1mW)$，P 为功率值。

为什么要用 dB 来描述功率呢？原因是 dB 能把一个很大或者很小的数值比较简短地表示出来。

例如，①如果发射功率 P 为 1mW，则其折算为 dBm 等于 0dBm；②对于 40W 的功率，以 0dBm 为单位进行折算后的值应为 $10\times lg(40W/1mW)=10\times lg(40000)=10\times lg(4\times10^4)=40+10\times lg4\approx46dBm$。

4. 无线传输质量

（1）无线与距离的关系

当发射的无线信号与用户之间的距离越来越远时，无线信号的强度会越来越弱，可以根据用户需求调整无线设备。

（2）干扰源的主要类型

无线信号干扰源主要是无线设备间的同频干扰，常见设备有蓝牙、无线打印机等。

（3）无线信号的传输方式

AP 的无线信号主要通过两种方式传递，即辐射和传导。AP 无线信号的辐射是指 AP 的信号通过天线传递到空气中。如图 8-10 所示，该外置无线 AP 的信号直接通过 6 根天线传输无线数据。

AP 无线信号的传导是指无线信号在线缆等介质内进行信号传递，例如，在室分系统中，无线AP 和天线间通过同轴电缆连接，如图 8-11 所示，无线信号被天线接收后，通过电缆传导到 AP。

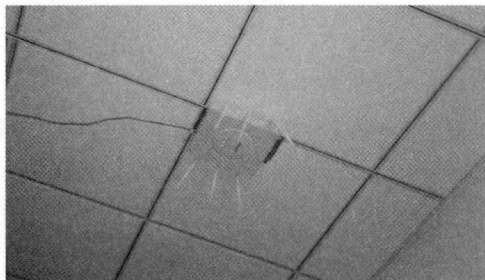

图 8-10　外置无线 AP

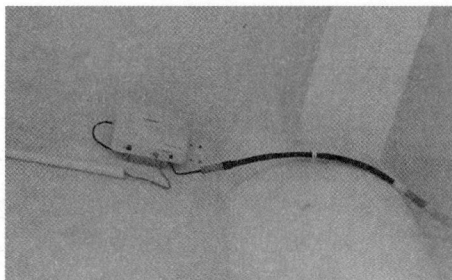

图 8-11　室分 AP 和同轴电缆

8.1.4　常见的无线网络设备

华为的无线接入控制器（Access Controller，AC）分为盒式控制器、框式交换机的 ACU2 插卡式控制器、X1E 插卡控制器等。

华为的无线 AP 分为室内 AP、室外 AP 及场景化产品系列 AP 等。

（1）室内 AP：面向企业办公、校园、医院、大型商场、会展中心、机场车站、列车、体育场馆等场景，高密度接入体现了其卓越品质，优异性能保障了用户体验。

（2）室外 AP：面向广场、步行街、游乐场等场景，以及数字港口、无线数据回传、无线视频监控、车地回传等桥接场景，提供了工业级室外防护特性。

（3）场景化产品系列 AP：面向学校、酒店、医院和办公会议室等房间密度大、墙体环境复杂的场景，以及轨道交通车地回传、车厢内覆盖等场景。

以下对无线网络常见产品做简单介绍。

1. 无线接入控制器

无线接入控制器是一种网络设备，用来集中化控制无线 AP，是无线网络的核心，负责管理无线网络中的所有无线 AP。对 AP 的管理包括下发配置、修改相关配置参数、射频智能管理、接入安全控制等。图 8-12 所示为一台型号为 AC6003 的无线接入控制器。

图 8-12　一台型号为 AC6003 的无线接入控制器

2. 无线 AP

AP 是 WLAN 中的重要组成部分，其工作机制类似于有线网络中的集线器，无线终端可以通过 AP 进行终端之间的数据传输，也可以通过 AP 的 WAN 口与有线网络互通。

无线 AP 从功能上可分为"胖"AP（Fat AP）和"瘦"AP（Fit AP）两种。其中，Fat AP 拥有独立的操作系统，可以进行单独配置和管理；而 Fit AP 无法单独进行配置和管理操作，需要借助无线接入控制器进行统一的管理和配置。

（1）Fat AP

Fat AP 可以自主完成包括无线接入、安全加密、设备配置等在内的多项任务，不需要其他设备的协助，适用于构建中、小型规模的 WLAN。Fat AP 组网的优点是无须改变现有有线网络结构，配置简单；缺点是无法统一管理和配置，需要对每台 AP 单独进行配置，费时、费力，用于部署大规模的 WLAN 时，其部署和维护成本高。

面对小型公司、办公室、家庭等无线网络覆盖场景，Fat AP 仅需要少量的 AP 即可实现无线网络覆盖，目前被广泛使用和熟知的产品是无线路由器，如图 8-13 所示。

市场上的大部分 Fat AP 产品提供了极简的用户配置界面，用户只需在 IE 浏览器中按向导进行配置，即可实现办公室、家庭等场景中无线网络的部署。

（2）Fit AP

Fit AP 又称轻型无线 AP，必须借助无线接入控制器进行配置和管理。采用"无线接入控制器+Fit AP"的架构，可以将密集型的无线网络和安全处理功能从无线 AP 转移到无线接入控制器中统一实现，无线 AP 只作为无线数据的收发设备，大大简化了 AP 的管理和配置功能，甚至可以做到"零"配置。

机场、高校、地铁等无线覆盖场景中需要大量的 AP，为实现 AP 的统一管理，在中、大规模无线组网中往往采用 Fit AP 组网模式。华为 AP4050DN 就是 Fit AP 产品，其外观如图 8-14 所示。

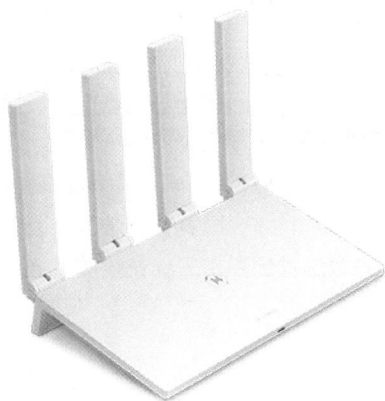

图 8-13　无线路由器

图 8-14　华为 AP4050DN 的外观

8.2　WLAN 的基础知识

　　IEEE 802.11 无线局域网工作组制定的规范分为两部分：IEEE 802.11 物理层相关标准和 IEEE 802.11 MAC 层相关标准。IEEE 802.11 物理层标准定义了无线协议的工作频段、调制编码方式及最高传输速率的支持；IEEE 802.11 MAC 层标准定义了无线网络在 MAC 层的一些常用操作，如 QoS、安全、漫游等。本节将介绍 IEEE 802.11 标准的帧结构、MAC 层的工作原理等内容，并以案例的形式介绍 Fat AP 的基础配置。

8.2.1　WLAN 的工作原理

1. IEEE 802.11 标准的帧结构

　　WLAN 由 STA、无线 AP 等组成。IEEE 802.11 MAC 层负责客户端与无线 AP 之间的通信，包括扫描、认证、接入、加密、漫游等。针对帧的不同功能，可将 IEEE 802.11 中的 MAC 帧细分为以下 3 类。

V8-3　WLAN 的
工作原理

　　① 控制帧：用于竞争期间的握手通信和正向确认、结束非竞争期等。

　　② 管理帧：主要用于 STA 与无线 AP 之间的协商、关系的控制，如关联、认证、同步等。

　　③ 数据帧：用于在竞争期和非竞争期传输数据。

　　IEEE 802.11 通用帧格式如图 8-15 所示。

Frame Control	Duration ID	Address 1	Address 2	Address 3	Seq Control	Address 4	Frame Body	FCS
2字节	2字节	6字节	6字节	6字节	2字节	6字节	0～2312字节	4字节

图 8-15　IEEE 802.11 通用帧格式

　　可以看出，IEEE 802.11 帧共有如下几个字段：Frame Control（帧控制）、Duration ID（持续时间标识）、Address 1、Address 2、Address 3、Seq Control（序列控制）、Address 4、Frame Body（帧主体）、FCS（帧校验序列）。下面对每个字段进行解析。

　　（1）帧控制报文的结构如图 8-16 所示。

　　① Protocol Version：协议版本，通常为 0。

Protocol Version	Type	Sub Type	To DS	From DS	More Fragment	Retry	Power Management	More Data	Protected Frame	Order
2位	2位	4位	1位	1位	1位	1位	1位	1位	1位	1位

图 8-16　帧控制报文的结构

② Type 与 Sub Type：类型与次类型，用来制定所使用的帧类型，即上文提到的控制帧、管理帧、数据帧。Type 值的定义如下：00 表示管理帧；01 表示控制帧；10 表示数据帧；11 表示保留。

③ To DS 与 From DS：用于表示是由工作站发起的数据帧还是由工作站接收的数据帧。

00 表示所有管理帧与控制帧（非基础型数据帧）；

01 表示基础网络中无线工作站所接收的数据帧；

10 表示基础网络中无线工作站所发送的数据帧；

11 表示无线桥接器上的数据帧。

④ More Fragment：用于说明长帧被分段的情况，如果还有其他帧，则该位被置 1。

⑤ Retry：重传帧位，重传的帧会将此位置 1。

⑥ Power Management：为了延长电池的使用寿命，通常可以关闭网卡以节省电力。此位用来指定传送端在完成目前的基本帧交换之后是否进入省电模式，1 代表工作站即将进入省电模式，而 0 代表工作站一直保持为清醒状态。由基站发送出去的帧，该位必为 0。

⑦ More Data：服务处于省电模式的工作站，基站会暂存由"传输系统"接收而来的帧。如果基站设定此位，则代表至少有一个帧待传送给休眠的工作站。

⑧ Protected Frame：如果帧受到数据链路层安全协议的保护，则该位置 1。

⑨ Order：序号域，在长帧分段传输时，该位置 1，表示接收者应该严格按照顺序处理该帧，否则该位置 0。

（2）持续时间标识：表明该帧和其确认帧将会占用信道多长时间，Duration 值用于网络分配向量计算。

（3）Address 部分：一个 IEEE 802.11 帧最多可以包含 4 个地址，帧类型不同，这些地址也有所差异，基本上，Address 1 代表接收端地址，Address 2 代表发送端地址，Address 3 代表接收端取出的过滤地址，Address 4 一般不使用。

（4）序列控制：用来过滤重复帧，即用来重组帧片段及丢弃重复帧。

（5）帧主体：又称数据位，负责在工作站间传输上层数据。在最初指定的规格中，IEEE 802.11 帧最多可以传输 2034 字节的数据。IEEE 802.2 LLC 报头有 8 字节，所以其最多可以传输 2296 字节的数据。

（6）帧校验序列：通常采用循环冗余校验（Cyclic Redundancy Check，CRC）。帧校验序列计算范围涵盖 MAC 报头中的所有位及帧主体。如果帧校验序列有误，则将其丢弃，且不进行应答。

2. MAC 层的工作原理

IEEE 802.11 的 MAC 协议与 IEEE 802.3 相似，考虑到 WLAN 中，无线电波传输距离受限，不是所有的节点都能监听到信号，且无线网卡工作在半双工模式，一旦发生碰撞，重新发送数据会降低吞吐量，因此，IEEE 802.11 对 CSMA/CD 进行了一些修改，采用了 CSMA/CA 来避免有冲突的发送。

（1）CSMA/CA 的工作原理

① 检测信道是否有 STA 在使用，如果信道空闲，则等待分配的帧间空隙（Distributed Inter-frame Space，DIFS）时间间隔后，发送数据。

② 如果检测到信道正在使用，则根据 CSMA/CA 退避算法，STA 将冻结退避计时器。经过 DIFS 时间间隔后，继续监听，只要信道空闲，退避计时器就进行倒计时，当退避计时器减少到零时（此时信道可能是空闲的），STA 就发送帧并等待确认。

③ 如果目标 STA 正确接收到该帧，则经过短的帧间空隙（Short Inter-Frame Space，SIFS）时间间隔后，向源 STA 发送 ACK 帧；如果源 STA 收到 ACK 帧，则确定数据正确传输，经过 DIFS 时间间隔后，会出现一段空闲时间，叫作争用窗口，各 STA 开始争用信道，重复步骤①。

④ 如果源 STA 没有收到 ACK 帧，则需要重新发送原数据帧，直到收到 ACK 帧或经过若干次重传失败后放弃发送为止。

> **补充说明：**
> SIFS：短的帧间空隙，用来分隔属于一次对话的各帧，长度一般为 9 μs 或 20μs。
> DIFS：分配的帧间空隙，用来发送数据帧和管理帧，长度为 SIFS+(2×Slot Time)。
> Slot Time：时隙，不同厂商对其规定不同，是一个非常短的时间。

（2）IEEE 802.11 MAC 层的功能

MAC 层是 IEEE 802.11 的主要部分，其主要功能如下。

① 信道管理：包括信道扫描、信道测量、信道切换等。

② 连接管理：包括认证、断开认证、建立连接、重新连接、断开连接、点对点连接请求、直接连接管理等。

③ QoS：包括交通流管理接口、QoS 调度变更通知等。

④ 功率控制：包括电源管理、发送功率通知等。

⑤ 安全：包括密钥管理、局域网上的可扩展协议（Extensible Authentication Protocol over LANs，EAPoL）、帧密钥错误丢弃通知等。

⑥ 时间同步：包括时间同步、高层同步支持等。

⑦ 特性：包括合并 ACK 帧管理、信息库管理等。

8.2.2 Fat AP 的网络组建

AP 通过有线网络接入互联网时，每个 AP 都是一个单独的节点，需要独立配置其信道、功率、安全策略等。其常见的应用场景有家庭无线网络、办公室无线网络等。园区无线网络的典型拓扑如图 8-17 所示。

V8-4 Fat AP
网络组建及基础
配置

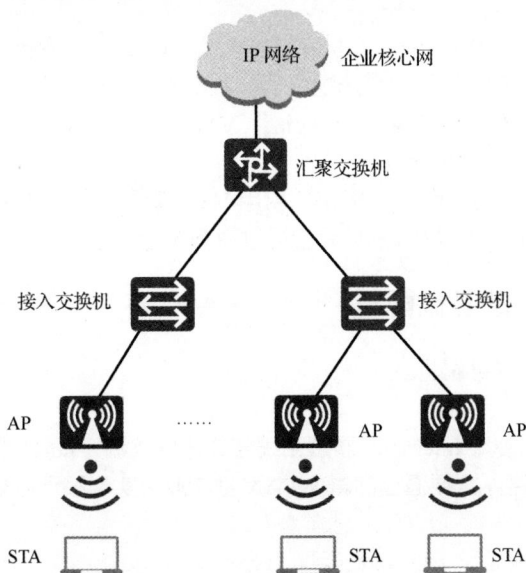

图 8-17 园区无线网络的典型拓扑

AP 的配置主要分为有线部分和无线部分，各部分对应的配置如图 8-18 所示。

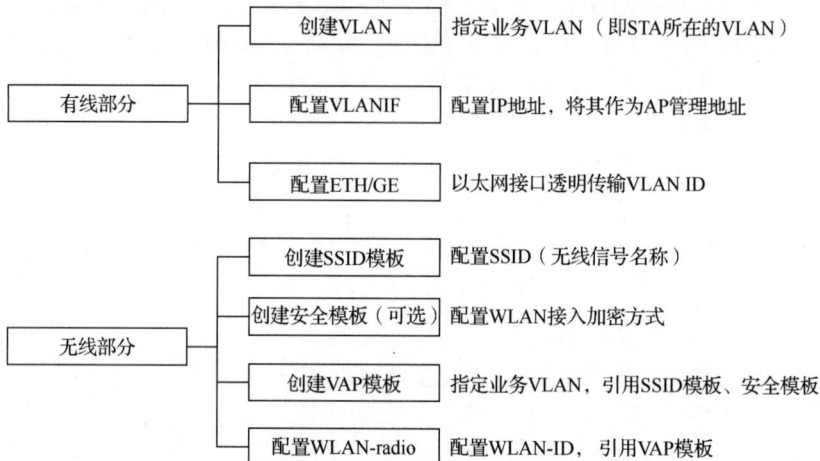

图 8-18　AP 各部分对应的配置

1. 有线部分的配置

（1）创建业务 VLAN，STA 接入 WLAN 后，会从该 VLAN 关联的 DHCP 服务器的 IP 地址池中获取 IP 地址。

（2）配置 VLANIF 接口的 IP 地址，用户可以通过此 IP 地址对 AP 进行远程管理。

（3）配置 AP 以太网接口为上连接口（ETH/GE），通过封装相应的 VLAN，使这些 VLAN 中的数据可以通过以太网接口转发到上连设备。

2. 无线部分的配置

（1）创建服务集标识（Service Set Identifier，SSID）模板，配置 SSID，用户可以通过搜索 SSID 加入相应的 WLAN。

SSID 用来区分不同的无线网络。例如，当在笔记本电脑上搜索可接入的无线网络时，显示出来的无线网络名称就是 SSID。SSID 由最多 32 个字符组成，且区分字母大小写，配置在所有 AP 与 STA 的无线射频卡中。

（2）创建安全模板，为 WLAN 接入配置加密方式，WLAN 加密完成后，用户需要使用预共享密钥才能加入 WLAN。安全模板为可选配置项，若不进行配置，则为开放式网络。

（3）创建虚拟接入点（Virtual Access Point，VAP）模板，在 VAP 模板中指定 STA 的业务 VLAN，并引用 SSID 模板和安全模板。

（4）配置 WLAN-radio，配置 WLAN-ID，引用 VAP 模板。引用 VAP 模板后，WLAN 开始工作并发送对应的 SSID，用户关联到 SSID 后会通过业务 VLAN 获取 IP 地址。

8.2.3　Fat AP 的基础配置

【案例 8-1】Fat AP 的基础配置。

1. 案例背景与要求

Fat AP 通过有线方式接入 Internet，通过无线方式连接终端。Jan16 公司为了保证工作人员可以随时随地地访问公司网络，需要通过部署 WLAN 基本业务实现移动办公，其网络拓扑如图 8-19 所示。

具体要求如下。

（1）提供名为"jan16"的无线网络。

VLAN 10：192.168.10.254/24

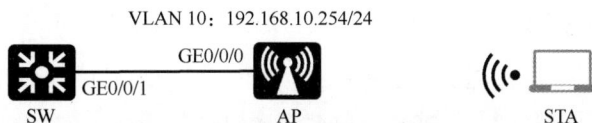

图 8-19　Fat AP 的基础配置网络拓扑

（2）SW 作为 DHCP 服务器和网关，为 STA 分配 IP 地址，AP 仅进行 DHCP 报文的二层透明传输。

案例相关数据如表 8-7 所示。

表 8-7　案例相关数据

项目	数据
STA 业务 VLAN	VLAN 10
DHCP 服务器	SW
STA 地址池	IP 地址：192.168.10.0/24 网关：192.168.10.254
SSID 模板	名称：SSID1 SSID 名称：jan16
VAP 模板	名称：VAP1 业务 VLAN：VLAN 10 引用模板：SSID 模板 SSID1

2. 案例配置思路

（1）配置 AP 使其与上层网络设备互通。
（2）配置 SW 使其作为 DHCP 服务器，为 STA 分配 IP 地址。
（3）配置 WLAN 参数。
（4）在无线射频卡上应用 WLAN 参数。

3. 案例配置过程

（1）配置 AP 使其与上层网络设备互通。

```
<Huawei>system-view
[Huawei]sysname AP
[AP]vlan 10
[AP-vlan10]name USER
[AP-vlan10]quit
[AP]interface Vlanif 10
[AP-Vlanif10]ip address 192.168.10.253 24          // 配置与上层 SW 互连地址
[AP-Vlanif10]quit
[AP]interface GigabitEthernet 0/0/0
[AP-GigabitEthernet0/0/0]port link-type trunk   // AP 的 GE 0/0/0 端口允许 VLAN 10
[AP-GigabitEthernet0/0/0]port trunk allow-pass vlan 10
[AP-GigabitEthernet0/0/0]quit
```

（2）配置 SW 使其作为 DHCP 服务器，为 STA 分配 IP 地址。

```
<Huawei>system-view
<Huawei>sysname SW
[SW]vlan 10
```

```
[SW-vlan10]name USER
[SW-vlan10]quit
[SW]interface GigabitEthernet 0/0/1
[SW-GigabitEthernet0/0/1] port link-type trunk
[SW-GigabitEthernet0/0/1] port trunk allow-pass vlan 10
[SW-GigabitEthernet0/0/1] quit
[SW]dhcp enable
[SW]interface Vlanif 10
[SW-Vlanif10]ip address 192.168.10.254 24
[SW-Vlanif10]dhcp select interface
[SW-Vlanif10] dhcp server excluded-ip-address 192.168.10.253
[SW-Vlanif10]quit
```

（3）配置 WLAN 参数。

```
[AP]wlan
[AP-wlan-view]ssid-profile name SSID1                //创建名为"SSID1"的 SSID 模板
[AP-wlan-ssid-prof-SSID1]ssid jan16                  //配置 SSID 的名称为"jan16"
[AP-wlan-ssid-prof-SSID1]quit
[AP-wlan-view]vap-profile name VAP1                  //创建名为"VAP1"的 VAP 模板
[AP-wlan-vap-prof-VAP1]service-vlan vlan-id 10       //配置业务 VLAN 为 VLAN 10
[AP-wlan-vap-prof-VAP1]ssid-profile SSID1            //配置 VAP 模板引用 SSID 模板
[AP-wlan-vap-prof-VAP1]quit
[AP-wlan-view]quit
```

（4）在无线射频卡上应用 WLAN 参数。

```
[AP]interface Wlan-Radio 0/0/0
[AP-Wlan-Radio0/0/0]vap-profile VAP1 wlan 2
                //配置 WLAN-ID 2 引用名为"VAP1"的 VAP 模板
[AP-Wlan-Radio0/0/0]quit
```

4. 案例验证

（1）配置完成后，在 AP 上执行【display vap ssid VAP1】命令，查看 VAP 信息。

```
[AP]display vap ssid VAP1
Info: This operation may take a few seconds, please wait.
WID : WLAN ID
--------------------------------------------------------------------------------
AP MAC        RfID WID  BSSID          Status Auth type  STA   SSID
--------------------------------------------------------------------------------
c4b8-b469-32e0 0   2    C4B8-B469-32E1 ON        Open     0     jan16
--------------------------------------------------------------------------------
Total: 1
```

（2）在 STA 上查找无线信号"jan16"并接入，查找到的无线信号如图 8-20 所示。

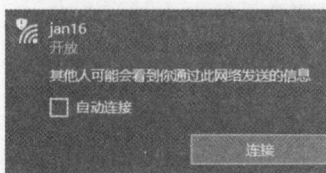

图 8-20　查找到的无线信号

（3）连接成功后，使用【ping】命令测试其连通性。

```
PC>ping 192.168.10.254

Ping 192.168.10.254: 32 data bytes, Press Ctrl_C to break
From 192.168.10.254: bytes=32 seq=1 ttl=128 time=63 ms
From 192.168.10.254: bytes=32 seq=2 ttl=128 time=62 ms
---省略部分显示内容---
```

8.3 WLAN 的安全知识

为了更加便捷和高效地使用移动办公、无线监控、无线语音、资产定位等 WLAN 功能，越来越多的企业正在计划部署或已经部署了 WLAN。但是 WLAN 采用无线电波作为传输介质，因而 WLAN 相对于有线网络而言，将会面临更多的安全风险和隐患。为了更好地保护用户信息的安全性、防止未经授权的访问及提高 WLAN 的稳定性和高效性，需要做一些保护措施以加固 WLAN。

本节将介绍 WLAN 的安全问题、WLAN 的安全对策和 WLAN 的安全标准等，并以案例的形式介绍 WLAN 的安全配置。

V8-5　WLAN 的
安全知识

8.3.1　WLAN 的安全问题

WLAN 以无线信道作为传输介质，利用电磁波在空气中收发数据，实现了传统有线局域网的功能。和传统的有线接入方式相比，WLAN 的布放和实施相对简单，维护成本也相对低廉，因此应用前景十分广阔。然而，由于 WLAN 传输介质的特殊性和其固有的安全缺陷，用户的数据面临着被窃听和被篡改的威胁，WLAN 的安全问题成为制约其推广的最大问题。WLAN 常见的安全威胁有以下几个方面。

1. 未经授权使用网络服务

最常见的 WLAN 安全威胁就是未经授权的非法用户使用 WLAN。非法用户未经授权使用 WLAN，与授权用户共享带宽，会影响合法用户的使用体验，甚至可能泄露当前用户的用户信息。

2. 非法 AP

非法 AP 是指未经授权部署在企业网络中，且干扰网络正常运行的 AP〔如拒绝服务（Denial of Service，DoS）攻击〕。如果该非法 AP 配置了正确的有线等效保密（Wired Equivalent Privacy，WEP）密钥，则其可以捕获客户端数据。经过配置后，非法 AP 可为未授权用户提供接入服务，使未授权用户捕获和伪装数据包，甚至允许未经授权的用户访问服务器和文件。

3. 数据安全

相对于以前的有线局域网，WLAN 采用了无线通信技术，用户的各类信息在无线环境中传输时，更容易被窃听、获取。

4. 拒绝服务攻击

这种攻击方式不以获取信息为目的，攻击者只是想让目标机器停止提供服务。因为 WLAN 采用微波传输数据，理论上只要在有信号的范围内，攻击者就可以发起攻击。这种攻击方式隐蔽性好、实现容易、防范困难，是攻击者常用的攻击方式。

8.3.2　WLAN 的安全对策

IEEE 802.11 无线网络一般作为连接 IEEE 802.3 有线网络的入口使用。为了保护入口的安全，必须采用有效的认证解决方案，以确保只有授权用户才能通过无线 AP 访问网络资源。认证是认证用户身份与权限的过程，用户必须表明自己的身份并提供可以证实其身份的凭证。安全性较高的认证系统采用多要素认证，用户必须提供至少两种不同的身份凭证。WLAN 主要的安全对策如下。

1. 开放系统认证

开放系统认证不对用户身份做任何验证，在整个认证过程中，通信双方仅需交换两个认证帧：站点向 AP 发送一个认证帧，AP 以此帧的源 MAC 地址作为发送端的身份证明，AP 随即返回一个认证帧，并建立 AP 和客户端的连接。因此，开放系统认证不要求用户提供任何身份凭证，通过这种简单的认证后就能与 AP 建立关联，进而获得访问网络资源的权限。

开放系统认证是唯一的 IEEE 802.11 要求必备的认证方式，是最简单的认证方式，对于需要允许设备快速进入网络的场景，可以使用开放系统认证。开放系统认证主要用于在公共区域或热点区域（如机场、酒店等）为用户提供无线接入服务，适合用户众多的运营商部署大规模的 WLAN。

2. 共享密钥认证

共享密钥认证要求用户设备必须支持 WEP，用户设备与 AP 必须配置匹配的静态 WEP 密钥。如果双方的静态 WEP 密钥不匹配，则用户设备无法通过认证。在共享密钥认证过程中，采用共享密钥认证的无线接口之间需要交换质询与响应消息，通信双方总共需要交换 4 个认证帧，认证过程如图 8-21 所示。

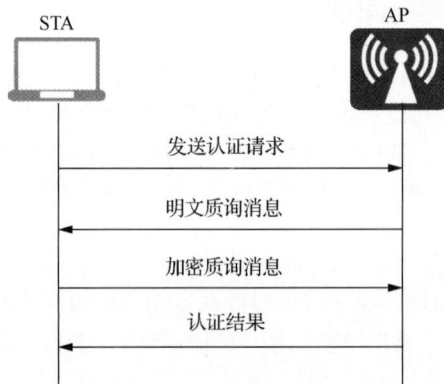

图 8-21　共享密钥认证过程

（1）用户设备（STA）向 AP 发送认证请求数据帧。

（2）AP 向用户设备返回包含明文质询消息的认证帧，质询消息为 128 字节，由 WEP 密钥流生成器利用随机密钥和初始向量产生。

（3）用户设备使用静态 WEP 密钥对质询消息进行加密，并通过认证帧发送给 AP。

（4）AP 收到认证帧后，使用静态 WEP 密钥对其中的质询消息进行解密，并与原始质询消息进行比较。若二者匹配，则 AP 将会向用户设备发送最后一个认证帧，确认用户设备成功通过认证；若二者不匹配或 AP 无法解密质询消息，则 AP 将拒绝用户设备的认证请求。

用户设备成功通过共享密钥认证后，将采用同一静态 WEP 密钥加密随后的 IEEE 802.11 数据帧并与 AP 进行通信。

共享密钥认证的安全性看似比开放系统认证的高，但是实际上前者存在着巨大的安全漏洞。如果入侵者截获了 AP 发送的明文质询消息及用户设备返回的加密质询消息，就可能从中提取出静态 WEP 密钥。入侵者一旦掌握静态 WEP 密钥，就可以解密所有数据帧，网络对入侵者将再无秘密可言。因此，共享密钥认证方式难以为企业 WLAN 提供有效保护。

3. SSID 隐藏

SSID 隐藏即将无线网络的逻辑名隐藏起来。

AP 启用 SSID 隐藏功能后，信标帧中的 SSID 字段被置为空，无线客户端通过被动扫描监听信标帧的用户设备将无法获得 SSID 信息。因此，无线终端必须手动设置与 AP 相同的 SSID 才能与 AP 进行关联，如果用户设备出示的 SSID 与 AP 的 SSID 不同，那么 AP 将拒绝其接入。

SSID 隐藏适用于某些企业或机构需要支持大量访客接入的场景。企业园区无线网络可能存在多个 SSID，如员工、财务、访客等。为减少访客接错网络的问题，园区通常会隐藏员工、财务的 SSID，同时广播访客 SSID，而访客尝试连接无线网络时只能看到访客 SSID，减少了连接到员工网络和财务网络的情况。

尽管 SSID 隐藏可以在一定程度上防止业余黑客与普通用户搜索到无线网络，但只要入侵者使用二层无线协议分析软件拦截到任意合法终端用户发送的帧，就能获得以明文形式传输的 SSID。因此，只使用 SSID 隐藏策略来保证 WLAN 的安全是不可行的。

4. 黑白名单认证（MAC 地址认证）

白名单的概念与"黑名单"相对应。黑名单启用后，被列入黑名单的用户无法通过认证。如果设立了白名单，则在白名单中的用户被允许通过，没有在白名单中的用户将被拒绝访问。

黑白名单认证是一种基于端口和 MAC 地址对用户的网络访问权限进行控制的认证方法，不需要用户安装任何客户端软件。IEEE 802.11 设备具有唯一的 MAC 地址，因此可以通过检验 IEEE 802.11 设备数据分组的源 MAC 地址来判断其合法性，过滤不合法的 MAC 地址，仅允许特定的用户设备发送的数据分组通过。MAC 地址过滤要求预先在无线接入控制器或 Fat AP 中输入合法的 MAC 地址列表，只有当用户设备的 MAC 地址和合法 MAC 地址列表中的 MAC 地址匹配时，AP 才允许用户设备与之通信，实现物理地址过滤。如图 8-22 所示，用户设备 STA1 的 MAC 地址不在无线接入控制器的合法 MAC 地址列表中，因而不能接入 AP；而用户设备 STA2 和 STA3 分别与合法 MAC 地址列表中的第 1 个、第 2 个 MAC 地址完全匹配，因而可以接入 AP。

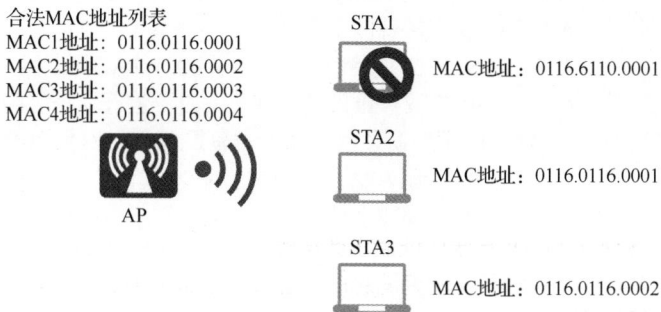

合法MAC地址列表
MAC1地址：0116.0116.0001
MAC2地址：0116.0116.0002
MAC3地址：0116.0116.0003
MAC4地址：0116.0116.0004

AP

STA1
MAC地址：0116.6110.0001

STA2
MAC地址：0116.0116.0001

STA3
MAC地址：0116.0116.0002

图 8-22　MAC 地址认证示意

然而，很多无线网卡支持重新配置 MAC 地址，因此 MAC 地址很容易被伪造或复制。只要将 MAC 地址伪装成某个出现在合法列表中的用户设备的 MAC 地址，就能轻易绕过 MAC 地址过滤。为所有设备配置 MAC 地址过滤的工作量较大，而 MAC 地址又易被伪造，这使得 MAC 地址过滤无法成为一种可靠的无线安全解决方案。

5. WLAN 加密技术

在 WLAN 用户通过认证并被赋予访问权限后，网络必须保护用户所传输的数据不被泄露，其主要方法是对数据报文进行加密。WLAN 采用的加密技术主要有 WEP 加密、时限密钥完整性协议（Temporal Key Integrity Protocol，TKIP）加密和计数器模式密码块链消息完整码协议（Counter CBC-MAC Protocol，CCMP）加密等。

8.3.3　WLAN 的安全标准

1. WEP

WEP 是由 IEEE 802.11 标准定义的，用来保护 WLAN 中的授权用户所传输的数据的安全性，以防止这些数据被窃听。WEP 采用 RC4 算法，加密密钥长度有 64 位和 128 位两种，其中，24 位初始向量是由系统产生的，所以 WLAN 服务器端和 WLAN 客户端上配置的密钥长度是 40 位或 104 位。WEP 加密采用了静态的密钥，接入同一 SSID 下的所有 STA 使用相同的密钥访问无线网络。

WEP 安全策略包括链路认证机制和数据加密机制。其中，链路认证分为开放系统认证和共享密钥认证。

（1）如果选择开放系统认证方式，则在链路认证过程中不需要 WEP 加密。用户上线后，可以通过配置选择是否对业务数据进行 WEP 加密。

（2）如果选择共享密钥认证方式，则在链路认证过程中完成密钥协商。用户上线后，通过协商出来的密钥对业务数据进行 WEP 加密。

2. WPA/WPA2

由于 WEP 采用的是基于 RC4 对称流的加密算法，需要预先配置相同的静态密钥，无论是从加密机制还是从加密算法本身而言，WEP 都很容易受到安全威胁。为了解决这个问题，在 IEEE 802.11i 标准没有正式推出安全性更高的安全策略之前，Wi-Fi 联盟推出了针对 WEP 改良的认证方式——Wi-Fi 保护接入（Wi-Fi Protected Access，WPA）。WPA 的核心加密算法仍是 RC4，并在 WEP 基础上提出了 TKIP 加密算法。随后 IEEE 802.11i 安全标准又推出了 WPA2，区别于 WPA，WPA2 采用了 IEEE 802.1x 的身份认证框架，支持 EAP-PEAP、EAP-TLS 等认证方式；采用了安全性更高的 CCMP 加密算法。

为了实现更好的兼容性，在目前的实现中，WPA 和 WPA2 都可以使用 IEEE 802.1x 的接入认证、TKIP 或 CCMP 加密算法，它们的不同主要表现在协议报文格式上，在安全性上几乎没有差别。

在链路认证阶段，WPA/WPA2 仅支持开放系统认证。

在接入认证阶段，WPA/WPA2 分为企业版和个人版。WPA/WPA2 企业版采用了 WPA/WPA2-802.1x 的接入认证方式，使用 RADIUS 服务器和可扩展认证协议进行认证。用户提供认证所需的凭证，如用户名和密码，通过特定的用户认证服务器（一般是 RADIUS 服务器）来实现对用户的接入认证。在大型企业网络中，通常采用 WPA 企业版的认证方式。

WPA/WPA2 支持 TKIP 和 CCMP 两种加密算法。

（1）TKIP 加密算法：与 WEP 共用一个共享密钥不同，TKIP 加密算法采用了一套动态密钥协商和管理方法，每个无线用户都会动态地协商一套密钥，保证了每个用户使用独立的密钥。每个用户的密钥是由密钥协商阶段协商出来的 PTK（Pairwise Transient Key，成对临时密钥）、发送方的 MAC 地址和报文序列号计算生成的，通过这种密钥混合的防护方式来防范针对 WEP 的攻击。

TKIP 采用了信息完整性校验机制，一方面，保证了接收端接收的报文的完整性；另一方面，保证了接收端和发送端数据的合法性。信息完整性校验码是通过密钥协商阶段协商出来的 MIC（Message Integrity Check，消息完整性检查）Key、目的 MAC 地址、源 MAC 地址和数据包计算生成的。

（2）CCMP 加密算法：与 WEP 和 TKIP 采用的流密码机制不同，CCMP 加密算法采用了以高级加密标准（Advanced Encryption Standard，AES）的块密码为基础的安全协议。这种基于块密码的加密技术弥补了 RC4 算法本身的缺陷，安全性更高。

3. WAPI

无线局域网鉴别与保密基础结构（WLAN Authentication and Privacy Infrastructure，WAPI）是

由我国提出的、以 IEEE 802.11 无线协议为基础的无线安全标准。WAPI 能够提供比 WEP 和 WPA 更高的安全性，WAPI 协议由以下两部分构成。

（1）无线局域网鉴别基础结构（WLAN Authentication Infrastructure，WAI）：用于 WLAN 中身份鉴别和密钥管理的安全方案。

（2）无线局域网保密基础结构（WLAN Privacy Infrastructure，WPI）：用于 WLAN 中数据传输保护的安全方案，包括数据加密、数据鉴别和重放保护等功能。

WAPI 采用了基于公钥密码体制的椭圆曲线密码算法和对称密码体制的分组密码算法，分别用于无线设备的数字证书颁发、证书鉴别、密钥协商和传输数据的加解密，从而实现设备的身份鉴别、链路认证、访问控制和用户信息的加密保护。

WAPI 的优势体现在以下几个方面。

（1）双向身份鉴别：此机制既可以防止非法的 STA 接入 WLAN，又可以杜绝非法的 WLAN 设备伪装成合法的设备。其他的安全机制只能实现 WLAN 设备对 STA 的单向鉴别，缺乏有效的对 WLAN 设备的身份鉴别手段。

（2）数字证书身份凭证：WAPI 有独立的证书服务器，使用数字证书作为 STA 和 WLAN 设备的身份凭证，提高了安全性。对于 STA 的申请或取消入网，管理员只需要颁发新的证书或取消当前证书即可。

（3）完善的鉴别协议：WAPI 中使用数字证书作为用户身份凭证，在鉴别过程中采用椭圆曲线签名算法，并使用安全的消息杂凑算法保障消息的完整性，攻击者难以对需要鉴别的信息进行修改和伪造，所以安全等级高。在其他安全体制中，鉴别协议本身存在一定的缺陷，鉴别成功信息的完整性校验不够安全，鉴别消息易被篡改或伪造。

8.3.4　WLAN 的安全配置

【案例 8-2】WLAN 的安全配置。

1. 案例背景与要求

这里以 Jan16 公司为例进行介绍，公司要对办公室进行无线覆盖，出于安全考虑，配置无线信号连接时需要输入密码，其网络拓扑如图 8-23 所示。

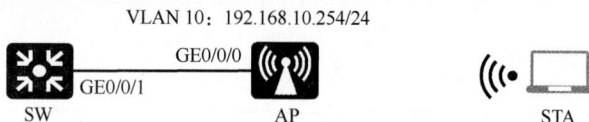

图 8-23　WLAN 的安全配置网络拓扑

具体要求如下。

（1）提供名为"jan16"的安全无线网络，密码为 12345678。

（2）SW 作为 DHCP 服务器和网关，为 STA 分配 IP 地址，AP 仅进行 DHCP 报文的二层透明传输。案例相关数据如表 8-8 所示。

表 8-8　案例相关数据

项目	数据
STA 业务 VLAN	VLAN 10
DHCP 服务器	SW
STA 地址池	IP 地址：192.168.10.0/24 网关：192.168.10.254

续表

项目	数据
SSID 模板	名称：SSID1 SSID 名称：jan16
安全模板	名称：wpa2 安全策略：WPA2+PSK+AES 密码：12345678
VAP 模板	名称：VAP1 业务 VLAN：VLAN 10 引用模板：SSID 模板 SSID1

2. 案例配置思路

（1）配置 AP 使其与上层网络设备互通。

（2）配置 SW 使其作为 DHCP 服务器，为 STA 分配 IP 地址。

（3）配置 WLAN 参数。

（4）在无线射频卡上应用 WLAN 参数。

3. 案例配置过程

（1）配置 AP 使其与上层网络设备互通。

```
<Huawei>system-view
[Huawei]sysname AP
[AP]vlan 10
[AP-vlan10]name USER
[AP-vlan10]quit
[AP]interface Vlanif 10
[AP-Vlanif10]ip address 192.168.10.253 24          // 配置与上层 SW 互连地址
[AP-Vlanif10]quit
[AP]interface GigabitEthernet 0/0/0
[AP-GigabitEthernet0/0/0] port link-type trunk   // AP 的 GE0/0/0 端口允许 VLAN 10
[AP-GigabitEthernet0/0/0] port trunk allow-pass vlan 10
[AP-GigabitEthernet0/0/0] quit
```

（2）配置 SW 使其作为 DHCP 服务器，为 STA 分配 IP 地址。

```
<Huawei>system-view
<Huawei>sysname SW
[SW]vlan 10
[SW-vlan10]name USER
[SW-vlan10]quit
[SW] interface GigabitEthernet 0/0/1
[SW-GigabitEthernet0/0/1] port link-type trunk
[SW-GigabitEthernet0/0/1] port trunk allow-pass vlan 10
[SW-GigabitEthernet0/0/1] quit
[SW]dhcp enable
[SW]interface Vlanif 10
[SW-Vlanif10]ip address 192.168.10.254 24
[SW-Vlanif10]dhcp select interface
[SW-Vlanif10]dhcp server excluded-ip-address 192.168.10.253
[SW-Vlanif10]quit
```

（3）配置 WLAN 参数。

```
[AP]wlan
[AP-wlan-view]ssid-profile name SSID1
[AP-wlan-ssid-prof-SSID1]ssid jan16
[AP-wlan-ssid-prof-SSID1]quit
[AP-wlan-view]security-profile name wpa2        //创建名为 "wpa2" 的安全模板
[AP-wlan-sec-prof-wpa2]security wpa2 psk pass-phrase 12345678 aes
//配置安全协议为 WPA2，认证方式为 PSK，密钥为 12345678，加密方式为 AES
[AP-wlan-vap-prof-wpa2]quit
[AP-wlan-view]vap-profile name VAP1
[AP-wlan-vap-prof-VAP1]service-vlan vlan-id 10
[AP-wlan-vap-prof-VAP1]ssid-profile SSID1
[AP-wlan-vap-prof-VAP1]security-profile wpa2        //引用名为 "wpa2" 的安全模板
[AP-wlan-vap-prof-VAP1]quit
[AP-wlan-view]quit
```

（4）在无线射频卡上应用 WLAN 参数。

```
[AP]interface Wlan-Radio 0/0/0
[AP-Wlan-Radio0/0/0]vap-profile VAP1 wlan 2
[AP-Wlan-Radio0/0/0]quit
```

4．案例验证

（1）配置完成后，在 AP 上执行【display vap ssid VAP1】命令，查看 VAP 信息。

```
[AP]display vap ssid VAP1
Info: This operation may take a few seconds, please wait.
WID : WLAN ID
--------------------------------------------------------------------------
AP MAC          RfID WID BSSID          Status  Auth type      STA  SSID
--------------------------------------------------------------------------
c4b8-b469-32e0 0    2   C4B8-B469-32E1 ON      WPA2-PSK        0    jan16
--------------------------------------------------------------------------
Total: 1
```

（2）在 STA 上查找无线信号 "jan16"，如图 8-24 所示。

（3）连接无线信号时，需要输入密码，如图 8-25 所示。

图 8-24　查找无线信号 "jan16"

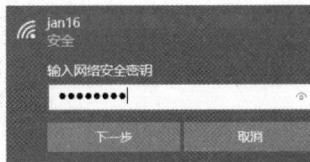

图 8-25　输入密码

（4）连接成功后，使用【ping】命令测试其连通性。

```
PC>ping 192.168.10.254

Ping 192.168.10.254: 32 data bytes, Press Ctrl_C to break
From 192.168.10.254: bytes=32 seq=1 ttl=128 time=63 ms
From 192.168.10.254: bytes=32 seq=2 ttl=128 time=62 ms

---省略部分显示内容---
```

本章总结

本章先介绍了无线应用概况、无线协议标准、无线射频与 AP 天线、常见的无线网络设备，再讲解了 WLAN 的工作原理、Fat AP 的网络组建及 Fat AP 基础配置；最后介绍了 WLAN 的安全问题、WLAN 的安全对策、WLAN 的安全标准，并通过案例对 WLAN 安全进行了基本配置与验证。

通过对本章的学习，读者应该对 WLAN 有一定的了解，能够充分理解无线的基本概念，可以熟练地完成 Fat AP 的基础配置和 WLAN 的安全配置。

习题

一、选择题

1. WLAN 工作的协议标准是（　　）。
   A. IEEE 802.3　　　B. IEEE 802.4　　　C. IEEE 802.11　　　D. IEEE 802.5
2. 无线信号的功率单位为（　　）。
   A. W　　　　　　　B. mW　　　　　　C. dB　　　　　　D. dBm
3. （　　）协议工作在 5.8GHz 频段。
   A. IEEE 802.11a　　B. IEEE 802.11b　　C. IEEE 802.11g　　D. 以上都不是
4. 某型号 AP 天线的最大发射功率为 20dBm，则该 AP 的最大功率为（　　）。
   A. 10mW　　　　　B. 50mW　　　　　C. 100mW　　　　D. 200mW
5. WLAN 的工作频段有（　　）。
   A. 0.9GHz　　　　　B. 2.4GHz　　　　　C. 3.6GHz　　　　　D. 5.8GHz
6. WLAN 通常使用（　　）频段进行数据传输。
   A. 2.4GHz　　　　　B. 5GHz　　　　　C. 60GHz　　　　　D. 100GHz
7. 在 WLAN 中，（　　）设备负责将无线信号转换为有线信号，以便与有线网络进行通信。
   A. 无线网卡　　　　B. 无线路由器　　　C. 接入点　　　　D. 天线
8. IEEE 802.11n 支持的最大理论数据传输速度是（　　）。
   A. 11Mbit/s　　　　B. 54Mbit/s　　　　C. 300Mbit/s　　　D. 600Mbit/s
9. 为了提高 WLAN 的安全性，通常采取（　　）加密方式。
   A. WEP　　　　　　B. WPA　　　　　　C. WPA2　　　　　D. TKIP
10. IEEE 802.11ac 工作在（　　）频段。
    A. 2.4GHz　　　　　B. 5.8GHz　　　　　C. 2.4Ghz 和 5.8GHz　　D. 以上都不对

二、判断题

1. WLAN 技术使用无线电波代替传统的有线电缆来传输数据。（　　）
2. 在 WLAN 中，接入点的作用是桥接有线网络和无线网络。（　　）
3. IEEE 802.11 是 IEEE 制定的无线局域网标准，其中 IEEE 802.11b 标准使用 5GHz 频段。（　　）
4. WLAN 的安全性主要通过 WPA2 协议来保障。（　　）
5. 无线局域网的速度一定比有线局域网慢。（　　）

第9章

网络管理技术

随着网络技术的快速发展，如何进行统一、有效的网络管理是网络管理员需要面临的一个重要问题，而当前广泛应用的网络管理协议是 SNMP。

本章将主要讲解网络设备的密码管理与恢复及 SNMP 的相关知识，包括 SNMP 的基本概念、SNMP 的配置及 SNMP 的简单应用等。

学习目标

① 熟悉网络设备的密码恢复方法。   ③ 掌握 SNMP 的基本配置。

② 熟悉 SNMP 的基本概念。   ④ 掌握 SNMP 的简单应用。

素质目标

① 培养读者的错误分辨能力。   ③ 帮助读者形成严谨踏实的工作作风。

② 培养读者的爱国情怀和工匠精神。

9.1 网络设备的密码恢复

企业新购置的网络设备上架时，管理员通常会通过设置 Console 登录密码来提高设备的安全性。但如果用户因为某些原因丢失了 Console 登录密码，则将导致网络设备无法通过 Console 方式登录。本节将介绍网络设备管理密码的配置与恢复。

V9-1　密码恢复和认识网络管理协议

9.1.1 Console 登录密码的配置

可网管网络设备通常存在一个 Console 接口，默认情况下，用户无须认证即可通过 Console 用户界面登录网络设备并对网络设备进行配置。为确保网络设备的安全性，网络管理员会配置 Console 登录密码。Console 登录密码主要在 Console 用户界面中进行配置，针对不同内核版本的网络设备，其命令会有所不同，网络管理员可以通过阅读产品手册的方式获取对应的配置命令。

以 V100R002 版本的 S5700 交换机为例，设置 Console 用户认证方式为密码认证且认证密码为 12345678 的命令如下。

```
<Huawei>system-view
[Huawei]user-interface console 0        //进入 Console 用户界面视图
[Huawei-ui-console0]authentication-mode password
                                        //设置 Console 用户认证方式为密码认证
```

```
[Huawei-ui-console0]set authentication password cipher 12345678
                                          //设置认证密码为 12345678
```

以 V200R003 版本的 AR2220 路由器为例，设置 Console 用户认证方式为密码认证且认证密码为 12345678 的命令如下。

```
<Huawei>system-view
[Huawei]user-interface console 0        //进入 Console 用户界面视图
[Huawei-ui-console0]authentication-mode password
                                        //设置 Console 用户认证方式为密码认证
Please configure the login password (maximumlength 16):12345678  //设置认证密码为
12345678
```

9.1.2　Console 登录密码的恢复

在设置了 Console 登录密码之后，用户在使用 Console 方式访问网络设备时，需要通过密码认证才能进入用户视图。如果丢失了预先设置好的 Console 登录密码，则将导致用户无法通过本地方式登录设备及进行配置。为此，设备制造商会在网络设备上设置保险措施，允许用户通过启动 BootROM（Boot Read Only Memory）程序恢复 Console 登录密码。

BootROM 程序是一组固化在设备主板 ROM 芯片中的程序，它保存着设备最重要的基本输入输出程序、设备设置信息、开机后的自检程序和系统自启动程序。在设备启动过程中，网络管理员可以按【Ctrl+B】组合键进入 BootROM 管理界面，并通过该界面来进行密码恢复等操作。对于不同内核版本的网络设备，BootROM 管理界面中的选项会有所不同，用户需要根据不同的设备内核版本选择合适的选项进行配置。下面以 V100R002 版本的 S5700 交换机和 V200R003 版本的 AR2220 路由器为例，讲解如何通过 BootROM 管理界面恢复网络设备的 Console 登录密码。

1. V100R002 版本的 S5700 交换机的 Console 登录密码的恢复

（1）设备上电或重启，进入设备启动过程。

（2）按【Ctrl+B】组合键，进入 BootROM 管理界面。

（3）选择 "5.Enter file system submenu" 选项，进入文件系统子界面。

（4）选择 "4.Rename file from flash" 选项，将默认配置文件 vrpcfg.zip（存储设备配置的文件）修改为其他名称，如 vrptest.zip。

（5）重启后进入交换机，交换机将恢复为出厂默认配置。此时，需要把文件 vrptest.zip 解压缩为 vrpcfg.bat。

```
<Huawei>unzip vrptest vrpcfg.bat
```

（6）进入系统视图，执行【execute vrpcfg.bat】命令，调用原有的配置文件。

```
<Huawei>system-view
[Huawei]execute vrpcfg.bat
```

（7）进入 Console 用户界面，修改密码或取消密码的认证设置。

```
[Huawei]user-interface console 0                //进入 Console 用户界面
[Huawei-ui-console0]undo authentication-mode    //取消密码的认证设置
```

（8）执行【save】命令，保存配置为 vrpcfg.zip。

```
[Huawei-ui-console0]return      //返回用户视图
<Huawei>save                    //保存配置
The current configuration will be written to the device. Continue? [Y/N]:y
//确认是否保存配置
```

```
Info: Please input the file name(*.cfg,*.zip)[vrpcfg.zip]:
Mar 16 2020 11:41:59 Quidway %%01CFM/4/SAVE(l): The user chose Y when deciding
whether to save the configuration to the device.      vrpcfg.zip
                                    //输入正确的默认配置文件名称 vrpcfg.zip
```

（9）执行【reboot】命令，重启交换机，交换机将保持配置（除 Console 登录密码外）。

```
<Huawei>reboot
Info: The system is comparing the configuration, please wait.
Warning: All the configuration will be saved to the next startup configuration.
Continue ? [y/n]:y                   //确认是否保存配置，这里选择 y 表示"是"
   It will take several minutes to save configuration file, please wait.......
   Configuration file had been saved successfully
   Note: The configuration file will take effect after being activated
System will reboot! Continue ? [y/n]:y   //确认是否重启，这里选择 y 表示"是"
Info: system is rebooting ,please wait...
```

2. V200R003 版本的 AR2220 路由器的 Console 登录密码的恢复

（1）设备上电或重启，进入设备启动过程。

（2）在启动过程中，当出现【Press Ctrl+B to enter BOOTROM menu ... 0】提示后，按【Ctrl+B】组合键，进入 BootROM 管理界面。

```
Press Ctrl+B to enter BOOTROM menu ... 0
password:    //输入 BootROM 密码，默认密码是 Admin@huawei.com
```

（3）选择"7.Clear password for console user"选项，进入清除 Console 登录密码程序。

```
         BOOTROM  MENU

    1. Boot with default mode
    2. Enter serial submenu
    3. Enter startup submenu
    4. Enter ethernet submenu
    5. Enter filesystem submenu
    6. Modify BOOTROM password
    7. Clear password for console user
    8. Reboot
Enter your choice(1-8): 7    //输入 7，表示选择第 7 个选项
```

（4）确认执行清除 Console 登录密码的程序。

```
Note: Clear password for console user? Yes or No(Y/N): y    //这里需要选择 y 以
表示确认

   Clear password for console user successfully. Choose "1" to boot, then set a
new  password
   Note: Do not choose "Reboot" or power off the device, otherwise this operation will
not take effect
```

（5）选择"1.Boot with default mode"选项，按默认模式启动设备，完成清除 Console 登录密码的操作。

```
Enter your choice(1-8): 1    //输入 1，表示选择第 1 个选项
```

9.2 认识 SNMP

随着网络技术的快速发展，企业中网络设备的数量呈几何级数增长，网络设备的种类也越来越多，这使企业网络的管理变得十分复杂，产生了对众多网络设备进行统一管理的应用需求，SNMP 应运而生。

9.2.1 SNMP 的基本概念

SNMP 可以对不同种类和不同厂商的网络设备进行统一管理，大大提高了网络管理的效率。

1. SNMP 的作用

SNMP 是 TCP/IP 协议簇中的一个应用层协议，它定义了一种与网络设备交互的简单方法，业界几乎所有的网络设备都支持 SNMP，其被广泛应用于 TCP/IP 网络中，负责管理和监控网络设备。SNMP 提供了一种通过网络管理系统（Network Management System，NMS）来管理大量网络设备的方法。

SNMP 支持的常见操作如下。

（1）NMS 通过 SNMP 为网络设备发送配置信息。

（2）NMS 通过 SNMP 查询和获取网络中的资源信息。

（3）网络设备主动通过 SNMP 向 NMS 上报告警消息，使网络管理员能够及时处理各种网络问题。

2. SNMP 的架构

SNMP 使用了 C/S 架构，具体包括 NMS 服务器、代理进程（Agent）和管理信息库（Management Information Base，MIB）。SNMP 各成员的逻辑关系如图 9-1 所示。

V9-2 SNMP
架构

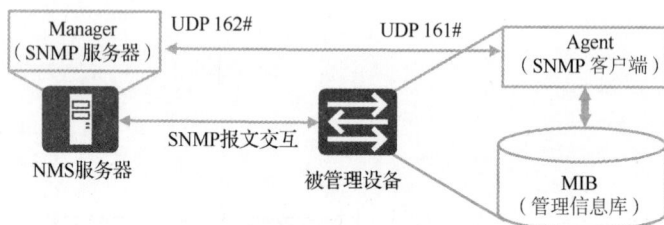

图 9-1 SNMP 各成员的逻辑关系

（1）NMS 服务器是一台运行了网络管理软件的计算机，作为 SNMP 服务器，其工作在 UDP 的 162 端口上，向被管理设备发出请求指令，对被管理设备进行监控与配置。

（2）Agent 是运行在被管理设备上的代理进程，作为 SNMP 客户端，其工作在 UDP 的 161 端口上，响应由 NMS 服务器发出的请求，可实现收集设备状态信息、设备的远程操作和主动向 NMS 发送告警消息等操作。

SNMP 主要定义了表 9-1 所示的主要操作类型来实现 Agent 与 NMS 服务器的相互通信。

表 9-1 SNMP 定义的主要操作类型

操作类型	发起方	作用
GetRequest	NMS 服务器	此操作可以从 Agent 中提取一个或多个参数值
GetNextRequest	NMS 服务器	此操作可以从 Agent 中按照 MIB 字典序提取下一个参数值

操作类型	发起方	作用
SetRequest	NMS 服务器	此操作可以设置 Agent 的一个或多个参数值
GetBulkRequest	NMS 服务器	此操作可实现 NMS 服务器对 Agent 设备的信息群查询
Response	Agent	此操作可以返回一个或多个参数值。此操作是由 Agent 发出的，它是 GetRequest、SetRequest、GetNextRequest 和 GetBulkRequest 这 4 种操作的响应操作。Agent 接收到来自 NMS 服务器的 Get/Set 指令后，通过 MIB 完成相应的查询或修改操作，并利用 Response 操作将信息回应给 NMS 服务器
Trap	Agent	Agent 主动向 NMS 服务器发出的信息，告知设备出现的情况
InformRequest	Agent	Agent 主动向 NMS 服务器发送的告警信息。与 Trap 告警不同的是，Agent 设备发送 Inform 告警后，需要 NMS 服务器回复 InformResponse 来进行确认

（3）MIB 是网络设备上的一个信息数据库，它存储了与设备有关的配置和性能数据。MIB 存储的数据以 ISO 和 ITU 管理的对象标识符（Object Identifier，OID）名称空间来标识，每一个被管理对象都定义了一系列属性，包括对象的名称、对象的 ID、对象的数据类型、对象的值等。

MIB 中所有被管理对象组成一个图 9-2 所示的树状结构，树状结构从未命名的根节点开始。每个被管理对象都有一个唯一的 OID，它采用点分形式的整数序列来表示。而这些被分隔开的整数分别代表从根节点到对象节点所经过路径上的所有节点的 ID，查找被管理对象信息的过程就是在 MIB 树中搜索 OID 的过程。例如，图 9-2 中 System 的 OID 为.1.3.6.1.2.1.1，Interfaces 的 OID 为.1.3.6.1.2.1.2。

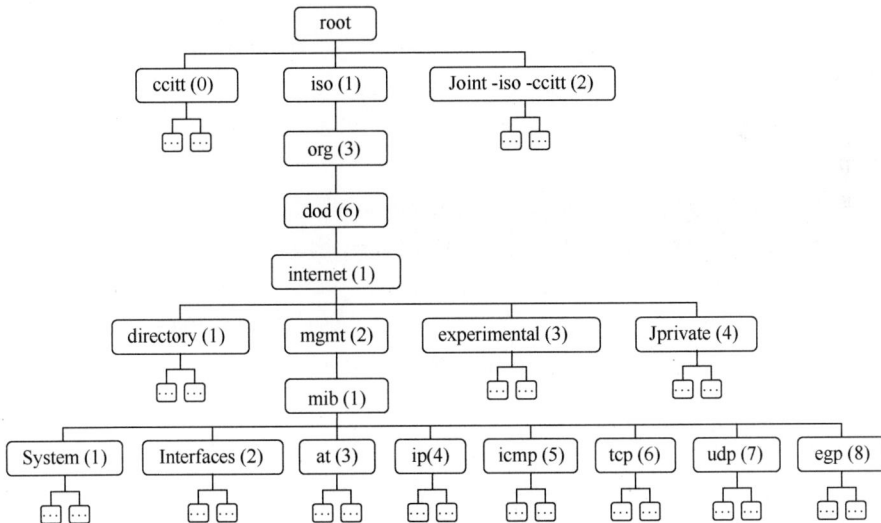

图 9-2　树状结构

初期，MIB 中主要包括 8 个信息类别，现在的 MIB-2 中所包含的信息类别已经超过 40 个，其中主要类别的信息如表 9-2 所示。

表 9-2　MIB 中主要类别的信息

OID	MIB 类别	说明
.1.3.6.1.2.1.1	System	主机或路由器相关信息
.1.3.6.1.2.1.2	Interfaces	网络接口相关信息

续表

OID	MIB 类别	说明
.1.3.6.1.2.1.3	at	地址转换相关信息
.1.3.6.1.2.1.4	ip	IP 通信相关信息
.1.3.6.1.2.1.5	icmp	ICMP 通信相关信息
.1.3.6.1.2.1.6	tcp	TCP 通信相关信息
.1.3.6.1.2.1.7	udp	UDP 通信相关信息
.1.3.6.1.2.1.8	egp	EGP 通信相关信息

每一个 MIB 类别都提供了丰富的相关信息，不同设备的 MIB 类别也有所不同，具体以厂商提供的官方 MIB 为准。表 9-3 展示了华为交换机的网络接口（1.3.6.1.2.1.2）的 MIB 相关信息。

表 9-3　华为交换机的网络接口（1.3.6.1.2.1.2）的 MIB 相关信息

OID	MIB 名称	说明	请求方式
.1.3.6.1.2.1.2.1	IfNumber	网络接口的数目	Get
.1.3.6.1.2.1.2.2.1.2	IfDescr	网络接口信息描述	Get
.1.3.6.1.2.1.2.2.1.3	IfType	网络接口类型	Get
.1.3.6.1.2.1.2.2.1.4	IfMTU	接口发送和接收的最大 IP 数据报	Get
.1.3.6.1.2.1.2.2.1.5	IfSpeed	接口当前带宽	Get
.1.3.6.1.2.1.2.2.1.6	IfPhysAddress	接口的物理地址	Get
.1.3.6.1.2.1.2.2.1.8	IfOperStatus	接口当前操作状态	Get
.1.3.6.1.2.1.2.2.1.10	IfInOctet	接口接收的字节数	Get
.1.3.6.1.2.1.2.2.1.16	IfOutOctet	接口发送的字节数	Get
.1.3.6.1.2.1.2.2.1.11	IfInUcastPkts	接口接收的数据包个数	Get
.1.3.6.1.2.1.2.2.1.17	IfOutUcastPkts	接口发送的数据包个数	Get

3. SNMP 的版本

SNMP 有多个版本，分别是 SNMPv1、SNMPv2c、SNMPv3。

SNMPv1 是 SNMP 的最初版本，提供最低限度的网络管理功能。它采用了团体名认证，团体名的作用类似于密码，用来限制 NMS 服务器对 Agent 的访问。

SNMPv2c 在兼容 SNMPv1 的同时扩充了 SNMPv1 的功能，它提供了更多的操作类型（GetBulk 和 Inform 操作）；支持更多的数据类型（Counter32 等）；提供了更丰富的错误代码，能够更细致地区分错误。

SNMPv3 主要在安全性方面进行了增强，它采用了基于用户的安全模型（User-based Security Model，USM）和基于视图的访问控制模型（View-based Access Control Model，VACM）技术。USM 提供了认证和加密功能，VACM 确定了用户是否允许访问特定的 MIB 对象及访问方式。

SNMP 不同版本支持的特性、常见应用场景和特点如表 9-4 所示。

表 9-4　SNMP 不同版本支持的特性、常见应用场景和特点

版本	支持的特性	常见应用场景	特点
SNMPv1	支持基于团体名和 MIB 视图进行访问控制； 支持基于团体名的认证； 支持 6 个错误码； 支持 Trap 告警	适用于小型网络，如组网简单，对网络安全性要求不高或者网络环境本身比较安全且比较稳定的网络，如校园网、小型企业网	实现方便，安全性弱

续表

版本	支持的特性	常见应用场景	特点
SNMPv2c	支持基于团体名和 MIB 视图进行访问控制； 支持基于团体名的认证； 支持 16 个错误码； 支持 Trap 告警； 支持 Inform 告警； 支持 GetBulk	适用于大中型网络，如对网络安全性要求不高或者网络环境本身比较安全（如 VPN），但业务比较繁忙，有可能发生流量拥塞的网络。可通过配置 Inform 告警确保 Agent 设备发送的告警能够被 NMS 服务器收到	有一定的安全性，应用最为广泛
SNMPv3	支持基于用户、用户组和 MIB 视图进行访问控制； 支持认证和加密，包括 MD5/SHA 认证方式，以及 DES56、AES128 等加密方式； 支持 16 个错误码； 支持 Trap 告警； 支持 Inform 告警； 支持 GetBulk	适用于各种规模的网络，尤其是对网络的安全性要求较高、合法的管理员才能对网络设备进行管理的网络。例如，NMS 服务器和 Agent 设备间的通信数据需要在公网上进行传输	定义了一种管理框架，为用户提供了安全的访问机制

4．SNMP 报文的结构

（1）SNMPv1/SNMPv2c 报文的结构

SNMPv1/SNMPv2c 报文主要由 IP 首部、UDP 首部、版本、团体名、SNMP 协议数据单元（Protocol Data Unit，PDU）构成，其结构如图 9-3 所示。

IP 首部	UDP 首部	版本	团体名	SNMP PDU

图 9-3　SNMPv1/SNMPv2c 报文的结构

SNMPv1/SNMPv2c 报文中主要字段的含义如下。

① 版本：表示 SNMP 的版本，如果是 SNMPv1 报文，则对应字段的值为 0；如果是 SNMPv2c 报文，则对应字段的值为 1。

② 团体名：团体名用于在 Agent 与 NMS 服务器通信时进行身份认证，用户可自行定义。

③ SNMP PDU：包含 PDU 类型、请求标识符、变量绑定列表等信息，通常包括 GetRequest PDU、GetNextRequest PDU、SetRequest PDU、Response PDU 和 Trap PDU。在 SNMPv2c 中，还新增了 GetBulkRequest PDU 和 InformRequest PDU 两种类型的 SNMP PDU。

（2）SNMPv3 报文的结构

SNMPv3 中定义了新的报文格式，其结构如图 9-4 所示。

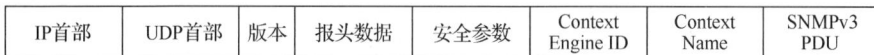

IP首部	UDP首部	版本	报头数据	安全参数	Context Engine ID	Context Name	SNMPv3 PDU

图 9-4　SNMPv3 报文的结构

SNMPv3 报文中主要字段的含义如下。

① 版本：表示 SNMP 的版本，SNMPv3 报文对应字段的值为 2。

② 报头数据：主要包含消息发送者所能支持的最大消息、消息采用的安全模式等描述内容。

③ 安全参数：包含 SNMP 实体引擎的相关信息、用户名、认证参数、加密参数等安全信息。

④ Context Engine ID：SNMP 的唯一标识符，和 PDU 类型一起决定报文应该发往哪个应用程序。

⑤ Context Name：用于确定 Context Engine ID 对被管理设备的 MIB 视图。

⑥ SNMPv3 PDU：包含 PDU 类型、请求标识符、变量绑定列表等信息，包括 GetRequest PDU、GetNextRequest PDU、SetRequest PDU、Response PDU、Trap PDU、GetBulkRequest PDU 和

InformRequest PDU。

5. SNMP 报文的交互过程

（1）SNMPv1/SNMPv2c 报文的交互过程

SNMP 包含 GetRequest、GetNextRequest、SetRequest、Trap 的报文交互，其报文交互过程如图 9-5 所示，其中，对 GetBulkRequest 和 InformRequest 的支持是 SNMPv2c 新增的功能。

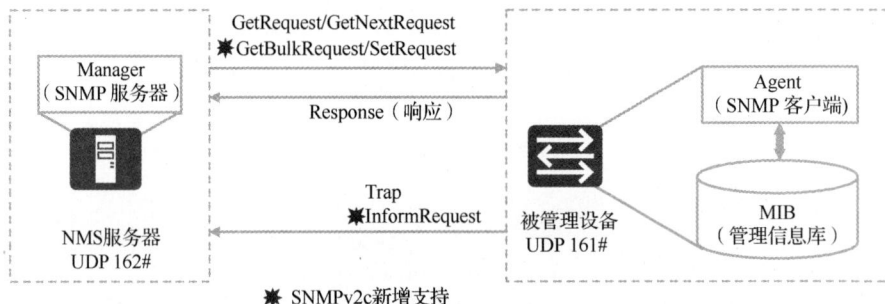

图 9-5　SNMPv1/SNMPv2c 报文的交互过程

① GetRequest、GetNextRequest、SetRequest 的交互过程。

GetRequest、GetNextRequest、SetRequest 的交互过程类似，下面以 GetRequest 交互过程为例，假设 NMS 服务器想要获取 Agent 设备 MIB 节点 sysContact 的值，使用的可读团体名为【public】，其交互过程如下。

a. NMS 服务器：向 Agent 发送 GetRequest 报文，报文的版本号为所使用的 SNMP 版本；团体名为 public；PDU 中的 PDU 类型为 Get，绑定变量并填入 MIB 节点名 sysContact。

b. Agent：对报文中携带的版本号和团体名进行认证，认证成功后，Agent 根据请求查询 MIB 中的 sysContact 节点，得到 sysContact 的值并将其封装到 Response 报文的 PDU 中，向 NMS 服务器发送响应；如果查询不成功，则 Agent 会向 NMS 服务器发送出错响应。

② GetBulkRequest 的交互过程。

GetBulkRequest 是基于 GetNextRequest 实现的，相当于连续执行多次 GetNextRequest。在 NMS 服务器上可以设置 Agent 设备在一次 GetBulkRequest 报文交互时执行 GetNextRequest 操作的次数。

③ Trap 的交互过程如下。

当 Agent 设备达到告警的触发条件时，会通过 Agent 向 NMS 服务器发送 Trap 告警，告知设备出现了异常情况，以便网络管理员及时处理。例如，Agent 设备热启动后，Agent 会向 NMS 服务器发送 warmStart 的 Trap。只有在设备端的模块达到预定义的告警触发条件时，Agent 才会向管理进程报告 Trap。这种方法的好处是，Trap 告警仅在严重事件发生时才发送，减少了报文交互产生的流量。

④ InformRequest 的交互过程。

InformRequest 是被管理设备向 NMS 服务器主动发送的告警。与 Trap 告警不同的是，Agent 设备发送 InformRequest 告警后，需要 NMS 服务器进行接收确认操作。如果被管理设备没有收到确认信息，则将告警暂时保存在 Inform 缓存中，并重复发送该告警，直到 NMS 服务器确认收到该告警或者发送次数达到最大重传次数为止。同时，Agent 设备上会生成相应的告警日志，使用 InformRequest 告警可能会占用较多的系统资源。

（2）SNMPv3 报文的交互过程

SNMPv3 报文的交互过程和 SNMPv1/SNMPv2c 基本一致，唯一的区别是 SNMPv3 增加了身份认证和加密处理过程，其报文交互过程如图 9-6 所示。

假定 NMS 服务器要获取被管理设备 MIB 节点 sysContact 的值，使用认证加密方式，SNMPv3 的 GetRequest 操作过程如下。

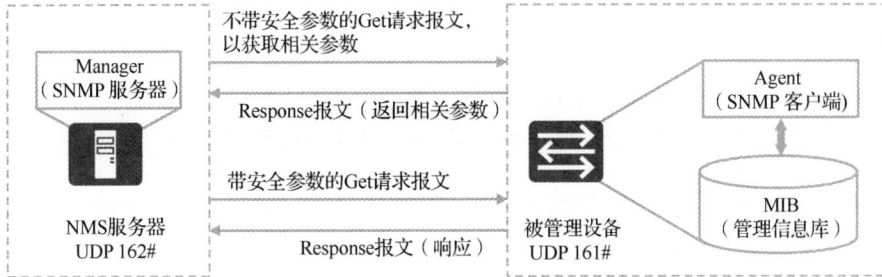

图 9-6　SNMPv3 报文的交互过程

① NMS 服务器：向 Agent 发送不带安全参数的 Get 请求报文，以获取 Context Engine ID、Context Name 和安全参数（SNMP 实体引擎的相关信息）。

② Agent：响应 NMS 服务器的请求，并向 NMS 服务器发送请求的参数。

③ NMS 服务器：向 Agent 发送带安全参数的 Get 请求报文。

④ Agent：对收到的消息进行认证，认证通过后对 PDU 数据进行解密。解密成功后，Agent 将 MIB 中查询到的 sysContact 值封装到 Response 报文的 PDU 中，并对 PDU 进行加密，向 NMS 服务器发送响应。如果查询不成功或认证、解密失败，则 Agent 会向 NMS 服务器发送出错响应。

9.2.2　SNMP 的配置

为网络设备配置 SNMP 时，涉及启用设备的 SNMP Agent 功能、配置 SNMP 的版本等，一般情况下，为设备配置 SNMP 的流程如图 9-7 所示。

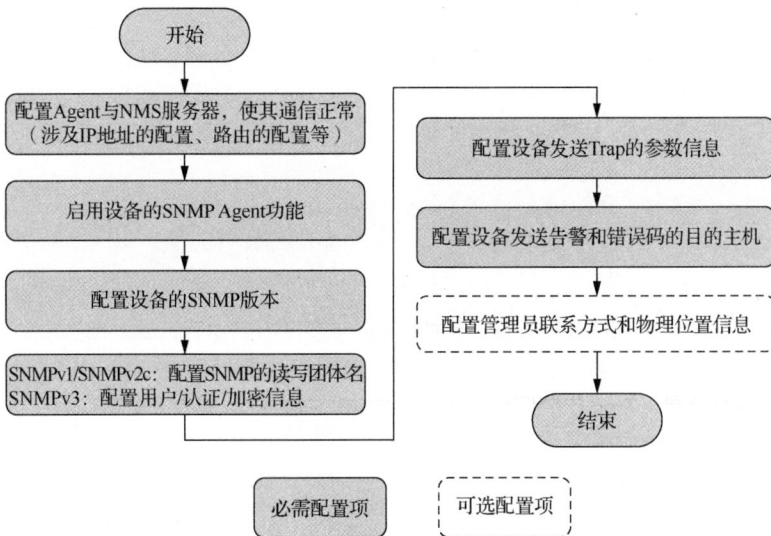

图 9-7　为设备配置 SNMP 的流程

（1）启用设备的 SNMP Agent 功能

一般情况下，设备上的 SNMP Agent 功能默认是不启用的，在系统视图下启用 SNMP Agent 功能的命令如下。

```
[Huawei]snmp-agent
```

（2）配置设备的 SNMP 版本

默认情况下，设备使用的 SNMP 版本为 SNMPv3，配置设备的 SNMP 版本的命令格式如下。

```
[Huawei]snmp-agent sys-info version {v1/v2c/v3}
```

（3）配置 SNMP 的读写团体名

默认情况下，设备上没有配置团体名，且设备会对配置的团体名进行复杂度检查（默认状态下，团体名最小为 8 个字符，至少包含两种字符，包括大写字母、小写字母、数字、特殊字符），若检查不通过，则配置不成功。在设备上创建团体名的命令格式如下。

```
[Huawei]snmp-agent community write CommunityName
```

（4）配置用户/认证/加密信息

在 SNMPv3 的配置中，还需要对用户、认证方式、加密方式等相关安全参数进行配置。

首先，需要配置 SNMPv3 用户组，用来归类 SNMPv3 的用户。其配置命令格式如下。

```
[Huawei]snmp-agent group v3 group-name {authentication|privacy|noauthentication}
```

在上面的命令中，*group-name* 指的是用户组名，用户组名后可接的参数有 authentication、privacy、noauthentication，它们分别对应"只鉴权""鉴权且加密""不鉴权也不加密"3 个安全级别。当网管和设备处在不安全的网络环境中时，如网络环境容易遭受攻击等，建议用户配置参数为 authentication 或 privacy，这样可以启用数据的认证或加密功能。例如，创建一个安全级别为鉴权且加密、名称为"user1234"的 SNMPv3 用户组，命令如下。

```
[Huawei]snmp-agent group v3 user1234 privacy
```

创建完用户组后，需要创建 SNMPv3 的鉴权用户，其配置命令格式如下。

```
[Huawei]snmp-agent usm-user v3 user-name group group-name
```

在上面的命令中，*user-name* 代表用户名，*group-name* 代表用户组名。命令执行完成后，设备会采用内部的算法自动生成一个 Engine ID，它相当于 SNMP 设备的唯一标识符。

其次，需要配置 SNMPv3 用户的认证密码，其配置命令格式如下。

```
[Huawei]snmp-agent usm-user v3 user-name authentication-mode {md5|sha}
```

在上面的命令中，*user-name* 代表 SNMPv3 的用户名，{md5|sha}代表可选的密码认证算法为 MD5 或 SHA，一般而言，推荐使用 SHA 作为 SNMPv3 的认证密码加密方式，这样能提高网络的安全性。在命令成功执行后，会要求输入密码。例如，为名称为"user1234"的 SNMPv3 用户创建一个认证算法为 MD5 的认证密码的命令如下。

```
[Huawei]snmp-agent usm-user v3 user1234 authentication-mode md5
Please configure the authentication password (8-64)
Enter Password:                    //输入认证密码
Confirm Password:                  //再次输入认证密码
```

最后，需要配置用户加密密码，其配置命令格式如下。

```
[Huawei]snmp-agent usm-user v3 user-name privacy-mode {des56|aes128|aes192|
aes256| 3des}
```

在上面的命令中，*user-name* 代表用户名，{des56|aes128|aes192|aes256|3des}代表可选的加密算法为 DES56、AES128、AES192、AES256 或 3DES，为了提高安全性，加密算法通常选择 3DES。在命令成功执行后，会要求用户再次输入密码。例如，为名称为"user1234"的 SNMPv3 用户创建一个加密算法为 3DES 的加密密码的命令如下。

```
[Huawei]snmp-agent usm-user v3 user1234 privacy-mode 3des
Please configure the authentication password (8-64)
Enter Password:                    //输入加密密码
Confirm Password:                  //再次输入加密密码
```

（5）配置设备发送 Trap 的参数信息

配置设备发送 Trap 的参数信息，其配置命令格式如下。

```
[Huawei]snmp-agent trap enable
```

在上面的命令中，如需要单独启用某个特定的模块的告警，则可以在 enable 关键字后接 feature-name *feature-name* trap-name *trap-name*，其中，*feature-name* 代表特定的模块，*trap-name* 代表特定的告警。例如，单独启用接口掉线状态告警的命令如下。

```
[Huawei]snmp-agent trap enable feature-name ifnet trap-name linkdown
```

（6）配置设备发送告警和错误码的目的主机

在 IPv4 网络中，需要配置设备发送告警和错误码的目的主机，其配置命令格式如下。

```
[Huawei]snmp-agent target-host {trap|inform} address udp-domain ip-address
[udp-port portnumber] params securityname securityname [v1|v2c|v3 ]
```

在上面的命令中，{trap|inform}代表使用的告警方式，SNMPv1 只支持 Trap，SNMPv2c 和 SNMPv3 可支持 Inform；*ip-address* 代表 NMS 服务器的 IP 地址；通过[udp-port *portnumber*]可选参数可以指定 NMS 服务器接收告警的端口，默认状态下，NMS 服务器接收告警的端口为 UDP 的 162 端口；*securityname* 代表告警使用的安全名，其在 SNMPv1 和 SNMPv2c 中可以不与团体名一致，但在 SNMPv3 中必须与创建的用户名保持一致。如果将参数设置为 v3，则还需要加上 SNMPv3 用户使用的安全级别〔可选参数只有 authentication（只鉴权）或 privacy（鉴权且加密）〕。例如，使用名为"user1234"的安全名，以 SNMPv1 的 Trap 方式发送告警信息给 IP 地址为 192.168.1.1 的 NMS 服务器，命令如下。

```
[Huawei]snmp-agent target-host trap address udp-domain 192.168.1.1 params
securityname user1234 v1
```

又如，使用名为"user4567"的安全名，通过鉴权且加密的方法，以 SNMPv3 的 Inform 方式发送告警信息给 IP 地址为 192.168.1.1 的 NMS 服务器，命令如下。

```
[Huawei]snmp-agent target-host inform address udp-domain 192.168.1.1 params
securityname user4567 v3 privacy
```

（7）查看设备的 SNMP 配置信息

查看设备的 SNMP 配置信息，其配置命令格式如下。

```
//查看用户信息
<Huawei>display snmp-agent usm-user
//查看用户组信息
<Huawei>display snmp-agent group
//查看 SNMP 团体名
<Huawei>display snmp-agent community
//查看所有特性下所有 Trap 开关的当前状态和默认状态
<Huawei>display snmp-agent trap all
//查看 Trap 目的主机的信息
<Huawei>display snmp-agent target-host
```

9.3 SNMP 的简单应用

在了解了 SNMP 的相关知识后，下面通过案例来了解 SNMP 的简单应用。

【案例 9-1】SNMPv1 的简单应用。

1. 案例背景与要求

构建图 9-8 所示的网络拓扑，要求如下。

（1）在交换机 SW1 上配置 SNMPv1 和 Trap 告警，Trap 的告警目标为 NMS 服务器。

V9-3 SNMP 的
简单应用

（2）PC1 为一台安装了 CentOS 的计算机，在 PC1 上安装一款简单的 NMS 软件，安装命令为
【yum install net-snmp net-snmp-utils】。

（3）在 PC1 上测试能否通过执行【snmpwalk -v 1 -c Huawei12#$ 192.168.88.1 system】命令获
取到交换机 SW1 的系统信息。

（4）在交换机 SW1 上拔出 PC2 的线缆，测试 CentOS 能否接收到交换机 SW1 上因拔出 GE0/0/20
端口的线缆而产生的 LinkDown 类型的 Trap 信息。

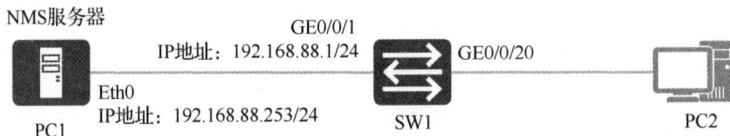

图 9-8　SNMPv1 的简单应用网络拓扑

2. 案例配置思路

（1）配置各设备的 IP 地址，实现互相通信。

（2）配置 SNMP Agent，包括版本、团体名、目标 Trap 告警主机等。

（3）配置 NMS 服务器，包括 NMS 软件的安装与配置。

3. 案例配置过程

（1）交换机 SW1 的配置如下。

```
[Huawei]system-view
[Huawei]sysname SW1
[SW1]interface GigabitEthernet 0/0/1
[SW1-GigabitEthernet0/0/1]undo portswitch
[SW1-GigabitEthernet0/0/1]ip address 192.168.88.1 255.255.255.0
[SW1-GigabitEthernet0/0/1]quit
[SW1]snmp-agent
[SW1]snmp-agent sys-info version v1
[SW1]undo snmp-agent sys-info version v3
[SW1]snmp-agent community read Huawei12#$
[SW1]snmp-agent trap enable
[SW1]snmp-agent target-host trap address udp-domain 192.168.88.253
params securityname Huawei12#$
```

（2）PC1 的配置如下。

```
//这里默认 CentOS 能正常上网且已经配置好 IP 地址
[root@localhost ~]# yum install net-snmp net-snmp-utils
[root@localhost ~]# echo authCommunity log,execute,net Huawei12#$ >>
/etc/snmp/snmptrapd.conf
[root@localhost ~]# snmptrapd -Cc /etc/snmp/snmptrapd.conf -df -Lo
```

4. 案例验证

（1）查看交换机 SW1 的 SNMP 版本。

```
<SW1>display snmp-agent sys-info
   The contact person for this managed node:
         R&D Beijing, Huawei Technologies co.,Ltd.
   The physical location of this node:
         Beijing China
SNMP version running in the system:
         SNMPv1
```

（2）查看交换机 SW1 的团体名。

```
<SW1>display snmp-agent community
    Community name:%$%$/0@^6uO7^/O,FK5=|OkN;{s4>121C4T3SH]4F_+TQk`W{s7;
\EtPL<vgX>J@YtOu>*q-s@;{%$%$
        Group name:%$%$/0@^6uO7^/O,FK5=|OkN;{s4>121C4T3SH]4F_+TQk`W{s7;
\EtPL<vgX>J@YtOu>*q-s@;{%$%$
        Storage-type: nonVolatile
```

（3）查看交换机 SW1 的目标 Trap 告警主机。

```
<SW1>display snmp-agent target-host
Target-host NO. 1
-----------------------------------------------------------
   IP-address     : 192.168.88.253
   Source interface : -
   VPN instance  : -
   Security name : @%@%R+B"T2xc=!3eknMI*ojD@jhp@%@%
   Port          : 162
   Type          : trap
   Version       : v1
   Level         : No authentication and privacy
   NMS type      : NMS
   With ext-vb   : No
-----------------------------------------------------------
```

（4）在 NMS 服务器上执行【snmpwalk -v 1 -c Huawei12#$ 192.168.88.1 system】命令，获取交换机 SW1 的系统信息。

```
[root@localhost ~]#snmpwalk -v 1 -c Huawei12#$ 192.168.88.1 system
SNMPv2-MIB::sysDescr.0 = STRING: S5700-28C-EI
Huawei Versatile Routing Platform Software
 VRP (R) software,Version 5.150 (S5700 V200R005C00SPC500)
 Copyright (C) 2007 Huawei Technologies Co., Ltd.
SNMPv2-MIB::sysObjectID.0 = OID: SNMPv2-SMI::enterprises.2011.2.23.140
DISMAN-EVENT-MIB::sysUpTimeInstance = Timeticks: (33936) 0:05:39.36
SNMPv2-MIB::sysContact.0 = STRING: R&D Beijing, Huawei Technologies co.,Ltd.
SNMPv2-MIB::sysName.0 = STRING: SW1
SNMPv2-MIB::sysLocation.0 = STRING: Beijing China
SNMPv2-MIB::sysServices.0 = INTEGER: 78
```

（5）断开 PC2 的连接，查看 NMS 服务器接收到的 Trap 信息，可以明显地看到 SNMP 发送了一条 LinkDown 类型的 Trap 告警信息。

```
[root@localhost ~]#snmptrapd -Cc /etc/snmp/snmptrapd.conf -df -Lo
NET-SNMP version 5.8

Received 140 byte packet from UDP: [192.168.88.1]:53851->[192.168.88.253]:162
0000: 30 82 00 88 02 01 00 04  0A 48 75 61 77 65 69 31    0........Huawei1
0016: 32 23 24 A4 77 06 0A 2B  06 01 04 01 8F 5B 02 57    2#$.w..+.....[.W
0032: 00 40 04 C0 A8 58 01 02  01 02 02 01 00 43 03 01    .@...X.......C..
0048: 13 E1 30 58 30 0F 06 0A  2B 06 01 02 01 02 02 01    ..0X0...+.......
0064: 01 19 02 01 19 30 0F 06  0A 2B 06 01 02 01 02 02    .....0...+......
0080: 01 07 19 02 01 01 30 0F  06 0A 2B 06 01 02 01 02    ......0...+.....
0096: 02 01 08 19 02 01 02 30  23 06 0A 2B 06 01 02 01    .......0#..+....
```

```
0112: 02 02 01 02  19 04 15 47  69 67 61 62  69 74 45 74      .......GigabitEt
0128: 68 65 72 6E  65 74 30 2F  30 2F 32 30               hernet0/0/20
```

```
2020-01-10 04:41:47 192.168.88.1(via UDP: [192.168.88.1]:
53851->[192.168.88.253]:162) TRAP, SNMP v1, communityHuawei12#$
      SNMPv2-SMI::enterprises.2011.2.87.0 Link Down Trap (0) Uptime: 0:11:46.25
      IF-MIB::ifIndex.25 = INTEGER: 25 IF-MIB::ifAdminStatus.25 = INTEGER: up(1)
      IF-MIB::ifOperStatus.25 = INTEGER: down(2) IF-MIB::ifDescr.25 = STRING:
GigabitEthernet0/0/20
```

【案例 9-2】SNMPv3 的简单应用。

1. 案例背景与要求

构建图 9-9 所示的网络拓扑，要求如下。

（1）在交换机 SW1 上配置 SNMPv3，配置只读用户组为 SW1-Group，用户名为 "user1"，认证密码为 "Huawei12#$"，认证方式为 SHA，加密密码为 "Huawei!@34"，加密方式为 AES128。

（2）在 PC1 上读取交换机 SW1 的 Engine ID 信息。

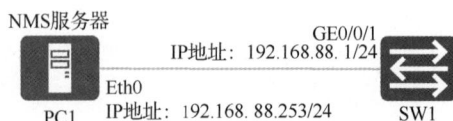

图 9-9　SNMPv3 的简单应用网络拓扑

2. 案例配置思路

（1）配置各设备的 IP 地址，实现互相通信。

（2）配置 SNMPv3 Agent，包括版本、SNMPv3 用户等。

（3）配置 NMS 服务器，包括 NMS 软件的安装与配置。

3. 案例配置过程

（1）交换机 SW1 的配置如下。

```
<Huawei>system-view
[Huawei]sysname SW1
[SW1]interface GigabitEthernet 0/0/1
[SW1-GigabitEthernet0/0/1]undo portswitch
[SW1-GigabitEthernet0/0/1]ip address 192.168.88.1 255.255.255.0
[SW1-GigabitEthernet0/0/1]quit
[SW1]snmp-agent sys-info version v3
[SW1]snmp-agent group v3 SW1-Group privacy
[SW1]snmp-agent usm-user v3 user1 group SW1-Group
[SW1]snmp-agent usm-user v3 user1 authentication-mode sha
Please configure the authentication password (8-64)
Enter Password:                    //输入认证密码，这里填写 Huawei12#$
Confirm Password:                  //再次输入认证密码 Huawei12#$
[SW1]snmp-agent usm-user v3 user1 privacy-mode aes128
Please configure the privacy password (8-64)
Enter Password:                    //输入加密密码，这里填写 Huawei!@34
Confirm Password:                  //再次输入加密密码 Huawei!@34
```

（2）PC1 的配置如下。

```
[root@localhost ~]# yum install net-snmp net-snmp-utils
```

4. 案例验证

（1）查看交换机 SW1 的 SNMP 版本。

```
<SW1>display snmp-agent sys-info
    The contact person for this managed node:
```

```
                R&D Beijing, Huawei Technologies co.,Ltd.
     The physical location of this node:
                Beijing China
SNMP version running in the system:
                SNMPv3
```

（2）查看交换机 SW1 的用户组信息。

```
<SW1>display snmp-agent group
    Group name: SW1-Group
        Security model: v3 AuthPriv
        Readview: ViewDefault
        Writeview: <no specified>
        Notifyview :<no specified>
        Storage-type: nonVolatile
```

（3）查看交换机 SW1 的用户信息。

```
<SW1>display snmp-agent usm-user
    User name: user1
        Engine ID: 800007DB03C81FBE462DC0 active
```

（4）在 PC1 上使用【snmpwalk】命令查看交换机 SW1 的 Engine ID。

```
[root@localhost ~]#snmpwalk -v 3 -u user1 -l authPriv -a sha -A Huawei12#$ -x
aes -X Huawei\!@34 192.168.88.1 EngineID       //此命令中的"\"是一个转义字符，无意义
SNMP-FRAMEWORK-MIB::snmpEngineID.0 = Hex-STRING: 80 00 07 DB 03 C8 1F BE 46 2D C0
```

📝 本章总结

　　本章主要介绍了网络设备的密码恢复及 SNMP，包括 Console 登录密码的配置与恢复、SNMP 架构、SNMP 版本的对比、SNMP 报文的交互过程、SNMP 的配置流程等，并进行了 SNMP 的基本配置与验证。

　　通过对本章的学习，读者应该对 SNMP 有一定的了解，能够理解 SNMP Agent 与 NMS 服务器的交互原理，并可以熟练地配置 SNMP Agent，掌握恢复网络设备 Console 登录密码的操作方法。

📝 习题

一、选择题

1. SNMPv3 中共定义了（　　）种 SNMP PDU 报文类型。

   A. 5　　　　　　　　B. 3　　　　　　　　C. 4　　　　　　　　D. 7

2. SNMP Agent 与 NMS 服务器通过端口（　　）进行 GetRequest 和 SetRequest 报文交互。

   A. 161　　　　　　　B. 162　　　　　　　C. 22　　　　　　　D. 21

3. 创建名为 Huawei-SW 的只读团体的命令为（　　）。

   A. display snmp-agent community

   B. snmp-agent community write Huawei-SW

   C. snmp-agent community read Huawei-SW

   D. snmp-agent group v3 Huawei-SW privacy

4. 启用所有 Trap 告警的配置命令为（   ）。

    A. snmp-agent trap enable

    B. snmp-agent trap disable

    C. snmp-agent trap enable feature-name ifnet

    D. snmp-agent trap disable feature-name ifnet

5. 查看 SNMPv3 用户组信息的命令为（   ）。

    A. display snmp-agent   B. display snmp-agent usm-user

    C. display snmp-agent community   D. display snmp-agent group

6. （   ）版本的 SNMP 支持加密特性。

    A. SNMPv1   B. SNMPv2   C. SNMPv2c   D. SNMPv3

7. 网络管理工作站通过 SNMP 管理网络设备，当被管理设备有异常发生时，网络管理工作站将会收到（   ）报文。

    A. get-response   B. set-request   C. trap   D. get-request

8. 管理员通过 Telnet 成功登录到路由器后，发现无法配置路由器的接口 IP 地址，那么可能的原因有（   ）。

    A. 管理员使用的 Telnet 终端软件禁止相应操作

    B. Telnet 用户的认证方式配置错误

    C. Telnet 用户的级别配置错误

    D. SNMP 参数配置错误

9. 以下（   ）工具可以帮助网络管理员诊断网络故障。

    A. Ping   B. Traceroute   C. DNS Lookup   D. 以上都行

10. SNMP 架构中不包括（   ）。

    A. NMS 服务器   B. 代理进程   C. 认证信息库   D. 管理信息库

二、判断题

1. 网络管理的主要目标是确保网络的可用性和性能，而不需要考虑安全性。（   ）

2. SNMP 是一种用于网络设备之间通信的协议，它允许管理员远程监控和管理网络设备。（   ）

3. 网络管理工具通常不需要与网络设备进行交互，因为它们可以独立运行并提供有关网络状态的信息。（   ）

4. 网络管理员可以通过使用命令行界面来配置和管理网络设备，这是一种强大而灵活的管理方式。（   ）

5. 在网络管理中，性能管理主要关注网络的稳定性和可靠性，而不是网络设备的性能。（   ）

第10章
企业网项目建设实践

随着网络的普及和 Internet 的飞速发展，人们已经把更多的生活、娱乐和学习等事务转移到移动网络中。企业通过 Internet 开展远程视频会议，家人和朋友通过 Internet 进行跨地域的沟通交流，学校开展网上课堂供读者随时随地学习，可以说现代社会中的人们已经无法离开网络，无法离开 Internet。

本章以一家公司的网络建设为案例，详细介绍企业网项目建设的业务实施流程。

学习目标

① 掌握 VLAN 技术的使用，包括 VLAN 的基本原理和 VLAN 的基本配置。

② 掌握 STP 和 RSTP 的工作原理和配置命令。

③ 掌握端口聚合技术，包括 Eth-Trunk 的工作原理和配置命令。

④ 掌握 DHCP 基础知识，包括 DHCP 的基本原理和 DHCP 的基本配置。

⑤ 掌握静态路由、默认路由和动态路由的配置。

⑥ 掌握 NAT 技术的使用，包括 Easy IP 的工作原理和基本配置。

素质目标

① 提高读者的综合应用能力。

② 增强读者的团队协作精神。

③ 提升读者的灵活应变能力。

10.1 项目背景

Jan16 公司新建了一栋办公大楼，为了满足日常的办公需求，公司决定为财务部、项目管理部和服务器群建立互联互通的有线网络。其中，为方便项目管理部开展业务，需要自动获取公司 DNS 服务器的 IP 地址；公司已经申请了一条互联网专线并配有一个公网 IP 地址，希望所有员工都能访问 Internet；后期规划所有设备由网络管理员进行远程管理。Jan16 公司的网络拓扑如图 10-1 所示。

V10-1 企业网
项目建设实践 1

V10-2 企业网
项目建设实践 2

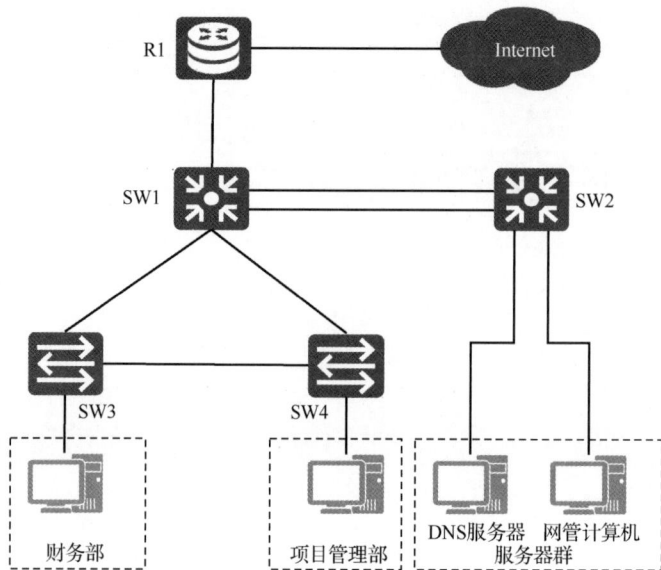

图 10-1　Jan16 公司的网络拓扑

10.2　项目需求分析

　　服务器群交换机使用两条链路连接到核心交换机，两条链路可以配置端口聚合，以防单链路出现故障。财务部和项目管理部处于同一区域，各部门的交换机使用一条链路连接到核心交换机，为防止单链路出现故障，可以在财务部交换机和项目管理部交换机上采用一条链路互连，当上行链路出现故障时，可以通过其他部门的交换机到达核心交换机。采用这种方式连接时，3 台交换机会形成环路，可以采用 STP 技术解决该问题。

　　项目管理部为方便员工获取 DNS 服务器的 IP 地址，可以采用 DHCP 方式为该局域网自动分配 IP 地址及 DNS 地址。核心交换机、服务器群交换机和出口路由器均采用三层互连，可以配置动态路由协议自动学习路由，实现全网互联互通。

　　Jan16 公司配有一个公网 IP 地址，各部门的所有员工都有访问 Internet 的需求，可以在出口路由器上配置 NAT。

　　为方便网络管理员对设备进行远程管理，需要启用所有设备的 SSH 服务。

　　综上所述，本项目的实施具体分为以下工作任务。

　　（1）根据网络拓扑及项目需求分析，对本项目进行详细规划与设计。

　　（2）根据规划完成设备的调试。

　　（3）测试项目能否达到预期效果。

10.3　项目规划设计

1. 拓扑规划

　　本项目为新建网络，根据项目需求分析，对网络拓扑进行规划设计。核心交换机、财务部接入交换机和项目管理部接入交换机各用一条链路互连，计划使用 RSTP 提高网络可靠性；核心交换机与服务器群交换机使用两条链路互连，可以使用链路聚合提高链路带宽；核心交换机、服务器群和路由器使用 IP 地址互连，可以配置 OSPF 动态路由实现网络的互联互通。本项目网络拓扑规划如图 10-2 所示。

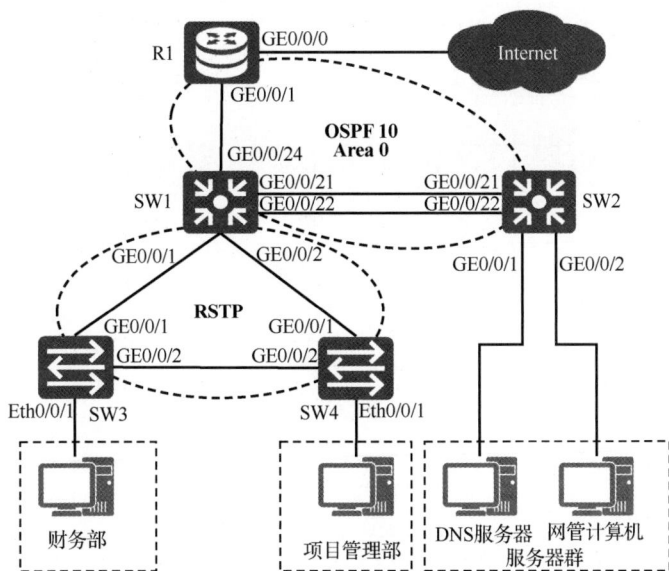

图 10-2　网络拓扑规划

2. 规划表

根据项目需求分析及网络拓扑规划，本项目相应的 VLAN 规划、设备管理规划、端口互连规划、IP 地址规划及 SSH 服务规划分别如表 10-1～表 10-5 所示。

表 10-1　VLAN 规划

VLAN ID	VLAN 命名	网段	用途
VLAN 10	FA	192.168.10.0/24	财务部
VLAN 20	PM	192.168.20.0/24	项目管理部
VLAN 90	DC	192.168.90.0/24	服务器群
VLAN 100	SW-MGMT	192.168.100.0/24	交换机管理
VLAN 201	SW1-R1	10.1.1.0/30	交换机 SW1 与路由器 R1 互连

表 10-2　设备管理规划

设备类型	型号	设备命名	登录密码
路由器	AR2220	R1	huawei123
路由器	AR2220	R2（Internet）	huawei123
三层交换机	S5700	SW1	huawei123
三层交换机	S5700	SW2	huawei123
二层交换机	S3700	SW3	huawei123
二层交换机	S3700	SW4	huawei123

表 10-3　端口互连规划

本端设备	本端端口	端口配置	对端设备	对端端口
R2（Internet）	GE0/0/0	IP 地址：16.16.16.16/24	R1	GE0/0/0
R1	GE0/0/0	IP 地址：16.16.16.1/24	R2（Internet）	GE0/0/0

续表

本端设备	本端端口	端口配置	对端设备	对端端口
R1	GE0/0/1	IP 地址：10.1.1.2/30	SW1	GE0/0/24
SW1	GE0/0/1	Trunk	SW3	GE0/0/1
SW1	GE0/0/2	Trunk	SW4	GE0/0/1
SW1	GE0/0/21	Eth-Trunk	SW2	GE0/0/21
SW1	GE0/0/22	Eth-Trunk	SW2	GE0/0/22
SW1	GE0/0/24	IP 地址：10.1.1.1/30	R1	GE0/0/1
SW2	GE0/0/1～10	VLAN 90	服务器群	
SW2	GE0/0/21	Eth-Trunk	SW1	GE0/0/21
SW2	GE0/0/22	Eth-Trunk	SW1	GE0/0/22
SW3	Eth0/0/1～Eth0/0/20	VLAN 10	财务部	
SW3	GE0/0/1	Trunk	SW1	GE0/0/1
SW3	GE0/0/2	Trunk	SW4	GE0/0/2
SW4	Eth0/0/1～Eth0/0/20	VLAN 20	项目管理部	
SW4	GE0/0/1	Trunk	SW1	GE0/0/2
SW4	GE0/0/2	Trunk	SW3	GE0/0/2

表 10-4 IP 地址规划

设备命名	端口	IP 地址	用途
R1	GE0/0/1	10.1.1.2/30	路由器 R1 与交换机 SW1 互连
R1	GE0/0/0	16.16.16.1/24	路由器 R1 与 R2（Internet）互连
R2	GE0/0/0	16.16.16.16/24	R2（Internet）与路由器 R1 互连
SW1	VLANIF 10	192.168.10.1/24	财务部网关
SW1	VLANIF 20	192.168.20.1/24	项目管理部网关
SW1	VLANIF 100	192.168.100.1/24	设备管理地址网关
SW1	VLANIF 201	10.1.1.1/30	交换机 SW1 与路由器 R1 互连
SW2	VLANIF 90	192.168.90.1/24	服务器群网关
SW2	VLANIF 100	192.168.100.2/24	设备管理地址
SW3	VLANIF 100	192.168.100.3/24	设备管理地址
SW4	VLANIF 100	192.168.100.4/24	设备管理地址
DNS 服务器	Eth0	192.168.90.100/24	DNS 服务器 IP 地址

表 10-5　SSH 服务规划

型号	设备命名	SSH 用户名	密码	用户等级	VTY 认证方式
S5700	SW1	admin	HwEdu12#$	15	AAA
S5700	SW2	admin	HwEdu12#$	15	AAA
S3700	SW3	admin	HwEdu12#$	15	AAA
S3700	SW4	admin	HwEdu12#$	15	AAA

10.4　项目实施

本项目中，具体涉及以下任务。

任务 1　VLAN 的配置。

任务 2　以太网的配置。

任务 3　IP 业务的配置。

任务 4　路由的配置。

任务 5　出口的配置。

任务 6　SSH 服务的配置。

10.4.1　任务 1　VLAN 的配置

1. 任务描述

部署设备管理与各部门局域网，主要包括在核心交换机、各部门交换机上创建 VLAN，并将接入交换机的端口划分给 VLAN。

2. 任务实施

（1）在交换机 SW1、SW2、SW3、SW4 上创建 VLAN 并修改 VLAN 备注。

① 在交换机 SW1 上创建 VLAN 并修改 VLAN 备注。

```
<Huawei>system-view                  //进入系统视图
[Huawei]sysname SW1                  //修改设备名称为 SW1
[SW1]vlan 10                         //创建 VLAN 10
[SW1-vlan10]description FA           //修改 VLAN 10 备注为 FA
[SW1]vlan 20                         //创建 VLAN 20
[SW1-vlan20]description PM           //修改 VLAN 20 备注为 PM
[SW1]vlan 100                        //创建 VLAN 100
[SW1-vlan100]description SW-MGMT     //修改 VLAN 100 备注为 SW-MGMT
[SW1]vlan 201                        //创建 VLAN 201
[SW1-vlan201]description SW1-R1      //修改 VLAN 201 备注为 SW1-R1
```

② 在交换机 SW2 上创建 VLAN 并修改 VLAN 备注。

```
<Huawei>system-view                  //进入系统视图
[Huawei]sysname SW2                  //修改设备名称为 SW2
[SW2]vlan 90                         //创建 VLAN 90
[SW2-vlan90]description DC           //修改 VLAN 90 备注为 DC
```

```
[SW2]vlan 100                                //创建 VLAN 100
[SW2-vlan100]description SW-MGMT             //修改 VLAN 100 备注为 SW-MGMT
```

③ 在交换机 SW3 上创建 VLAN 并修改 VLAN 备注。

```
<Huawei>system-view                          //进入系统视图
[Huawei]sysname SW3                          //修改设备名称为 SW3
[SW3]vlan 10                                  //创建 VLAN 10
[SW3-vlan10]description FA                    //修改 VLAN 10 备注为 FA
[SW3]vlan 20                                  //创建 VLAN 20
[SW3-vlan20]description PM                    //修改 VLAN 20 备注为 PM
[SW3]vlan 100                                 //创建 VLAN 100
[SW3-vlan100]description SW-MGMT              //修改 VLAN 100 备注为 SW-MGMT
```

④ 在交换机 SW4 上创建 VLAN 并修改 VLAN 备注。

```
<Huawei>system-view                          //进入系统视图
[Huawei]sysname SW4                          //修改设备名称为 SW4
[SW4]vlan 10                                  //创建 VLAN 10
[SW4-vlan10]description FA                    //修改 VLAN 10 备注为 FA
[SW4]vlan 20                                  //创建 VLAN 20
[SW4-vlan20]description PM                    //修改 VLAN 20 备注为 PM
[SW4]vlan 100                                 //创建 VLAN 100
[SW4-vlan100]description SW-MGMT              //修改 VLAN 100 备注为 SW-MGMT
```

（2）在交换机 SW1、SW2、SW3、SW4 上将端口划分给 VLAN。

① 在交换机 SW1 上将端口划分给 VLAN。

```
[SW1] interface GigabitEthernet 0/0/24           //进入 GE0/0/24 端口
[SW1-GigabitEthernet0/0/24]port link-type access      //配置端口模式为 Access
[SW1-GigabitEthernet0/0/24]port default vlan 201 //配置端口默认 VLAN 为 VLAN 201
[SW1-GigabitEthernet0/0/24]quit                  //退出
```

② 在交换机 SW2 上将端口划分给 VLAN。

```
[SW2] port-group 1                           //创建端口组 1
[SW2-port-group-1]group-member Gi 0/0/1 to Gi 0/0/10
                                             //将 GE0/0/1～GE0/0/10 端口加入端口组中
[SW2-port-group-1]port link-type access      //配置端口模式为 Access
[SW2-port-group-1]port default vlan 90       //配置端口默认 VLAN 为 VLAN 90
[SW2-port-group-1]quit                       //退出
```

③ 在交换机 SW3 上将端口划分给 VLAN。

```
[SW3]port-group 1                            //创建端口组 1
[SW3-port-group-1]group-member Eth 0/0/1 to Eth 0/0/20
                                             //将 Eth0/0/1～Eth0/0/20 端口加入端口组中
[SW3-port-group-1]port link-type access      //配置端口模式为 Access
[SW3-port-group-1]port default vlan 10       //配置端口默认 VLAN 为 VLAN 10
[SW3-port-group-1]quit                       //退出
```

④ 在交换机 SW4 上将端口划分给 VLAN。

```
[SW4]port-group 1                         //创建端口组 1
[SW4-port-group-1]group-member Eth 0/0/1 to Eth 0/0/20
                                //将 Eth0/0/1～Eth0/0/20 端口加入端口组中
[SW4-port-group-1]port link-type access   //配置端口模式为 Access
[SW4-port-group-1]port default vlan 20    //配置端口默认 VLAN 为 VLAN 20
[SW4-port-group-1]quit                    //退出
```

3. 任务验证

（1）在交换机上执行【display vlan】命令，查看 VLAN 配置是否生效，这里以交换机 SW3 为例进行介绍。

```
[SW3]display vlan
The total number of vlansis : 4
--------------------------------------------------------------------------
U: Up;          D: Down;          TG: Tagged;          UT: Untagged;
MP: Vlan-mapping;                 ST: Vlan-stacking;
#: ProtocolTransparent-vlan;   *: Management-vlan;
--------------------------------------------------------------------------
VID  Type   Ports
--------------------------------------------------------------------------
1    common UT:Eth0/0/21(D)   Eth0/0/22(D)    GE0/0/1(U)      GE0/0/2(U)
10   common UT:Eth0/0/1(U)    Eth0/0/2(D)     Eth0/0/3(D)     Eth0/0/4(D)
             Eth0/0/5(D)      Eth0/0/6(D)     Eth0/0/7(D)     Eth0/0/8(D)
             Eth0/0/9(D)      Eth0/0/10(D)    Eth0/0/11(D)    Eth0/0/12(D)
             Eth0/0/13(D)     Eth0/0/14(D)    Eth0/0/15(D)    Eth0/0/16(D)
             Eth0/0/17(D)     Eth0/0/18(D)    Eth0/0/19(D)    Eth0/0/20(D)
20   common
100  common

VID  Status Property     MAC-LRN Statistics Description
--------------------------------------------------------------------------
1    enable default      enable  disable    VLAN 0001
10   enable default      enable  disable    FA
20   enable default      enable  disable    PM
100  enable default      enable  disable    SW-MGMT
```

（2）在各接入交换机上执行【display port vlan】命令，查看端口分配状态，这里以交换机 SW3 为例进行介绍。

```
[SW3]display port vlan
Port                    Link Type    PVID    Trunk VLAN List
--------------------------------------------------------------------------
Ethernet0/0/1           access       10      -
Ethernet0/0/2           access       10      -
---省略部分显示内容---
Ethernet0/0/18          access       10      -
Ethernet0/0/19          access       10      -
Ethernet0/0/20          access       10      -
Ethernet0/0/21          hybrid       1       -
```

```
Ethernet0/0/22        hybrid       1      -
GigabitEthernet0/0/1 hybrid        1      -
GigabitEthernet0/0/2 hybrid        1      -
```

10.4.2　任务 2　以太网的配置

1. 任务描述

部署 Trunk 链路，实现交换机之间的互连及 VLAN 的互通；配置 Eth-Trunk，提高核心交换机的带宽；配置 STP，提高各部门网络与核心网络的健壮性。

2. 任务实施

（1）配置交换机 SW1、SW3、SW4 的互连端口为 Trunk 模式，配置干道放行相应 VLAN。

① 配置交换机 SW1。

```
[SW1]interface GigabitEthernet 0/0/1              //进入 GE0/0/1 端口
[SW1-GigabitEthernet0/0/1]port link-type trunk    //配置端口模式为 Trunk
[SW1-GigabitEthernet0/0/1]port trunk allow-pass vlan 10 20 100
                                                  //配置干道放行 VLAN 10、20、100
[SW1-GigabitEthernet0/0/1]quit                    //退出
[SW1]interface GigabitEthernet 0/0/2              //进入 GE0/0/2 端口
[SW1-GigabitEthernet0/0/2]port link-type trunk    //配置端口模式为 Trunk
[SW1-GigabitEthernet0/0/2]port trunk allow-pass vlan 10 20 100
                                                  //配置干道放行 VLAN 10、20、100
[SW1-GigabitEthernet0/0/2]quit                    //退出
```

② 配置交换机 SW3。

```
[SW3]interface GigabitEthernet 0/0/1              //进入 GE0/0/1 端口
[SW3-GigabitEthernet0/0/1]port link-type trunk    //配置端口模式为 Trunk
[SW3-GigabitEthernet0/0/1]port trunk allow-pass vlan 10 20 100
                                                  //配置干道放行 VLAN 10、20、100
[SW3-GigabitEthernet0/0/1]quit                    //退出
[SW3] interface GigabitEthernet 0/0/2             //进入 GE0/0/2 端口
[SW3-GigabitEthernet0/0/2]port link-type trunk    //配置端口模式为 Trunk
[SW3-GigabitEthernet0/0/2]port trunk allow-pass vlan 10 20 100
                                                  //配置干道放行 VLAN 10、20、100
[SW3-GigabitEthernet0/0/2]quit                    //退出
```

③ 配置交换机 SW4。

```
[SW4]interface GigabitEthernet 0/0/1              //进入 GE0/0/1 端口
[SW4-GigabitEthernet0/0/1]port link-type trunk    //配置端口模式为 Trunk
[SW4-GigabitEthernet0/0/1]port trunk allow-pass vlan 10 20 100
                                                  //配置干道放行 VLAN 10、20、100
[SW4-GigabitEthernet0/0/1]quit                    //退出
[SW4]interface GigabitEthernet 0/0/2              //进入 GE0/0/2 端口
[SW4-GigabitEthernet0/0/2]port link-type trunk    //配置端口模式为 Trunk
```

```
[SW4-GigabitEthernet0/0/2]port trunk allow-pass vlan 10 20 100
```
　　　　　　　　　　　　　　　　　　　　　　　　//配置干道放行 VLAN 10、20、100

（2）配置核心交换机与服务器群交换机互连线路为 Eth-Trunk，配置端口模式为 Trunk 并放行相应 VLAN。

① 配置交换机 SW1。

`[SW1]interface eth-trunk 1`	//创建 Eth-Trunk 1
`[SW1-Eth-Trunk1]port link-type trunk`	//配置端口模式为 Trunk
`[SW1-Eth-Trunk1]port trunk allow-pass vlan 100`	
	//配置干道放行 VLAN 100
`[SW1-Eth-Trunk1]quit`	//退出
`[SW1]interface gi0/0/21`	//进入 GE0/0/21 端口
`[SW1-GigabitEthernet0/0/21]eth-trunk 1`	//加入 Eth-Trunk 1
`[SW1]interface gi0/0/22`	//进入 GE0/0/22 端口
`[SW1-GigabitEthernet0/0/22]eth-trunk 1`	//加入 Eth-Trunk 1
`[SW1-GigabitEthernet0/0/22]quit`	//退出

② 配置交换机 SW2。

`[SW2]interface eth-trunk 1`	//创建 Eth-Trunk 1
`[SW2-Eth-Trunk1]port link-type trunk`	//配置端口模式为 Trunk
`[SW2-Eth-Trunk1]port trunk allow-pass vlan 100`	
	//配置干道放行 VLAN 100
`[SW2-Eth-Trunk1]quit`	//退出
`[SW2]interface gi0/0/21`	//进入 GE0/0/21 端口
`[SW2-GigabitEthernet0/0/21]eth-trunk 1`	//加入 Eth-Trunk 1
`[SW2]interface gi0/0/22`	//进入 GE0/0/22 端口
`[SW2-GigabitEthernet0/0/22]eth-trunk 1`	//加入 Eth-Trunk 1
`[SW2-GigabitEthernet0/0/22]quit`	//退出

（3）在交换机上启用 STP 功能，指定核心交换机的 STP 的优先级，配置连接各 PC 的端口为生成树边缘端口。

① 配置交换机 SW1。

`[SW1]stp enable`	//启用 STP 功能
`[SW1]stp mode rstp`	//配置 STP 模式为 RSTP
`[SW1]stp priority 4096`	//配置 STP 优先级值为 4096

② 配置交换机 SW3。

`[SW3]stp enable`	//启用 STP 功能
`[SW3]stp mode rstp`	//配置 STP 模式为 RSTP
`[SW3]port-group 1`	//进入端口组 1
`[SW3-port-group-1]stp edged-port enable`	//配置端口为生成树边缘端口
`[SW3-port-group-1]quit`	//退出

③ 配置交换机 SW4。

```
[SW4]stp enable                                //启用 STP 功能
[SW4]stp mode rstp                             //配置 STP 模式为 RSTP
[SW4]port-group 1                              //进入端口组 1
[SW4-port-group-1]stp edged-port enable        //配置端口为生成树边缘端口
[SW4-port-group-1]quit                         //退出
```

3. 任务验证

（1）在核心交换机上执行【display port vlan】命令，查看端口 VLAN 配置信息。

```
[SW1]display port vlan
Port                     Link Type   PVID   Trunk VLAN List
-------------------------------------------------------------------
GigabitEthernet0/0/1     trunk       1      1 10 20 100
GigabitEthernet0/0/2     trunk       1      1 10 20 100
Eth-Trunk1               trunk       1
GigabitEthernet0/0/3     hybrid      1      -
GigabitEthernet0/0/4     hybrid      1      -
GigabitEthernet0/0/5     hybrid      1      -
---省略部分显示内容---
```

（2）在各接入交换机上执行【display port vlan】命令，查看端口分配状态信息，这里以交换机 SW3 为例进行介绍。

```
[SW3]display port vlan
Port                     Link Type   PVID   Trunk VLAN List
-------------------------------------------------------------------
Ethernet0/0/1            access      10     -
Ethernet0/0/2            access      10     -
---省略部分显示内容---
Ethernet0/0/18           access      10     -
Ethernet0/0/19           access      10     -
Ethernet0/0/20           access      10     -
Ethernet0/0/21           hybrid      1      -
Ethernet0/0/22           hybrid      1      -
GigabitEthernet0/0/1     trunk       1      1 10 20 100
GigabitEthernet0/0/2     trunk       1      1 10 20 100
```

（3）在核心交换机、服务器群交换机上执行【display eth-trunk】命令，查看 Eth-Trunk 端口状态信息，这里以交换机 SW1 为例进行介绍。

```
[SW1]display eth-trunk
Eth-Trunk1's state information is:
WorkingMode: NORMAL             Hash arithmetic: According to SIP-XOR-DIP
Least Active-linknumber: 1      Max Bandwidth-affected-linknumber: 8
Operate status: up              Number Of Up Port In Trunk: 2
-------------------------------------------------------------------
PortName                     Status        Weight
GigabitEthernet0/0/21        Up            1
GigabitEthernet0/0/22        Up            1
```

（4）在交换机上执行【display stp】命令，查看 STP 配置状态信息，这里以交换机 SW3 为例进行介绍。

```
[SW3]display stp
-------[CIST Global Info][Mode RSTP]-------
CIST Bridge             :32768.4c1f-cc24-5024
Config Times            :Hello 2s MaxAge 20s FwDly 15s MaxHop 20
Active Times            :Hello 2s MaxAge 20s FwDly 15s MaxHop 20
CIST Root/ERPC          :4096 .4c1f-ccb3-69ef / 20000
CIST RegRoot/IRPC       :32768.4c1f-cc24-5024 / 0
CIST RootPortId         :128.23
BPDU-Protection         :Disabled
TC or TCN received      :57
TC count per hello      :0
STP Converge Mode       :Normal
Time since last TC      :0 days 0h:0m:11s
Number of TC            :36
Last TC occurred        :GigabitEthernet0/0/1
---省略部分显示内容---
```

（5）在交换机上执行【display stp brief】命令，查看 STP 端口状态信息，这里以交换机 SW3
为例进行介绍。

```
[SW3]display stp brief
MSTID  Port                    Role     STP State        Protection
   0   Ethernet0/0/1           DESI     FORWARDING       NONE
   0   GigabitEthernet0/0/1    ROOT     FORWARDING       NONE
   0   GigabitEthernet0/0/2    DESI     FORWARDING       NONE
```

10.4.3　任务 3　IP 业务的配置

1. 任务描述

在路由器、核心交换机和服务器群交换机上配置 VLANIF 接口的 IP 地址，并将其作为各部
门的网关及设备互连 IP 地址，在核心交换机上启用 DHCP 功能，为项目管理部 PC 自动分配 IP
地址。

2. 任务实施

（1）在各交换机的 VLANIF 接口和路由器的 GE 端口上配置 IP 地址。

① 配置交换机 SW1。

```
[SW1]interface Vlanif 10              //进入 VLANIF 10 接口视图
[SW1-Vlanif10]ip address 192.168.10.1 24 //配置 IP 地址为 192.168.10.1/24
[SW1-Vlanif10]quit                    //退出接口视图
[SW1]interface Vlanif 20              //进入 VLANIF 20 接口视图
[SW1-Vlanif20]ip address 192.168.20.1 24 //配置 IP 地址为 192.168.20.1/24
[SW1-Vlanif20]quit                    //退出接口视图
[SW1]interface Vlanif 100             //进入 VLANIF 100 接口视图
[SW1-Vlanif100]ip address 192.168.100.1 24
                                      //配置 IP 地址为 192.168.100.1/24
[SW1-Vlanif100]quit                   //退出接口视图
```

```
[SW1]interface Vlanif 201                        //进入 VLANIF 201 接口视图
[SW1-Vlanif201]ip address 10.1.1.1 30            //配置 IP 地址为 10.1.1.1/30
[SW1-Vlanif201]quit                              //退出接口视图
```

② 配置交换机 SW2。

```
[SW2]interface Vlanif 90                          //进入 VLANIF 90 接口视图
[SW2-Vlanif90]ip address 192.168.90.1 24
                                                  //配置 IP 地址为 192.168.90.1/24
[SW2-Vlanif90]quit                                //退出接口视图

[SW2]interface Vlanif 100                          //进入 VLANIF 100 接口视图
[SW2-Vlanif100] ip address 192.168.100.2 24
                                                   //配置 IP 地址为 192.168.100.2/24
[SW2-Vlanif100] quit                               //退出接口视图
```

③ 配置交换机 SW3。

```
[SW3]interface Vlanif 100                          //进入 VLANIF 100 接口视图
[SW3-Vlanif100]ip address 192.168.100.3 24
                                                   //配置 IP 地址为 192.168.100.3/24
[SW3-Vlanif100]quit                                //退出接口视图
```

④ 配置交换机 SW4。

```
[SW4]interface Vlanif 100                          //进入 VLANIF 100 接口视图
[SW4-Vlanif100]ip address 192.168.100.4 24
                                                   //配置 IP 地址为 192.168.100.4/24
[SW4-Vlanif100]quit                                //退出接口视图
```

⑤ 配置路由器 R1。

```
<Huawei>system-view                                //进入系统视图
[Huawei]sysname R1                                 //修改设备名称为 R1
[R1]interface GigabitEthernet 0/0/0                //进入 GE0/0/0 接口
[R1-GigabitEthernet0/0/0]ip address 16.16.16.1 24
                                                   //配置 IP 地址为 16.16.16.1/24
[R1]interface GigabitEthernet 0/0/1                //进入 GE0/0/1 接口
[R1-GigabitEthernet0/0/1]ip address 10.1.1.2 30
                                                   //配置 IP 地址为 10.1.1.2/30
```

（2）在路由器 R2（模拟 Internet 设备）上配置 IP 地址。

```
<Huawei>system-view                                //进入系统视图
[Huawei]sysname R2                                 //修改设备名称为 R2
[R2]interface GigabitEthernet 0/0/0                //进入 GE0/0/0 接口
[R2-GigabitEthernet0/0/0]ip address 16.16.16.16 24
                                                   //配置 IP 地址为 16.16.16.16/24
```

（3）在核心交换机 SW1 上对 VLAN 20 启用 DHCP 功能，配置客户端从 IP 地址池中获取 IP 地址。

```
[SW1]dhcp enable                              //全局启用 DHCP 功能
[SW1]interface Vlanif 20                      //进入 VLANIF 20 接口
[SW1-Vlanif20]dhcp select interface          //配置客户端从 IP 地址池中获取 IP 地址
[SW1-Vlanif20]dhcp server dns-list 192.168.90.100
                                             //配置客户端从 DHCP 服务器上获取 DNS 地址
[SW1-Vlanif20]quit                           //退出
```

3. 任务验证

（1）在核心交换机、出口路由器上执行【display ip interface brief】命令，查看 IP 地址配置是否生效，这里以交换机 SW1 为例进行介绍。

```
[SW1] display ip interface brief
*down: administratively down
^down: standby
(l): loopback
(s): spoofing
The number of interface that is UP in Physical is 2
The number of interface that is DOWN in Physical is 5
The number of interface that is UP in Protocol is 1
The number of interface that is DOWN in Protocol is 6

Interface              IP Address/Mask        Physical      Protocol
MEth0/0/1              unassigned             down          down
NULL0                 unassigned             up            up(s)
Vlanif1               unassigned             up            down
Vlanif10              192.168.10.1/24        up            up
Vlanif20              192.168.20.1/24        up            up
Vlanif100             192.168.100.1/24       up            up
Vlanif201             10.1.1.1/30            up            up
```

（2）在交换机上执行【display ip pool interface vlanif20】命令，查看 VLANIF 20 接口的 IP 地址池信息，这里以交换机 SW1 为例进行介绍。

```
[SW1]display ip pool interface vlanif20
  Pool-name       : vlanif20
  Pool-No         : 0
  Lease           : 1 Days 0 Hours 0 Minutes
  Domain-name     : -
  DNS-server0     : 192.168.90.100
  NBNS-server0    : -
  Netbios-type    : -
  Position        : Interface        Status          : Unlocked
  Gateway-0       : 192.168.20.1
  Mask            : 255.255.255.0
  VPN instance    : --
  ---------------------------------------------------------------------
      Start          End         Total   Used  Idle(Expired)  Conflict  Disable
  ---------------------------------------------------------------------
   192.168.20.1 192.168.20.254 253       1       252(0)          0         0
  ---------------------------------------------------------------------
```

10.4.4　任务 4　路由的配置

1. 任务描述

在出口路由器、核心交换机、服务器群交换机上启用 OSPF 功能，在接入交换机上配置默认路由，实现公司内网的互联互通。

2. 任务实施

（1）在路由器 R1、交换机 SW1 和交换机 SW2 上启用 OSPF 功能，并将对应网段加入 OSPF 10 Area 0 中，路由器 R1 将默认路由通告到 OSPF 区域。

① 配置路由器 R1。

```
[R1]ospf 10                                   //创建 OSPF 进程 10
[R1-ospf-10]area 0                            //进入 OSPF Area 0
[R1-ospf-10-area-0.0.0.0]network 10.1.1.0 0.0.0.3  //将 10.1.1.0/30 加入 Area 0
[R1-ospf-10-area-0.0.0.0]quit                 //返回 OSPF 进程视图
[R1-ospf-10]default-route-advertise always    //将默认路由通告到 OSPF 区域
[R1-ospf-10]quit                              //返回系统视图
```

② 配置交换机 SW1。

```
[SW1]ospf 10                                  //创建 OSPF 进程 10
[SW1-ospf-10]area 0                           //进入 OSPF Area 0
[SW1-ospf-10-area-0.0.0.0]network 192.168.10.0 0.0.0.255
                                              //将 192.168.10.0/24 加入 Area 0
[SW1-ospf-10-area-0.0.0.0]network 192.168.20.0 0.0.0.255
                                              //将 192.168.20.0/24 加入 Area 0
[SW1-ospf-10-area-0.0.0.0]network 192.168.100.0 0.0.0.255
                                              //将 192.168.100.0/24 加入 Area 0
[SW1-ospf-10-area-0.0.0.0]network 10.1.1.0 0.0.0.3
                                              //将 10.1.1.0/30 加入 Area 0
[SW1-ospf-10-area-0.0.0.0]quit                //返回 OSPF 进程视图
[SW1-ospf-10]quit                             //返回系统视图
```

③ 配置交换机 SW2。

```
[SW2]ospf 10                                  //创建 OSPF 进程 10
[SW2-ospf-10]area 0                           //进入 OSPF Area 0
[SW2-ospf-10-area-0.0.0.0]network 192.168.90.0 0.0.0.255
                                              //将 192.168.90.0/24 加入 Area 0
[SW2-ospf-10-area-0.0.0.0]network 192.168.100.0 0.0.0.255
                                              //将 192.168.100.0/24 加入 Area 0
[SW2-ospf-10-area-0.0.0.0]quit                //返回 OSPF 进程视图
[SW2-ospf-10]quit                             //返回系统视图
```

（2）在接入交换机 SW3、SW4 上配置默认路由指向 SW1。

① 配置交换机 SW3。

```
[SW3] ip route-static 0.0.0.0 0 192.168.100.1
                                              //配置默认路由指向 192.168.100.1
```

② 配置交换机 SW4。

```
[SW4] ip route-static 0.0.0.0 0 192.168.100.1
                        //配置默认路由指向 192.168.100.1
```

3. 任务验证

在各设备上执行【display ip routing-table】命令，查看路由表信息，这里以交换机 SW2 为例进行介绍。

```
[SW2]display ip routing-table
Route Flags: R - relay, D - download to fib
------------------------------------------------------------------------
Routing Tables: Public
        Destinations : 12     Routes : 13

Destination/Mask      Proto    Pre  Cost  Flags  NextHop          Interface
       0.0.0.0/0      O_ASE    150  1     D      192.168.100.1    Vlanif100
      10.1.1.0/30     OSPF     10   2     D      192.168.100.1    Vlanif100
     127.0.0.0/8      Direct   0    0     D      127.0.0.1        InLoopBack0
     127.0.0.1/32     Direct   0    0     D      127.0.0.1        InLoopBack0
   192.168.10.0/24    OSPF     10   2     D      192.168.100.1    Vlanif100
   192.168.20.0/24    OSPF     10   2     D      192.168.100.1    Vlanif100
   192.168.90.0/24    Direct   0    0     D      192.168.90.1     Vlanif90
   192.168.90.1/32    Direct   0    0     D      127.0.0.1        Vlanif90
  192.168.100.0/24    Direct   0    0     D      192.168.100.2    Vlanif100
  192.168.100.2/32    Direct   0    0     D      127.0.0.1        Vlanif100
```

10.4.5　任务 5　出口的配置

1. 任务描述

在核心交换机、出口路由器上配置 NAT，使内网用户可以通过 NAT 访问 Internet。

2. 任务实施

创建 ACL 2000,配置规则为允许内网用户网段通过,在路由器 R1 的 GE0/0/0 接口上配置 Easy IP 方式的 NAT Outbound，调用的 ACL 编号为 2000。

```
[R1]acl 2000              //创建 ACL，编号为 2000
[R1-acl-basic-2000]rule permit source 192.168.10.0 0.0.0.255
                          //配置规则，允许源 IP 地址 192.168.10.0/24 网段通过
[R1-acl-basic-2000]rule permit source 192.168.20.0 0.0.0.255
                          //配置规则，允许源 IP 地址 192.168.20.0/24 网段通过
[R1-acl-basic-2000]rule permit source 192.168.90.0 0.0.0.255
                          //配置规则，允许源 IP 地址 192.168.90.0/24 网段通过
[R1-acl-basic-2000]quit   //返回全局模式
[R1]interface GigabitEthernet 0/0/0  //进入 GE0/0/0 接口
[R1-GigabitEthernet0/0/0]nat outbound 2000
                          //配置接口启用 Easy IP 方式的 NAT Outbound
[R1-GigabitEthernet0/0/0]quit   //退出
```

3. 任务验证

在出口路由器上执行【display nat outbound】命令，查看 NAT 配置信息。

```
[R1]display nat outbound
NAT Outbound Information:
----------------------------------------------------------------------
Interface              Acl    Address-group/IP/Interface    Type
----------------------------------------------------------------------
GigabitEthernet0/0/0   2000                  16.16.16.1     easyip
----------------------------------------------------------------------
 Total : 1
```

10.4.6 任务 6 SSH 服务的配置

1. 任务描述

根据表 10-5 所示的相关内容配置各网络设备，启用 SSH 服务，使网管计算机能够通过 SSH 服务登录交换机设备并进行远程管理。

2. 任务实施

（1）这里以交换机 SW1 为例进行介绍，在网络设备上配置 SSH 服务。

```
[SW1]rsa local-key-pair create
Input the bits in the modulus[default = 512]:2048
                            //创建 RSA 密钥，在此过程中需要设置 RSA 密钥长度为 2048
[SW1]stelnet server enable   //使能 STelnet 服务（启用 SSH 服务）
[SW1]user-interface vty 0 4   //进入 VTY 用户界面
[SW1-ui-vty0-4]authentication-mode aaa   //配置 VTY 用户界面认证方式为 AAA
[SW1-ui-vty0-4]protocol inbound ssh       //配置 VTY 用户界面支持 SSH 功能
[SW1-ui-vty0-4]quit            //退出 VTY 用户界面
[SW1]ssh user admin            //创建 SSH 用户
[SW1]ssh user admin authentication-type password
                            //配置 admin 用户认证类型为密码认证
[SW1]ssh user admin service-type stelnet
                            //配置 admin 用户服务方式为 STelnet
[SW1]aaa                     //进入 AAA 视图
[SW1-aaa]local-user admin password cipher HwEdu12#$
                            //配置本地用户 admin，密码为 HwEdu12#$
[SW1-aaa]local-user admin service-type ssh
                            //配置本地用户 admin 的服务方式为 SSH
[SW1-aaa]local-user admin privilege level 15
                            //配置本地用户 admin 的用户等级为 15
[SW1-aaa]quit               //退出 AAA 视图
```

（2）其他交换机或路由器执行同样的操作，以启用 SSH 服务，过程略。

3. 任务验证

（1）在交换机上执行【display ssh server status】命令，查看 SSH 状态信息，这里以交换机 SW1 为例进行介绍。

```
[SW1]display ssh server status
SSH version                      :1.99
SSH connection timeout           :60 seconds
SSH server key generating interval :0 hours
SSH authentication retries       :3 times
SFTP server                      :Disable
Stelnet server                   :Enable
Scp server                       :Disable
[SW1]
```

（2）在交换机上执行【display ssh user-information】命令，查看 SSH 用户信息，这里以交换机 SW1 为例进行介绍。

```
[SW1]display ssh user-information
 User 1:
        User Name           : admin
        Authentication-type : password
        User-public-key-name  : -
        User-public-key-type  : -
        Sftp-directory      : -
        Service-type        : stelnet
        Authorization-cmd   : No
```

10.5 项目测试

（1）在项目管理部的 PC 上配置 IP 地址为自动获取，执行【ipconfig】命令，查看获取的 IP 地址信息。

```
PC>ipconfig

Link local IPv6 address...........: fe80::5689:98ff:fea4:79db
IPv6 address.....................: :: / 128
IPv6 gateway.....................: ::
IPv4 address.....................: 192.168.20.254
Subnet mask......................: 255.255.255.0
Gateway..........................: 192.168.20.1
Physical address.................: 54-89-98-A4-79-DB
DNS server.......................:192.168.90.100
```

（2）为财务部的 PC 手动配置 IP 地址为 192.168.10.254/24，网关指向 192.168.10.1；为服务器群的 PC 手动配置 IP 地址为 192.168.90.254/24，网关指向 192.168.90.1；在财务部的 PC 上分别测试其与项目管理部、服务器群的 PC 的连通性。

```
PC>ping 192.168.20.254

Ping 192.168.20.254: 32 data bytes, Press Ctrl_C to break
From 192.168.20.254: bytes=32 seq=1 ttl=127 time=78 ms
From 192.168.20.254: bytes=32 seq=2 ttl=127 time=79 ms
From 192.168.20.254: bytes=32 seq=3 ttl=127 time=62 ms
From 192.168.20.254: bytes=32 seq=4 ttl=127 time=78 ms
From 192.168.20.254: bytes=32 seq=5 ttl=127 time=63 ms
```

```
--- 192.168.20.254 ping statistics ---
  5 packet(s) transmitted
  5 packet(s) received
  0.00% packet loss
  round-trip min/avg/max = 62/72/79 ms
------------------------------------------------------------------------
PC>ping 192.168.90.254

Ping 192.168.90.254: 32 data bytes, Press Ctrl_C to break
From 192.168.90.254: bytes=32 seq=1 ttl=253 time=62 ms
From 192.168.90.254: bytes=32 seq=2 ttl=253 time=78 ms
From 192.168.90.254: bytes=32 seq=3 ttl=253 time=47 ms
From 192.168.90.254: bytes=32 seq=4 ttl=253 time=94 ms
From 192.168.90.254: bytes=32 seq=5 ttl=253 time=62 ms

--- 192.168.90.254 ping statistics ---
  5 packet(s) transmitted
  5 packet(s) received
  0.00% packet loss
  round-trip min/avg/max = 47/68/94 ms
```

（3）在财务部的 PC 上执行【ping 16.16.16.16】命令，测试 NAT 是否正常工作。

```
PC>ping 16.16.16.16

Ping 16.16.16.16: 32 data bytes, Press Ctrl_C to break
From 16.16.16.16: bytes=32 seq=1 ttl=253 time=62 ms
From 16.16.16.16: bytes=32 seq=2 ttl=253 time=47 ms
From 16.16.16.16: bytes=32 seq=3 ttl=253 time=63 ms
From 16.16.16.16: bytes=32 seq=4 ttl=253 time=78 ms
From 16.16.16.16: bytes=32 seq=5 ttl=253 time=47 ms

--- 16.16.16.16 ping statistics ---
  5 packet(s) transmitted
  5 packet(s) received
  0.00% packet loss
  round-trip min/avg/max = 47/59/78 ms
```

（4）在财务部的 PC 执行【ping 16.16.16.16】命令的过程中，在出口路由器 R1 上执行【display nat session all】命令，查看 NAT 信息。

```
[R1]display nat session all
  NAT Session Table Information:

      Protocol       : ICMP(1)
      SrcAddrVpn     : 192.168.10.254
      DestAddrVpn    : 16.16.16.16
      Type Code IcmpId: 0  8   33732
      NAT-Info
        New SrcAddr  : 16.16.16.1
        New DestAddr : ----
        New IcmpId   : 10250
```

```
        Protocol          : ICMP(1)
        SrcAddrVpn        : 192.168.10.254
        DestAddrVpn       : 16.16.16.16
        Type Code IcmpId  : 0    8    33733
        NAT-Info
          New SrcAddr     : 16.16.16.1
          New DestAddr    : ----
          New IcmpId      : 10251
---省略部分显示内容---
```

（5）在服务器群的网管计算机上执行【ssh admin@192.168.100.1】命令，测试其能否连接交换机 SW1。

```
[root@manage ~]#ssh admin@192.168.100.1
The authenticity of host '192.168.100.1 (192.168.100.1)' can't be established.
RSA key fingerprint is ce:79:d7:86:22:f3:37:50:12:f1:06:0d:6e:95:4b:89.
Are you sure you want to continue connecting (yes/no)? yes
//首次连接设备时，需要确认保存 RSA 密钥信息
Warning: Permanently added '192.168.100.1' (RSA) to the list of known hosts.
admin@192.168.100.1's password:                          //输入用户 admin 的密码
Info: The max number of VTY users is 5, and the number
      of current VTY users on line is 1.
      The current login time is 2020-01-18 11:33:28. //成功登录的时间
<SW1>                                    //在此模式下，执行【quit】命令可以退出 SSH 连接
```

📝 本章总结

本章通过企业网的搭建，场景化地还原了企业实际项目和业务流程。通过项目背景、项目需求分析、项目规划设计为子任务做铺垫，项目实施过程中的任务由任务描述、任务实施和任务验证构成，符合工程项目实施的一般规律。

通过对本章的学习，读者应该对项目实施流程有一定的了解，并能够掌握项目中所涉及的 VLAN、STP、DHCP、OSPF、NAT 等知识点的原理，可以熟练地在网络设备上进行配置。

📝 习题

一、选择题

1. 在 RSTP 标准中，交换机直接与终端相连而不是与其他网桥相连的端口被定义为（　　）。
   - A. 快速端口　　　　B. 备份端口　　　　C. 根端口　　　　D. 边缘端口

2. 网络管理员在三层交换机上创建了 VLAN 10，并在该 VLAN 的虚拟接口下配置了 IP 地址。当执行【display ip interface brief】命令查看接口状态信息时，发现 VLANIF 10 接口处于 Down 状态，应该通过（　　）操作使 VLANIF 10 接口恢复正常。
   - A. 在 VLANIF 10 接口下执行【undoubtedly shutdown】命令
   - B. 添加任意物理接口进入 VLAN 10
   - C. 添加一个状态必须为 Up 的物理接口进入 VLAN 10
   - D. 添加一个状态必须为 Up 且必须为 Trunk 类型的端口进入 VLAN 10

3. 在 VRP 平台上，执行【interface vlan *vlan-id*】命令的作用是（　　　）。

    A. 创建一个 VLAN   B. 创建或进入 VLAN 虚拟接口视图

    C. 给某个端口配置 VLAN   D. 无此命令

4. 一台路由器通过 RIP、OSPF 和静态路由都学习到了到达同一目的地址的路由。默认情况下，VRP 最终会选择通过（　　　）学习到的路由。

    A. RIP 路由协议   B. OSPF 路由协议

    C. 3 种路由协议均可   D. 静态路由协议

5. 保存路由器的配置文件时，一般要将文件保存在（　　　）中。

    A. SDRAM   B. NVRAM   C. Flash   D. BootROM

6. 在企业网项目中，（　　　）主要用于连接计算机。

    A. 路由器   B. 交换机   C. 服务器   D. 防火墙

7. 在配置企业网的 IP 地址时，以下（　　　）选项是正确的。

    A. 所有设备的 IP 地址都应该是唯一的   B. 服务器和办公电脑的 IP 地址段可以相同

    C. IP 地址的分配不需要考虑网络安全   D. 移动设备可以随意获取 IP 地址

8. 在企业网中，（　　　）技术通常用于隔离网络。

    A. VLAN   B. IPsec   C. WPA2   D. SNMP

9. 当企业网络规模较大时，（　　　）可以提高管理效率。

    A. 为每个设备手动配置 IP 地址   B. 使用动态 IP 地址分配

    C. 不限制无线接入点的数量   D. 允许所有设备访问企业内网

10. NAT 的作用是（　　　）。

    A. 访问控制   B. 网络地址转换   C. 链路聚合   D. 生成树

二、判断题

1. 在企业网项目中，IP 地址的合理分配是网络安全和管理的基础。（　　　）

2. 在企业网中，无线接入点不需要进行单独的 IP 地址配置。（　　　）

3. 对于不常用的 IP 地址，企业不需要进行回收和重新分配。（　　　）

4. 在配置企业网的 IP 地址时，不需要考虑服务器的 IP 地址段和办公电脑的 IP 地址段的区分。（　　　）

5. 当计算机无法从 DHCP 服务器获取 IP 地址时，会从 196.254.0.0/16 中随机选择一个作为自己的 IP 地址。（　　　）

第11章
网络自动化运维项目实践

随着网络技术的不断更新与发展，Python 在网络自动化运维领域的应用越来越广泛。掌握运用 Python 进行网络自动化运维将是新一代网络工程师的必备技能。

本章将通过项目案例来讲解 Python 在网络自动化运维中的应用。

学习目标

① 了解 Python 运维常用库和常用语法。
② 掌握如何通过 Python 代码管控网络设备的配置。

③ 掌握如何通过 Python 代码备份网络设备的配置。

素质目标

① 提高读者真实场景的动手能力。
② 提升读者的灵活应变能力。

③ 树立读者正确的职业理想。

///// 11.1 项目背景

Jan16 公司新建的办公大楼的现有网络架构已经能满足日常办公需求，项目转入运维阶段。为满足运维需求，公司在网管计算机上已预装好 CentOS 7.0，规划通过 Python 进行网络自动化运维，因此，对网络管理员部署了如下任务。

（1）项目转入运维阶段后，公司网络管理员应马上修改所有网络设备的管理密码。

（2）每天凌晨 1 点对所有网络设备执行一次配置的自动备份操作。

Jan16 公司的网络拓扑如图 10-1 所示。

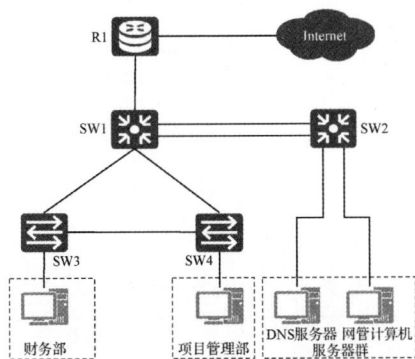

图 10-1　Jan16 公司的网络拓扑

11.2　项目需求分析

　　项目实施时，通常施工方会采用一套设备管理密码来管理设备，项目验收后，将进入运维阶段，为保障网络的安全性，管理员需要对这批设备的密码进行修改，并定期对设备配置进行备份。

　　Python 能在网络自动化运维工作中提供良好的技术支撑。在网管计算机上使用 Python 脚本加载 paramiko 模块，通过 SSH 协议即可批量修改网络设备的登录密码。因此，需要先启用所有设备的 SSH 服务，再根据项目需求来编写 Python 脚本完成网络设备的配置修改。对于计划性的工作，需要调用网管计算机上的计划任务程序，让计算机按计划执行特定的 Python 脚本，实现特定功能，如设备的备份、执行特定时段的策略等。

　　因此，本项目的实施具体分为以下工作任务。

　　（1）使用 Python 脚本自动修改网络设备的管理密码。

　　（2）使用 Python 脚本和计划任务程序完成网络设备的每日备份。

11.3　项目规划设计

　　对于一个网络工程，需要经过需求分析和规划设计过程才能进行部署实施，而在规划设计过程中，主要是对网络架构和拓扑、端口互连及 IP 地址、VLAN 等配置信息的规划。

　　（1）根据需求分析，对项目网络拓扑的规划如图 10-2 所示。本项目的网络规划将在第 10 章所学习的项目案例的基础上进行，规划公司内部使用 OSPF 协议实现互联互通，财务部与项目管理部因接入需要而使用 RSTP 技术。

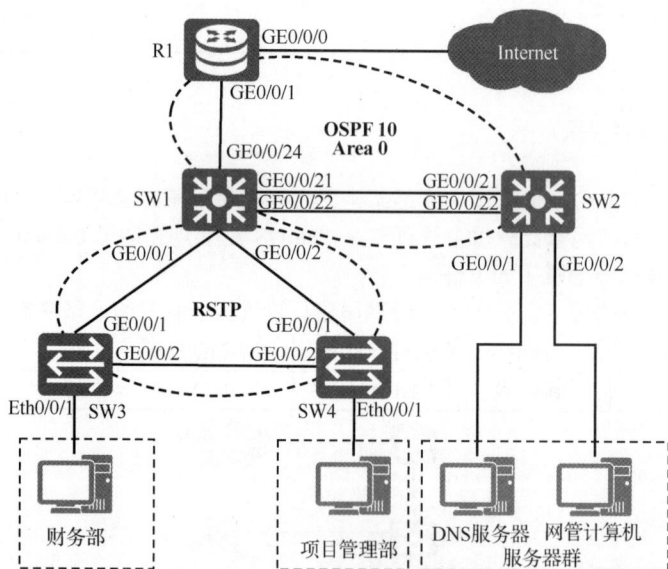

图 10-2　网络拓扑规划

　　（2）设备管理规划如表 11-1 所示，本项目主要增加了网管计算机的规划。

表 11-1　设备管理规划

所属区域	设备类型	型号	设备命名
核心机房	路由器	AR2220	R1
	三层交换机	S5700	SW1

续表

所属区域	设备类型	型号	设备命名
核心机房	三层交换机	S5700	SW2
项目管理部	二层交换机	S3700	SW3
财务部	二层交换机	S3700	SW4
服务器群	网管计算机	RH2288	Manage

（3）端口互连规划如表 11-2 所示，本项目主要增加了网管计算机与交换机 SW2 的互连规划，其他的端口互连均基于表 10-3。

表 11-2　端口互连规划

本端设备	本端端口	端口配置	对端设备	对端端口
SW2	GE0/0/10	VLAN 90	Manage	Eth0
Manage	Eth0	VLAN 90	SW2	GE0/0/10

（4）IP 地址规划如表 11-3 所示，本项目主要展示了设备管理地址及网管计算机的 IP 地址规划，其他 IP 地址规划均基于表 10-4。

表 11-3　IP 地址规划

设备命名	接口	IP 地址	用途
SW1	VLANIF 100	192.168.100.1/24	设备管理地址
SW2	VLANIF 100	192.168.100.2/24	设备管理地址
SW3	VLANIF 100	192.168.100.3/24	设备管理地址
SW4	VLANIF 100	192.168.100.4/24	设备管理地址
Manage	Eth0	DHCP 获取地址	设备管理地址

（5）SSH 服务规划如表 11-4 所示，本项目主要对设备的新登录密码进行了规划。

表 11-4　SSH 服务规划

型号	设备命名	SSH 用户名	旧密码	新密码	用户等级	VTY 认证方式
S5700	SW1	admin	HwEdu12#$	Jan16@Hw	15	AAA
S5700	SW2	admin	HwEdu12#$	Jan16@Hw	15	AAA
S3700	SW3	admin	HwEdu12#$	Jan16@Hw	15	AAA
S3700	SW4	admin	HwEdu12#$	Jan16@Hw	15	AAA

11.4　项目实施

本项目中，具体涉及以下任务。

任务 1　自动修改网络设备的登录密码。

任务 2　定时自动备份网络设备的配置。

11.4.1　任务 1　自动修改网络设备的登录密码

1. 任务描述

运用 Python 自动化运维的相关知识编写 Python 脚本，批量自动更改网络设备的登录密码，提高设备管理的安全性（本任务仅演示交换机 SW1～SW4

V11-1　项目实施
任务 1

的配置过程）。

2. 任务实施

（1）在网管计算机联网状态下安装 Python 3 和 paramiko 模块。

```
[root@manage ~]#yum install-y python3
//安装 Python 3 和相应依赖工具
 [root@manage ~]#pip3 install paramiko //通过 pip 安装 Python 的第三方模块 paramiko
```

（2）编辑 Python 脚本【changepassword.py】，实现对交换机 SW1～SW4 的密码修改。

```
[root@manage ~]#vi changepassword.py     //编辑 Python 脚本
##导入 paramiko、time、getpass 等模块
import paramiko
import time
import getpass
##通过 input() 函数获取用户输入的 SSH 用户名并赋值给 username
username = input('Username:')
##通过 getpass 模块中的 getpass() 函数获取用户输入的字符串,并将其作为密码赋值给 password
password = getpass.getpass(prompt='Password:',stream=None)
##通过 for i in range(1,5) 和 ip="192.168.100."+str(i) 语句实现循环登录交换机 SW1～SW4
for i in range(1,5):
  ip="192.168.100."+str(i)
##调用 paramiko 的 SSHClient() 函数并赋值给 ssh_client, 使用户通过 ssh_client
##的相关函数传入必要信息
  ssh_client=paramiko.SSHClient()
##设置 ssh_client 自动使用主机密钥策略
  ssh_client.set_missing_host_key_policy(paramiko.AutoAddPolicy())
##设置 ssh_client 的 IP 地址、SSH 用户名、SSH 登录密码等信息
  ssh_client.connect(hostname=ip,username=username,password=password)
##将 ssh_client 的命令行 Shell 赋值给 command 对象, 使用户通过 command.send() 函数
##向设备输入命令
  command=ssh_client.invoke_shell()
##调度交换机命令行并执行以下命令
  command.send("system-view" +"\n")
  command.send("aaa"+"\n")
  command.send("local-user admin password cipher Jan16@Hw"+"\n")
##更改登录密码结束后, 返回用户视图并保存配置
  command.send("return"+"\n")
  command.send("save"+"\n")
  command.send("Y"+"\n")
  command.send("\n")
##暂停 2s, 并将命令执行过程赋值给 output 对象, 通过 print(output) 语句回显内容
  time.sleep(2)
  output=command.recv(65535).decode()
  print (output)
##退出 SSH
ssh_client.close()
```

（3）在网管计算机上执行 Python 脚本【changepassword.py】。

```
[root@manage ~]#python3 changepassword.py      //调用 Python 脚本
Username:admin      //手动输入 SSH 用户名，这里是 admin
Password:           //手动输入 SSH 用户的密码，这里是 HwEdu12#$
```

3. 任务验证

（1）在网管计算机上查看脚本的回显内容。

```
Info: The max number of VTY users is 5, and the number
      of current VTY users on line is 1.
      The current login time is 2020-01-18 15:12:48.
<SW1>system-view
Enter system view, return user view with Ctrl+Z.
[SW1]aaa
[SW1-aaa]local-user admin password cipher Jan16@Hw
[SW1-aaa]return
<SW1>save
The current configuration will be written to the device.
Are you sure to continue?[Y/N]Y
Now saving the current configuration to the slot 0.
Save the configuration successfully.
<SW1>
<SW1>

Info: The max number of VTY users is 5, and the number
      of current VTY users on line is 1.
      The current login time is 2020-01-18 15:12:51.
<SW2>system-view
Enter system view, return user view with Ctrl+Z.
[SW2]aaa
[SW2-aaa]local-user admin password cipher Jan16@Hw
[SW2-aaa]return
<SW2>save
The current configuration will be written to the device.
Are you sure to continue?[Y/N]Y
Now saving the current configuration to the slot 0.
Save the configuration successfully.
<SW2>
<SW2>

Info: The max number of VTY users is 5, and the number
      of current VTY users on line is 1.
      The current login time is 2020-01-18 15:12:55.
<SW3>system-view
Enter system view, return user view with Ctrl+Z.
[SW3]aaa
[SW3-aaa]local-user admin password cipher Jan16@Hw
[SW3-aaa]return
<SW3>save
```

```
The current configuration will be written to the device.
Are you sure to continue?[Y/N]Y
Now saving the current configuration to the slot 0.
Save the configuration successfully.
<SW3>
<SW3>

Info: The max number of VTY users is 5, and the number
      of current VTY users on line is 1.
      The current login time is 2020-01-18 15:12:58.
<SW4>system-view
Enter system view, return user view with Ctrl+Z.
[SW4]aaa
[SW4-aaa]local-user admin password cipher Jan16@Hw
[SW4-aaa]return
<SW4>save
The current configuration will be written to the device.
Are you sure to continue?[Y/N]Y
Now saving the current configuration to the slot 0.
Save the configuration successfully.
<SW4>
```

从回显信息中可以看出，脚本执行成功，交换机 SW1～SW4 均已修改了管理密码。

（2）在网管计算机上执行【ssh admin@192.168.100.1】命令，重新连接交换机 SW1。

```
[root@manage ~]#ssh admin@192.168.100.1
admin@192.168.100.1 's password:        //这里输入新密码 Jan16@Hw

Info: The max number of VTY users is 5, and the number
      of current VTY users on line is 2.
      The current login time is 2020-01-18 15:15:48.
<SW1>
```

回显结果显示，交换机的管理密码已经修改成功。

11.4.2　任务 2　定时自动备份网络设备的配置

1. 任务描述

运用 Python 自动化运维的相关知识编写 Python 脚本，读取网络设备的运行配置信息，并以规划好的文件命名格式（"年-月-日-IP 地址.txt"）将其保存到/root/backup 文件中，配置系统计划任务程序，使网络设备每天凌晨 1 点自动执行一次备份操作（本任务仅演示交换机 SW1～SW4 的配置过程）。

V11-2　项目实施
任务 2

2. 任务实施

（1）在网管计算机上创建备份交换机运行配置的脚本【backup.py】。

```
[root@manage ~]#vi backup.py    //编辑脚本
##导入 paramiko、time、datetime 等模块
import paramiko
import time
from datetime import datetime
```

```
##设置 SSH 用户名和密码，注意，这里的密码是新密码
username ="admin"
password ="Jan16@Hw"
##通过 for 语句遍历 i 的值（为 1/2/3/4），结合 ip="192.168.100." + str(i) 语句循环
##登录交换机设备
for i in range(1,5):
  ip="192.168.100." + str(i)
##调用 paramiko 的 SSHClient() 函数
  ssh_client=paramiko.SSHClient()
##设置 ssh_client 自动使用主机密钥策略
  ssh_client.set_missing_host_key_policy(paramiko.AutoAddPolicy())
##设置 ssh_client 的 IP 地址、SSH 用户名、SSH 登录密码等信息
  ssh_client.connect(hostname=ip,username=username,password=password)
##将 ssh_client 的命令行 Shell 赋值给 command 对象，使用户通过 command.send() 函数
##向设备输入命令
  command=ssh_client.invoke_shell()
##提示 SSH 登录成功
  print ("ssh "+ ip +" successfully")
##设置回显信息不分屏显示
  command.send("screen-length 0 temporary " +"\n")
##获取交换机运行配置信息
  output=(command.send("display current-configuration" +"\n"))
##程序暂停 2s
  time.sleep(2)
##读取当前时间
  now=datetime.now()
##打开备份文件
backup=open("/root/backup/"+str(now.year)+"-"+str(now.month)+"-"+str(now.
day)+"-"+ip+".txt","a+")
##提示正在备份
  print ("backuping")
##将查询运行配置的回显信息赋值给 recv 对象
  recv=command.recv(65535).decode()
##将回显信息写入 backup 对象，相当于写入备份文件中
  backup.write(recv)
##关闭打开的文件
  backup.close()
##结束，断开 SSH 连接
ssh_client.close()
```

（2）配置计划任务程序，使设备每天凌晨 1 点自动执行脚本进行备份操作。

```
[root@manage ~]#vi /etc/crontab//编辑 crontab 的配置文件
##在文件末尾输入下列内容后退出
00 1 * * * root python3 /root/backup.py
[root@manage ~]# mkdir /root/backup              //新建 /root/backup 文件夹
```

```
[root@manage ~]# systemctl restart crond       //重启 crond 计划任务服务
[root@manage ~]# systemctl enable crond        //设置计划任务服务开机自启动
```

3. 任务验证

（1）每天凌晨 1 点后，在网管计算机上执行【ls -l /root/backup】命令，查看/root/backup 目录中的文件。

```
[root@manage ~]#ls -l /root/backup
total 28
-rw-r--r--. 1 root root 2924 Jan 19 01:00 2020-1-19-192.168.100.1.txt
-rw-r--r--. 1 root root 4281 Jan 19 01:00 2020-1-19-192.168.100.2.txt
-rw-r--r--. 1 root root 4188 Jan 19 01:00 2020-1-19-192.168.100.3.txt
-rw-r--r--. 1 root root 4238 Jan 19 01:00 2020-1-19-192.168.100.4.txt
```

（2）查看设备备份的备份文件，这里以 2020-1-19-192.168.100.1.txt 为例进行介绍。

```
[root@manage ~]#cat /root/backup/2020-1-19-192.168.100.1.txt


Info: The max number of VTY users is 5, and the number
      of current VTY users on line is 1.
      The current login time is 2020-01-19 09:47:04.
<SW1>screen-length 0 temporary
Info: The configuration takes effect on the current user terminal interface only.
<SW1>display current-configuration
#
sysname SW1
#
vlan batch 10 20 100 201
#
stp mode rstp
stp instance 0 priority 4096
#
cluster enable
ntdp enable
ndp enable
……省略部分显示内容……
```

回显信息显示，交换机 SW1 的配置信息备份成功。

11.5 项目测试

（1）在网管计算机上执行【ssh admin@192.168.100.1】命令，重新连接交换机 SW1，用户输入新密码后才可以正常登录设备。

```
[root@manage ~]#ssh admin@192.168.100.1
admin@192.168.100.1 's password:        //这里输入新密码 Jan16@Hw


Info: The max number of VTY users is 5, and the number
      of current VTY users on line is 2.
      The current login time is 2020-01-18 15:17:02.
<SW1>
```

（2）在网管计算机上执行【date -s "00:59 2020-1-20"】命令，修改系统时间为新一天的凌晨 0 点 59 分，1min 后再执行【ls -l /root/backup】命令，查看/root/backup 中的文件，可以看到新一天的备份文件已经生成。

```
[root@manage ~]#date -s "00:59 2020-1-20"
Mon Jan 20 00:59 CST 2020
[root@manage ~]#ls -l /root/backup
total 56
-rw-r--r--. 1 root root 2924 Jan 19 01:00 2020-1-19-192.168.100.1.txt
-rw-r--r--. 1 root root 4281 Jan 19 01:00 2020-1-19-192.168.100.2.txt
-rw-r--r--. 1 root root 4188 Jan 19 01:00 2020-1-19-192.168.100.3.txt
-rw-r--r--. 1 root root 4238 Jan 19 01:00 2020-1-19-192.168.100.4.txt
-rw-r--r--. 1 root root 2924 Jan 20 01:00 2020-1-20-192.168.100.1.txt
-rw-r--r--. 1 root root 4281 Jan 20 01:00 2020-1-20-192.168.100.2.txt
-rw-r--r--. 1 root root 4188 Jan 20 01:00 2020-1-20-192.168.100.3.txt
-rw-r--r--. 1 root root 4238 Jan 20 01:00 2020-1-20-192.168.100.4.txt
```

本章总结

本章通过编写批量自动修改网络设备的登录密码和自动备份网络设备的配置的脚本，展示了 Python 在网络自动化运维领域的具体应用，通过项目背景、项目需求分析、项目规划设计做铺垫，将项目实施部分拆分为多个任务，符合工程项目实施的一般规律。

通过对本章的学习，读者应对项目实施流程有一定的了解，同时能掌握 Python 在网络自动化运维领域中的工作原理，能熟练运用 Python 脚本进行自动化、批量的运维操作。

习题

一、选择题

1. 下列选项中，正确将 IP 地址 192.168.1.1 赋值给 a 对象的 Python 语句是（　　　）。

    A．a=192.168.1.1　　　　　　　　　　B．a="192.168.1.1"

    C．"192.168.1.1"=a　　　　　　　　　　D．"a"=192.168.1.1"

2. 下列选项中，（　　　）不是 Python 的内建模块。

    A．OS 模块　　　　　B．telnetlib 模块　　　C．paramiko 模块　　D．getpass 模块

3. 若管理员在/etc/crontab 计划任务配置文件中写入了如下内容，则下列说法正确的是（　　　）。

```
01 2 1 * * root python /root/backup.py
```

    A．计划任务将在每个月的 1 日 2 点 01 分重复执行

    B．计划任务将在 1 月 2 日的 1 点被执行

    C．计划任务将由 Python 用户执行

    D．计划任务将由 root 程序执行

4. 若管理员在一个 Python 脚本中写入了如下内容，则下列说法正确的是（　　　）。

```
import paramiko
password ="123456"
username ="admin"
```

```
ssh_client=paramiko.SSHClient()
ssh_client.set_missing_host_key_policy(paramiko.AutoAddPolicy())
ssh_client.connect(hostname=ip,username=username,password=password)
```

    A. 此时管理员调用的是 telnetlib 模块相关代码

    B. 此时管理员提供的用户名为"123456"，密码为"admin"

    C. 此时管理员提供的用户名为"admin"，密码为"123456"

    D. 如果这是 Python 脚本的全部代码，则管理员将成功执行这些代码

5. 下列 Python 模块中，（　　　）提供了 SSH 协议连接网络设备的功能。

    A. time 模块　　　　　　　　　　　　B. telnetlib 模块

    C. paramiko 模块　　　　　　　　　　D. getpass 模块

6. 为了实现网络设备的自动配置和集中管理，通常使用（　　　）工具。

    A. NetConf　　　　　B. SNMP　　　　　　C. SSH　　　　　　D. Telnet

7. 以下（　　　）工具可以帮助实现网络设备的批量配置和版本升级。

    A. Ansible　　　　　B. Puppet　　　　　C. Chef　　　　　　D. SaltStack

8. Python 脚本的后缀名为（　　　）。

    A. bat　　　　　　　B. shell　　　　　　C. py　　　　　　　D. txt

9. Python 脚本中导入模块的命令为（　　　）

    A. input　　　　　　B. inport　　　　　C. output　　　　　D. outport

10. Python 语言通过（　　　）命令来安装第三方模块。

    A. pip3　　　　　　　B. yum　　　　　　C. apt-get　　　　　D. apt

二、判断题

1. 使用自动化工具可以完全替代人工运维操作。（　　　）

2. 自动化脚本的编写和维护需要专业的编程技能。（　　　）

3. 网络设备的配置备份通常不需要定期进行，只有在设备出现故障时才需要进行。（　　　）

4. SSH 认证仅支持用户名及密码的方式。（　　　）

5. crond 是计划任务服务。（　　　）